"双一流"建设高校精品教材·机械类

机械设计
课程设计指导书

（第三版）

龚溎义　敖宏瑞　李　威　郭　丰　姜天一　闫　辉　编
龚溎义　敖宏瑞　主编

中国教育出版传媒集团
高等教育出版社·北京

内容简介

本书是根据教育部高等学校机械基础课程教学指导分委员会最新制订的《机械设计课程教学基本要求(机械类专业适用)》的精神，并结合在机械设计课程设计教学方面的经验，在第二版基础上修订而成的。

本书全面准确地阐述了一般机械装置的基本设计理念、基础设计知识和基本设计方法，以齿轮减速器和蜗杆减速器设计为例，着重介绍一般机械传动装置的设计内容、方法和步骤。本书还附有机械设计课程设计参考图例和常用标准与规范，供读者在进行课程设计及完成设计性大作业时参考与查阅。本书设计案例丰富，逻辑性强，准确地反映了机械设计课程设计教学内容的内在联系，并具有较强的启发性。本书各部分内容兼顾不同学时、不同课程设置的教学需求，可作为机械设计课程设计、机械设计基础课程设计和设计性大作业的教材。

本书可供普通高等学校机械类、近机械类及非机械类各专业使用，也可供高等职业院校、高等专科院校的相关专业使用，亦可供相关工程技术人员参考。

图书在版编目(CIP)数据

机械设计课程设计指导书／龚溎义，敖宏瑞主编． 3版．--北京：高等教育出版社，2025.7. -- ISBN 978-7-04-064632-0

Ⅰ．TH122-41

中国国家版本馆 CIP 数据核字第 20254BG335 号

Jixie Sheji Kecheng Sheji Zhidaoshu

策划编辑	卢 广	责任编辑	卢 广	封面设计	李树龙	版式设计	明 艳
责任绘图	于 博	责任校对	高 歌	责任印制	高 峰		

出版发行	高等教育出版社	网 址	http://www.hep.edu.cn
社 址	北京市西城区德外大街4号		http://www.hep.com.cn
邮政编码	100120	网上订购	http://www.hepmall.com.cn
印 刷	北京汇林印务有限公司		http://www.hepmall.com
开 本	787mm×1092mm 1/16		http://www.hepmall.cn
印 张	11.75	版 次	1982年6月第1版
字 数	270 千字		2025年7月第3版
购书热线	010-58581118	印 次	2025年7月第1次印刷
咨询电话	400-810-0598	定 价	24.60 元

本书如有缺页、倒页、脱页等质量问题，请到所购图书销售部门联系调换
版权所有 侵权必究
物 料 号 64632-00

前　言

本书是根据教育部高等学校机械基础课程教学指导分委员会最新制订的《机械设计课程教学基本要求(机械类专业适用)》的指导精神，为满足机械工程领域拔尖创新人才培养的需要，以夯实学生的专业技术基础知识、培养学生的创新精神和实践能力为重点，并结合近年来机械设计课程设计教学改革的实践经验修订而成的。

本次修订遵循教育教学规律和人才培养规律，进一步突出了设计性、实践性和创新性相结合的课程设计教学理念，兼顾了不同学时、不同专业的教学需求，根据现行标准对书中涉及的内容进行了更新，对上一版次的疏漏进行了订正。

为了满足新时代创新型人才培养的要求，本书在概述部分引入了机械设计全生命周期的理念，以加深读者对通用零部件和一般机械传动装置设计的理解，增强所设计产品的竞争能力。本书鼓励学生利用现代设计手段完成设计任务，并在完成机械的使用功能、工艺性等基本设计后，引入现代设计方法(有限元法、优化设计方法等)，对完成的设计结果进行检验。

本次修订，增加了设计参考图例和常用标准与规范，以便读者在进行课程设计时参考与查阅。 同时，更正了第二版中文字、插图与计算中的一些疏漏和错误；更新了部分参考文献，以准确反映机械工程领域新理论和新技术的发展。

本书自第一版起，因其内容翔实、指导思想明确、实用性强而成为了国内最受欢迎的机械设计课程设计指导教材之一。 在本次修订过程中，编者力求保持和发扬其原有特色，并适度引入新内容与新技术，力争满足广大读者的使用要求，使其生命力和影响力不断提升。 参加本次修订工作的有哈尔滨工业大学敖宏瑞、郭丰、姜天一、闫辉，北京科技大学李威。 本书由龚淮义、敖宏瑞担任主编。

教育部高等学校机械基础课程教学指导分委员会副主任委员、哈尔滨工业大学王黎钦教授审阅了本书，提出了许多宝贵意见。 另外，各兄弟院校广大师生对本书提出了许多建设性意见和建议。 在此一并表示衷心的感谢。

限于水平，本书难免存在错误和疏漏，肯请广大读者批评指正。 联系邮箱：hongrui_ao@hit.edu.cn。

编者
2025 年 2 月

目 录

第 1 章 概述 ··· 1
    1.1 课程设计的目的、主要内容和基本要求 ··· 1
    1.2 机械设计的一般过程 ··· 2
    1.3 课程设计中应注意的几个问题 ····································· 3

第 2 章 传动装置的总体设计 ·· 6
    2.1 合理拟定传动方案 ··· 6
    2.2 了解减速器类型和应用特点 ··· 10
    2.3 初定减速器结构和零部件类型 ··· 13
    2.4 选择电动机 ··· 13
    2.5 确定总传动比和分配传动比 ··· 18
    2.6 计算传动装置的运动和动力参数 ··· 22

第 3 章 减速器结构 ·· 26
    3.1 典型减速器结构及附属零件 ··· 26
    3.2 减速器机体结构 ··· 31

第 4 章 传动件设计 ·· 34
    4.1 减速器外传动件设计 ··· 34
    4.2 减速器内传动件的设计要点 ··· 36

第 5 章 装配图设计第一阶段 ·· 44
    5.1 装配图绘制前的准备 ··· 44
    5.2 第一阶段设计内容和步骤 ··· 45
    5.3 有关零部件结构和尺寸的确定 ··· 46

第 6 章 装配图设计第二阶段 ·· 61
    6.1 传动件结构设计 ··· 61
    6.2 轴承端盖结构设计 ··· 62
    6.3 轴承的润滑与密封设计 ··· 63

第 7 章 装配图设计第三阶段 …………………………………………………………………… 67
7.1 减速器的机体设计 …………………………………………………………………… 67
7.2 减速器附件设计 ……………………………………………………………………… 77

第 8 章 完成减速器装配图 ……………………………………………………………………… 87
8.1 尺寸标注 ……………………………………………………………………………… 87
8.2 减速器的技术特性 …………………………………………………………………… 88
8.3 技术要求 ……………………………………………………………………………… 89
8.4 零件编号 ……………………………………………………………………………… 93
8.5 标题栏与明细栏 ……………………………………………………………………… 93
8.6 装配图检查 …………………………………………………………………………… 94

第 9 章 零件图设计 ……………………………………………………………………………… 96
9.1 基本要求 ……………………………………………………………………………… 96
9.2 轴类零件图的设计要点 ……………………………………………………………… 97
9.3 齿轮类零件图的设计要点 …………………………………………………………… 101
9.4 机体零件图的设计要点 ……………………………………………………………… 104

第 10 章 编写设计计算说明书 ………………………………………………………………… 108
10.1 设计计算说明书主要内容 ………………………………………………………… 108
10.2 编写要求和注意事项 ……………………………………………………………… 109
10.3 设计计算说明书书写范例 ………………………………………………………… 109

第 11 章 答辩准备和设计总结 ………………………………………………………………… 113
11.1 答辩准备 …………………………………………………………………………… 113
11.2 设计总结思考题 …………………………………………………………………… 114

附录 1 机械设计课程设计参考图例 …………………………………………………………… 119
附录 1.1 减速器常用零部件结构设计 ………………………………………………… 119
附图 1.1 圆柱齿轮轴 ……………………………………………………………… 119
附图 1.2 锻造小圆柱齿轮 ………………………………………………………… 119
附图 1.3 锻造大圆柱齿轮 ………………………………………………………… 120
附图 1.4 铸造大圆柱齿轮 ………………………………………………………… 120
附图 1.5 齿圈压配式蜗轮 ………………………………………………………… 121
附图 1.6 轴承端盖结构 …………………………………………………………… 122
附图 1.7 轴承部件密封装置 ……………………………………………………… 123
附录 1.2 零件图示例 …………………………………………………………………… 124
附图 1.8 阶梯轴 …………………………………………………………………… 124
附图 1.9 圆柱齿轮 ………………………………………………………………… 125

附图 1.10	锥齿轮		126
附图 1.11	蜗杆轴		127
附图 1.12	齿圈压配式蜗轮		128
附图 1.13	轴承端盖		129

附录 1.3　减速器装配图常见错误示例及错误修正 ……………………………… 130

附图 1.14	减速器装配图常见错误	130
附图 1.15	减速器装配图常见错误修正	131

附录 1.4　减速器装配图示例 …………………………………………………………… 132

附图 1.16	二级圆柱齿轮减速器	132
附图 1.17	一级蜗杆减速器	134

附录 2　机械设计课程设计常用标准与规范 ………………………………………… 136

附录 2.1　常用数据及一般标准与规范 ………………………………………………… 136

附表 2.1	机械传动效率概略值	136
附表 2.2	机械传动的传动比范围	137
附表 2.3	中心孔	137
附表 2.4	标准中心孔在图样上的标注	138
附表 2.5	齿轮滚刀外径尺寸	138
附表 2.6	三面刃铣刀尺寸	138
附表 2.7	图样比例	139
附表 2.8	图纸幅面	139
附表 2.9	装配图标题栏格式	139
附表 2.10	明细栏格式	140
附表 2.11	装配图中零部件序号及编排方法	140
附表 2.12	尺寸标注的符号和缩写词	141
附表 2.13	铸件最小壁厚	141
附表 2.14	铸造外圆角	141
附表 2.15	铸造内圆角	142

附录 2.2　连接 ……………………………………………………………………………… 143

附表 2.16	普通螺纹基本尺寸	143
附表 2.17	梯形螺纹牙型尺寸	144
附表 2.18	梯形螺纹直径与螺距系列	145
附表 2.19	梯形螺纹基本尺寸	146
附表 2.20	梯形内、外螺纹中径选用公差带	146
附表 2.21	梯形螺纹旋合长度	146
附表 2.22	矩形螺纹	147
附表 2.23	六角头螺栓—A 和 B 级、六角头螺栓（全螺纹）—A 和 B 级	147
附表 2.24	六角头加强杆螺栓—A 和 B 级	148
附表 2.25	内六角圆柱头螺钉	149
附表 2.26	开槽盘头螺钉、开槽沉头螺钉	150

附表 2.27 十字槽盘头螺钉、十字槽沉头螺钉 ············ 151
附表 2.28 开槽锥端紧定螺钉、开槽平端紧定螺钉、开槽长圆柱端紧定螺钉 ······ 152
附表 2.29 双头螺柱 ············ 153
附表 2.30 A 级和 B 级粗牙 1 型六角螺母 ············ 154
附表 2.31 圆螺母 ············ 154
附表 2.32 小垫圈、平垫圈 ············ 155
附表 2.33 标准型弹簧垫圈、轻型弹簧垫圈 ············ 155
附表 2.34 圆螺母用止动垫圈 ············ 156
附表 2.35 普通螺纹收尾、肩距、退刀槽和倒角 ············ 157
附表 2.36 螺栓和螺钉通孔及沉孔尺寸 ············ 158
附表 2.37 普通粗牙螺纹的余留长度、钻孔余留深度 ············ 159
附表 2.38 轴上固定螺钉的孔 ············ 159
附表 2.39 螺钉紧固轴端挡圈、螺栓紧固轴端挡圈 ············ 160
附表 2.40 孔用弹性挡圈 A 型 ············ 161
附表 2.41 轴用弹性挡圈 A 型 ············ 162
附表 2.42 普通平键 ············ 163
附表 2.43 矩形花键尺寸、公差 ············ 164
附表 2.44 圆柱销(不淬硬钢和奥氏体不锈钢)、圆柱销(淬硬钢和马氏体钢)、圆锥销 ······ 165
附表 2.45 螺尾锥销 ············ 165

附录 2.3　滚动轴承 ············ 166
附表 2.46 深沟球轴承 ············ 166
附表 2.47 角接触球轴承 ············ 168
附表 2.48 圆柱滚子轴承 ············ 170
附表 2.49 圆锥滚子轴承 ············ 171
附表 2.50 推力球轴承 ············ 173
附表 2.51 角接触轴承的轴向游隙 ············ 174
附表 2.52 向心轴承和轴的配合　轴公差带 ············ 175
附表 2.53 向心轴承和孔的配合　孔公差带 ············ 175
附表 2.54 推力轴承和轴、孔的配合轴和孔公差带代号 ············ 176
附表 2.55 轻系列适用圆柱孔轴承的等径孔滚动轴承座 ············ 176

参考文献 ············ 177

第1章 概述

1.1 课程设计的目的、主要内容和基本要求

(1) 课程设计的目的

机械设计课程是培养学生机械设计能力的技术基础课程。机械设计课程设计是机械设计课程的一项重要的实践性教学环节,也是普通高等学校机械类专业学生第一次较全面的设计能力训练,其基本目的如下。

1) 培养理论联系实际的设计思想,训练综合运用机械设计和有关先修课程的理论,培养分析和解决工程实际问题的能力,巩固、加强和扩展有关机械设计方面的知识。

2) 通过制订设计方案,合理选择传动机构和零部件类型,正确计算零部件工作能力、确定尺寸和选择材料,较全面地考虑制造工艺、使用和维护等要求;之后进行结构设计,了解和掌握机械零部件、机械传动装置或简单机械的设计过程和方法。

3) 进行设计基本技能的训练。例如,计算、绘图、熟悉和运用设计资料(手册、图册、标准和规范等)以及使用经验数据、进行经验估算和处理数据的能力。

(2) 主要内容和基本要求

课程设计通常选择一般用途的机械传动装置或简单机械为题,如设计图 1.1 所示电动绞车中的二级圆柱齿轮减速器或整机。

课程设计通常包括以下内容:决定传动装置的总体设计方案;选择电动机;计算传动装置的运动和动力参数;传动件、轴的设计计算;轴承、连接件、润滑密封和联轴器的选择及校验计算;机体结构及其附件的设计;绘制装配图及零件图;编写计算说明书;总结和答辩。

要求每个学生完成如下工作。

1) 装配图一张(A0 图纸)。

2) 零件图若干张(传动件、轴或机体等,A2 或 A3 图纸);

3) 设计计算说明书一份,一般为 6 000~8 000 字。

课程设计是在教师指导下由学生独立完成的。每个学生都应该明确设计任务和要求,并拟定设计计划,注意掌握进度,按时完成。设计分阶段进行,每一阶段的设计都要认真检查,没有原则错误时才能继续进行下一阶段的设计,以保证设计质量,循序完成设计任务。

设计过程中,提倡独立思考、深入钻研,主动地、创造性地进行设计,反对不求甚解、照抄照搬或依赖教师。要求设计态度严肃认真、有错必改,反对敷衍塞责、容忍错误的存在。只有这样,才能保证课程设计达到教学基本要求,在设计思想、设计方法和设计技能等方面得到良好的训练。

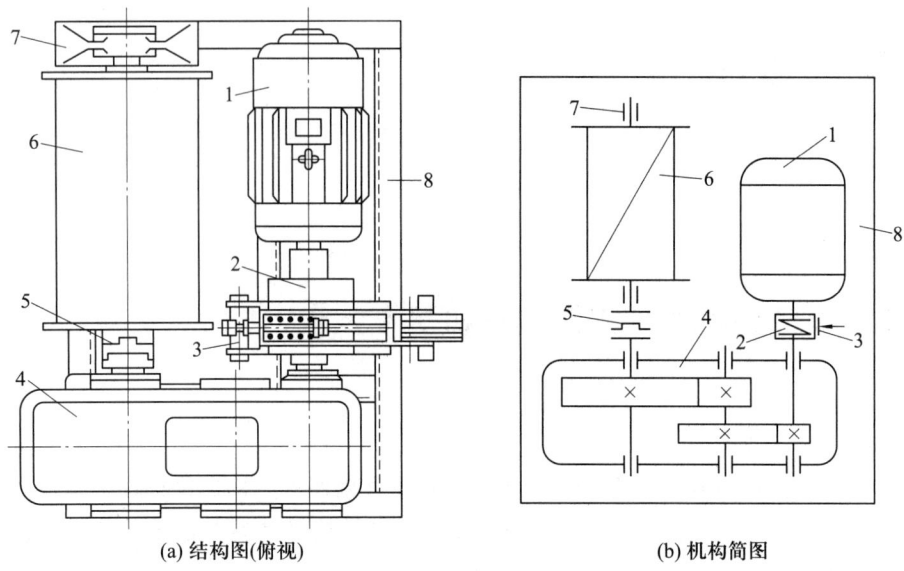

(a) 结构图(俯视)　　　　　　　　(b) 机构简图

1—电动机；2、5—联轴器；3—制动器；4—减速器；6—卷筒；7—轴承；8—机架

图 1.1　电动绞车

1.2 机械设计的一般过程

任何一部新机械都要经过设计、研制、生产、使用、维护、回收处置等阶段。其中设计阶段通常没有固定的程序，设计的一般过程如下。

（1）明确设计任务，制订设计任务书。

（2）提供方案并进行评价。

（3）按照选定的方案进行各零部件的总体布置，开展运动学、动力学和零件工作能力计算，完成结构设计和总体设计图的绘制。

（4）根据总体设计的结果，考虑结构工艺性等要求，绘出零件图。

（5）审核图样。

（6）整理设计文件，包括编写计算书、使用说明书等。

机械设计的目标是要使设计的机械产品满足使用要求和经济要求，因此常常需要经过多次迭代才能得到比较满意的结果。设计过程的各阶段是互相联系的，后一阶段的设计中出现不当之处，往往需要对前一阶段设计做出修改。影响零部件结构尺寸的因素很多，不可能完全由计算确定，还需要借助类比、初估或画草图等手段，通过边计算、边画图、边修改，亦即计算与结构设计交叉进行来逐步完成。

课程设计的一般过程与上述类似，大体按以下几个阶段进行。

（1）设计准备

认真研究设计任务书，明确设计要求、条件、内容和步骤；通过阅读有关资料、图样，观察实物或模型,观看视频、挂图以及进行减速器拆装实验等,了解设计对象;复习有关课程内容,熟悉零部件的设计方法和步骤;准备好设计需要的图书、资料和用具;拟定设计计划等。

（2）传动装置的总体设计

确定传动装置的方案;选择电动机类型,计算电动机所需功率,确定电动机额定转速,选定电动机型号,计算传动装置的运动和动力参数(确定总传动比和分配各级传动比,计算各轴转速和转矩等)。

（3）装配图设计

计算和选择传动零件参数;确定机体结构和有关尺寸;绘制装配图草图;设计轴并计算轴毂连接强度;并计算选择轴承和进行支承结构设计;进行机体结构及其附件的设计;完成装配图的其他要求;审核图样。

（4）零件图绘制

（5）整理和编写设计计算说明书

（6）设计总结和答辩

1.3 课程设计中应注意的几个问题

（1）正确处理强度计算与结构、工艺等要求的关系

机械零件的尺寸不可能完全由理论计算确定,而要考虑结构、加工和装配工艺、经济性和使用条件等要求。如图1.2所示的轴,图1.2a的结构只考虑了强度要求,设计成直径为30 mm的光轴,显然是不合理的。图1.2b则综合考虑了轴的强度,轴上零件的装拆和固定,以及加工工艺要求等,设计成阶梯轴,这就既满足了强度要求,结构工艺也合理。

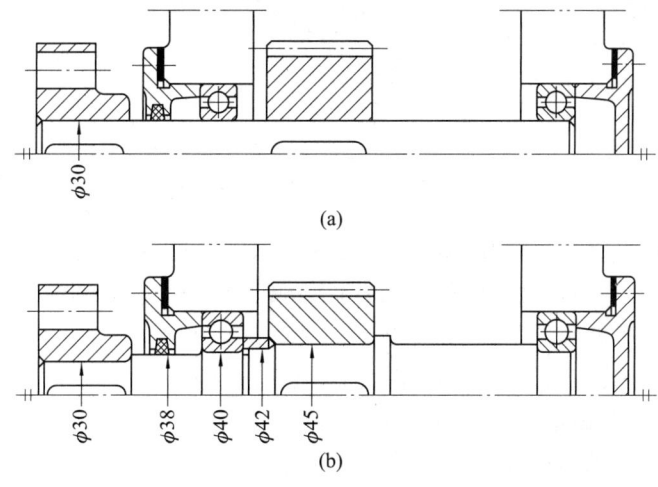

图1.2 轴承部件结构示例

理论计算只是为确定零件尺寸提供了一个方面(如强度)的依据,有些经验公式(例如机体壁厚、齿轮轮缘、轮毂尺寸等)也只是考虑了主要因素的要求,所求得的是近似值。因

此,设计时都要根据具体情况做适当调整,全面考虑强度、刚度、结构和工艺的要求。

(2)正确认识标准在设计中的重要性

标准是在一定范围内使用的一种规范性文件,是互换性生产的基础。机械设计主要采用的标准有国际标准、国家标准、行业标准等。采用和遵循标准,是降低成本的首要原则,也是评价设计质量的一项指标。熟悉标准和熟练使用标准是课程设计首要任务之一。许多标准件是直接购得的,如电动机、滚动轴承、传动带、紧固件等;有些则要自行设计制造,如联轴器、键等,但是其主要尺寸参数,一般仍宜按照标准所规定。执行各项标准时,应以最新颁布的标准为准则。

非标准件的一些尺寸,常要求圆整为标准数或优先数,以方便制造和测量。例如图1.3所示的机体,其底面宽度 B、长度 L、中心高 H、轴承座凸缘外径 D_2、凸台高度 h、机体接合面处的宽度 b'、b'' 和长度 l 等,都应适当圆整为优先数(一般圆整为 0 或 5 mm 的尾数)。确定零件结构尺寸的合理有效位数非常重要,它影响测量精度要求,因而影响成本。一些根据几何关系有严格要求的尺寸,不能圆整,例如齿轮分度圆直径 $d=60.926$ mm,不能圆整为 60 mm 或 61 mm。

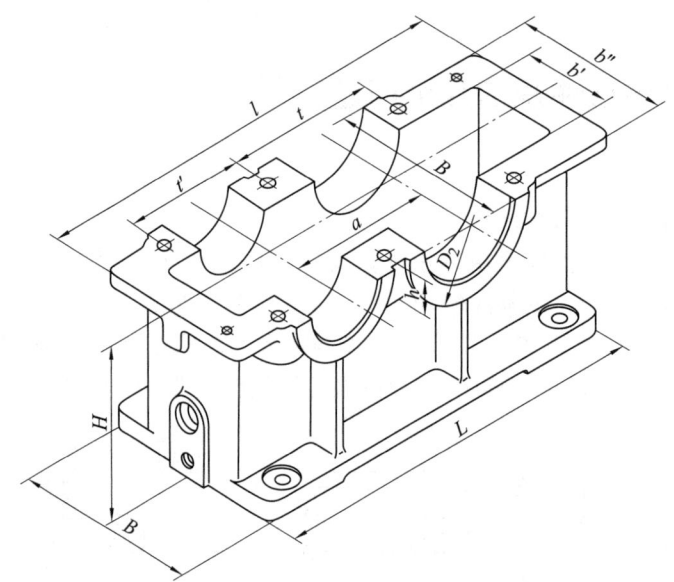

图1.3　减速器机体(部分)

设计中尽量减少选用材料的牌号和规格,减少标准件的品种、规格,尽可能选用市场上能充分供应的通用品种,这样能降低成本,并能方便使用和维修。例如,减少部件中螺栓的尺寸类型,不仅便于采购和保管,装拆时也可减少扳手数目。

(3)正确处理结构与工艺的关系,充分考虑零件工艺性

机械的成本主要是制造费用,因此设计的零件结构应该具有良好的工艺性,即既满足使用要求,又能适应生产条件和规模,使制造工艺简单,制造费用较低。设计零件结构时,常考虑以下几个方面的工艺性要求。

1)选择合理的毛坯种类和形状,如大量生产时优先考虑铸造、轧制、模锻的毛坯,单件生产或件数很少时尽量采用比较简单的结构,避免用模具或铸模,而能用现成设备加工;又如直径大于 400~500 mm 的圆柱齿轮,应选用铸造结构的齿轮毛坯,或者用焊接结构等。

2) 零件形状应尽量简单和便于加工,如用最简单的形状(圆柱面、平面和共轭曲面等)构成零件,尽量减少加工表面的数量和面积等。

3) 零件结构应便于装配和拆卸,例如为螺栓连接留有扳手空间,零件之间有调节装配尺寸的余地和环节(如有垫片、套筒或锥面等),装配时易于找正对中等。

(4) 正确认识创新与继承的关系

设计是继承和创造结合的过程。任何一个设计任务都可能有很多解决的方案,因此学习机械设计应该有创新精神,不能盲目地、机械地抄袭已有的类似产品。但是设计工作又是极为复杂、细致和繁重的工作,长期的设计和生产实践积累了许多可供参考和借鉴的宝贵经验和资料,继承和发展这些经验和成果,不但可以减少重复工作,加快设计进度,也是提高设计质量的重要保证。善于掌握和使用各种资料,也是设计工作能力的重要体现。

(5) 正确认识传统设计方法与现代设计方法的应用

做好机械产品的设计,需重视在机械产品设计中反映当前机械设计科学技术发展趋势,运用先进的现代机械设计方法提高机械设计工程的开发能力与效率。现代设计是受功能和质量需求驱动的设计,是全生命周期的设计。机械产品的全生命周期包含了产品的需求分析、设计、制造、安装、运行、维护到最终报废处理的整个过程。在现代机械设计中,通过全生命周期管理,可以精细化管理,识别并消除冗余流程,优化资源分配,确保资源在产品生命周期的各个阶段得到最大限度的利用。考虑产品的全生命周期,设计者在设计阶段可以预见并解决潜在问题和风险,提高产品的质量和可靠性;在设计阶段考虑成本因素和产品的维护与维修需求,减少材料浪费和制造复杂性,选择环保材料和节能技术,设计出易于维护和维修的、低成本的产品,促进绿色设计和可持续发展;通过全生命周期管理,设计者可以获得全面的产品数据和信息,支持更科学和精准的决策制定,更好地理解用户需求和使用场景,设计出更符合用户期望的产品。

机械设计是发展机械工程的基础和前提。目前,人工智能和机器学习在机械设计中的应用日益广泛,用于优化设计、预测故障和提升制造效率;数字孪生技术使设计者能够在虚拟环境中模拟和优化产品性能;虚拟现实(VR)和增强现实(AR)技术帮助设计人员更直观地进行设计和测试;模块化设计提升了产品的灵活性和可维护性;增材制造(3D 打印)广泛应用于复杂零件的制造,同时也推动了个性化定制产品的普及;工业 4.0 的推进使智能制造成为重要发展方向,精密机械设计和机器人控制需求激增。

总之,机械设计正朝着智能化、可视化、数字化、可持续性、物联网互联以及绿色制造和服务化转型等方向发展。设计人员需要勇敢地挑战传统的设计理念,打破惯性思维,运用科学有效的设计理念和方法,提高设计的整体性和创新性,设计出更先进的机械产品。

思考题

1-1 传动装置的总体设计包括哪些内容?

1-2 为什么说设计是画图与计算交叉进行的过程?

1-3 为什么要采用遵循标准?标准有哪些内容?标准件是否都有产品?

1-4 零、部件的结构设计除考虑强度外还要考虑哪些问题?

1-5 在设计中,如何体现零件全生命周期的设计理念?

第 2 章 传动装置的总体设计

传动装置总体设计的目的是确定传动方案、选定电动机型号、合理分配传动比及计算传动装置的运动和动力参数,为计算各级传动件准备条件。一般按下列步骤进行。

2.1 合理拟定传动方案

机器一般由原动机、传动装置和工作机三部分组成,如图 1.1a 所示电动绞车(机构简图为图 1.1b),其原动机为电动机 1,传动装置为减速器 4,工作机为卷筒 6,各部件用联轴器 2、5 连接并安装在机架 8 上。

传动装置在原动机与工作机之间传递运动和动力,并改变运动的形式、速度大小和转矩大小。传动装置一般包括传动件(齿轮、蜗杆、带、链等)和支承件(轴、轴承、机体等)两部分。传动装置的重量和成本在机器中占很大比重,其性能和质量对机器的工作影响也很大。因此,合理设计传动方案具有重要意义。

传动方案用机构运动简图表达,它能简单明了地表示运动和动力的传递方式和路线以及各部件的组成和连接关系。

满足工作机性能要求的传动方案,可以由不同类型传动机构以不同的组合形式和布置顺序构成。合理的方案应保证工作可靠,并且结构简单、尺寸紧凑、加工方便、成本低廉、传动效率高和使用维护便利。一种方案要同时满足这些要求往往是困难的,因此要保证重点要求。例如图 2.1 所示为在矿井巷道中工作的带式运输机的三种传动方案,图 2.1a 所示方案宽度较大,带传动也不适应繁重的工作要求和恶劣的工作环境;图 2.1b 所示方案虽然结构紧凑,但在长期连续运转的条件下,由于蜗杆传动效率低,功率损失大,很不经济;图 2.1c 所示方案宽度尺寸较小,也适于在恶劣环境下长期连续工作。

图 2.2 所示为传递功率(50 kW)、低速轴转速(200 r/min)、传动比($i=5$)都相同时,几种不同类型传动机构的外廓尺寸对比。由图可见在同样的传动要求条件下,外廓尺寸相差很大,选择传动类型时必须充分考虑这一点。

在采用同类型传动机构条件下,用不同的连接方式时外廓尺寸也会有很大差别。如图 2.3 所示,同样是采用圆柱齿轮减速器传动的带式运输机,图 2.3a 所示方案用联轴器将减速器与电动机、工作机连接,轴向尺寸 L 较大;图 2.3b 所示方案采用电动机减速器,并用联轴器与工作机连接,其尺寸 L 较图 2.3a 的小;图 2.3c 所示方案也采用电动机减速器,但其低速轴直接套装在工作机上,L 最小。

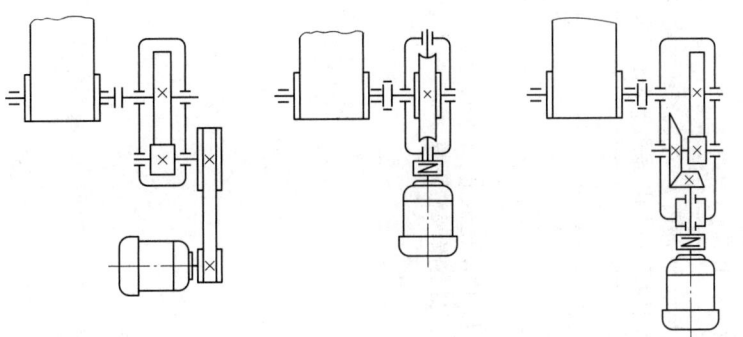

(a) 一级齿轮减速器　　(b) 一级蜗杆减速器　　(c) 锥齿轮—圆柱齿轮减速器

图 2.1　带式运输机传动方案比较

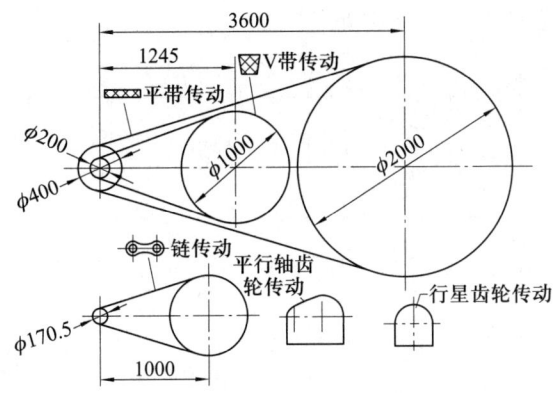

图 2.2　不同类型传动机构的外廓尺寸对比

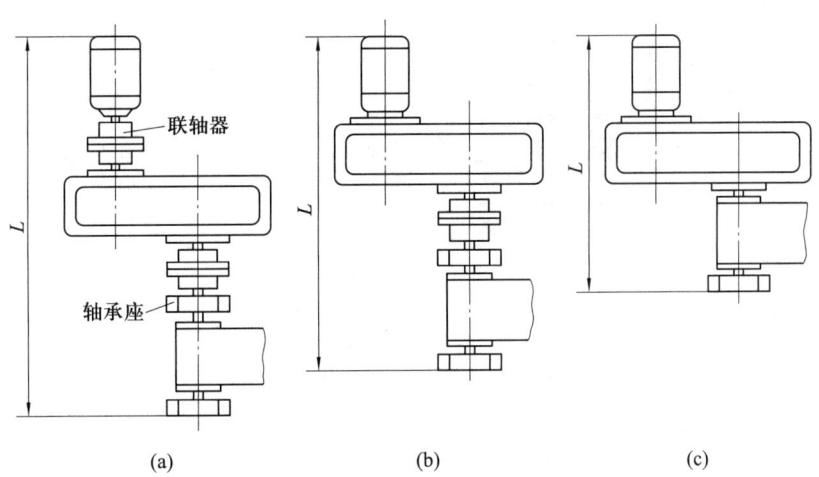

(a)　　　　　　　　(b)　　　　　　　　(c)

图 2.3　不同连接方式下的带式运输机轴向尺寸对比

常见机械传动的主要性能见表 2.1。

表 2.1 常见机械传动的主要性能

类型		传递功率/kW	速度/(m/s)	效率 η		传动比		特点
				开式	闭式	一般范围	最大值	
普通V带传动		≤500	25~30	0.94~0.97		2~4	≤7	传动平稳，噪声小，能缓冲吸振；结构简单，成本低。外廓尺寸大，传动比不恒定，高速时有打滑现象
链传动（滚子链）		≤100	≤20	0.90~0.93		2~6	≤8	工作可靠，平均传动比恒定，轴间距大。对恶劣环境适应。外廓尺寸大，瞬时速度不均匀，高速时运动不平稳，多用于低速传动
圆柱齿轮传动	一级开式	直齿≤750 斜齿和人字齿≤50 000	7级精度≤25 5级精度以上的斜齿轮15~130	一对齿轮 0.94~0.96	一对齿轮 0.96~0.99	3~7	≤15~20	承载能力和速度范围大，传动比恒定，工作可靠，效率高，寿命长，制造安装精度要求高，外廓尺寸小，噪声较大，成本较高
	一级减速器					3~6	≤12.5	
	二级减速器					8~40	≤60	
锥齿轮传动	一级开式	直齿≤1 000 曲线齿≤15 000	直齿<5 曲线齿5~40	一对齿轮 0.92~0.95	一对齿轮 0.94~0.98	2~4	≤8	
	一级减速器					2~3	≤6	
蜗杆传动	一级开式	通常50 最大达750	滑动速度 v_s≤15 个别达35	一对蜗轮副 0.50~0.60（单头） 一对蜗轮副 0.60~0.70（双头）		15~60	≤120	结构紧凑，传动比大，传动平稳，噪声小。效率较低，制造精度要求较高
	一级减速器 单头				一对蜗轮副 0.70~0.75	10~40	≤80	
	双头				一对蜗轮副 0.75~0.82			
	三头以上				一对蜗轮副 0.82~0.92			
	二级减速器					70~800	≤3 600	

2.1 合理拟定传动方案

续表

类型		传递功率/kW	速度/(m/s)	效率 η 开式	效率 η 闭式	传动比 一般范围	传动比 最大值	特点
NGW型行星减速器	一级	≤6 500	高低速均可		0.97~0.99	3~9	≤13.7	体积小,效率高,重量轻,传递功率范围大。要求有载荷均衡机构,制造精度要求较高
	二级				0.94~0.98	10~60	≤150	
锥齿轮-圆柱齿轮减速器						10~25	≤40	
蜗杆-圆柱齿轮减速器						60~90	≤480	
圆柱齿轮-蜗杆减速器						60~80	≤250	
圆柱摩擦轮传动		通常≤20 最大达200	通常≤20	0.70~0.88	0.90~0.96	2~4	≤8	运转平稳,噪声小,有过载保护作用,结构简单。轴和轴承受力大,磨损快

布置传动顺序时,一般考虑以下几点。

(1) 带传动的承载能力较小,传递相同转矩时结构尺寸较其他传动形式大,但传动平稳,能缓冲减振,可实现过载保护,因此宜布置在高速级(转速较高、传递相同功率时转矩较小)。

(2) 链传动不能保持恒定的瞬时传动比,有冲击,只能实现平行轴间的同向传动,不适于高速传动,应布置在低速级。

(3) 蜗杆传动可以实现较大的传动比,尺寸紧凑,传动平稳,但效率较低,适用于中、小功率,间歇运转的场合。当蜗杆传动与齿轮传动同时使用时,对采用铝铁青铜或铸铁作为蜗轮材料的蜗杆传动,可布置在低速级,使齿面滑动速度较低,以防止产生胶合或严重磨损,并可使减速器结构紧凑;对采用锡青铜为蜗轮材料的蜗杆传动,由于允许齿面有较高的相对滑动速度,可将蜗杆传动布置在高速级,以利于在齿面形成润滑油膜,可以提高承载能力和传动效率。

(4) 锥齿轮加工较困难,特别是大直径、大模数的锥齿轮,所以只有在需改变轴的布置方向时采用,并尽量放在高速级,并限制传动比,以减小锥齿轮的直径和模数。

(5) 斜齿轮传动的平稳性较直齿轮传动好,常用在高速级或要求传动平稳的场合。

(6) 开式齿轮传动的工作环境较差,润滑条件不好,磨损较严重,寿命较短,应布置在低速级。

(7) 一般将改变运动形式的机构(如螺旋传动机构、连杆机构、凸轮机构)布置在传动系统的最后一级,并且常为工作机的执行机构。

2.2 了解减速器类型和应用特点

传动装置中广泛采用减速器,它具有固定传动比、结构紧凑、机体封闭并有较大刚度、传动可靠等特点。表 2.2 为减速器的主要类型和应用特点。一些类型的减速器已有系列标准,并由专业厂生产,如锥齿轮圆柱齿轮减速器(JB/T 8853—2015)、圆弧圆柱蜗杆减速器(JB/T 7935—2015)、NGW 型行星齿轮减速器(JB/T 6502—2015)等。一般情况下应尽量选用标准减速器,在传动布置、结构尺寸、功率、传动比等有特殊要求,由标准不能选出时,才需要自行设计制造。

表 2.2 减速器的主要类型和特点

类型	简图及特点
一级圆柱齿轮减速器	传动比一般小于 6,可用直齿、斜齿或人字齿齿轮,传递功率可达数万千瓦,效率较高,工艺简单,精度易于保证,一般工厂均能制造,应用广泛。轴线可水平布置或竖直布置

续表

类型	简图及特点
二级圆柱齿轮减速器	展开式　　　　分流式　　　　同轴式 传动比一般为 8~40,用斜齿、直齿或人字齿齿轮。结构简单,应用广泛。对于展开式,由于齿轮相对于轴承为不对称布置,因而沿齿向载荷分布不均,要求轴有较大刚度。对于分流式,则由于齿轮相对于轴承对称布置,常用于较大功率、变载荷场合。同轴式减速器长度方向尺寸较小,但轴向尺寸较大,中间轴较长,刚度较差。两级大齿轮直径接近,有利于浸油润滑。轴线可以水平或竖直布置
一级锥齿轮减速器	水平轴　　　　立轴 传动比一般小于 3,用直齿、斜齿或螺旋齿齿轮
二级锥齿轮-圆柱齿轮减速器	水平轴　　　　立轴 锥齿轮应布置在高速级,使其直径不致过大,便于加工

类型	简图及特点
一级蜗杆减速器	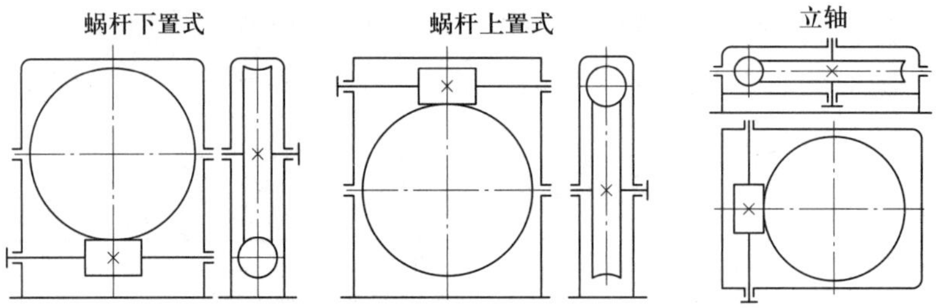 蜗杆下置式　蜗杆上置式　立轴 结构简单、尺寸紧凑,但效率较低,适用于载荷较小、间歇工作的场合。蜗杆圆周速度 $v \leqslant 4 \sim 5$ m/s 时用蜗杆下置式, $v > 4 \sim 5$ m/s 时用蜗杆上置式。采用立轴布置时密封要求高
齿轮-蜗杆减速器	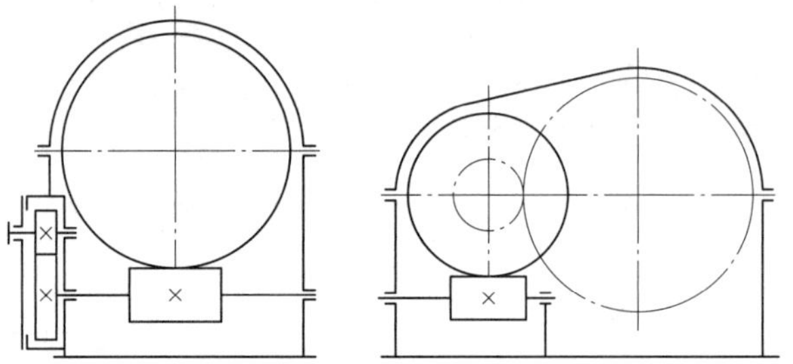 传动比一般为 60~90。齿轮传动在高速级时结构比较紧凑,蜗杆传动在高速级时传动效率较高
NGW 型行星齿轮减速器	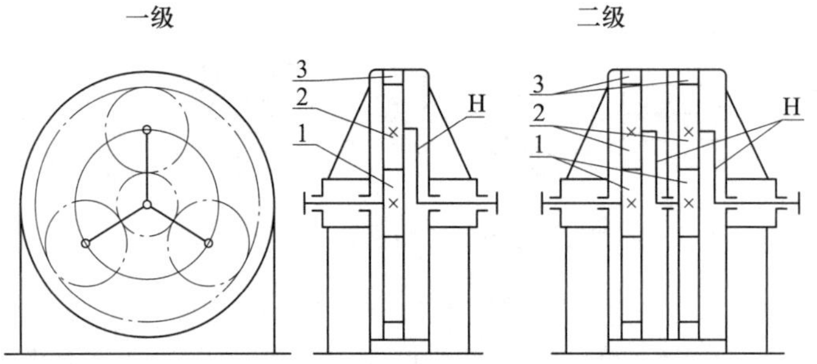 一级　二级 1—太阳轮; 2—行星轮; 3—内齿轮; H—转臂 一级传动比一般为 3~9,二级为 10~60。通常固定内齿轮,也可以固定太阳轮或转臂。体积小,重量轻,但制造精度要求高,结构复杂

课程设计为了达到培养设计能力的目的,一般不允许选用标准减速器,而要自行设计。

设计减速器之前,可以通过阅读图册中同类型减速器的装配图来了解减速器的组成和结构,读图步骤大体如下。

(1) 配合标题栏和零件明细栏,对照视图核对零件的名称和位置,了解其用途、特点、规格、数量和材料。

(2) 以一个视图为重点(例如圆柱齿轮减速器为俯视图,蜗杆减速器为主视图),分析传动件、轴系零部件相互位置、装配调整关系和润滑密封方法,分析滚动轴承类型、特点和支承结构。

（3）按照三个基本视图的投影关系，读懂机体结构，并结合各个局部剖视图分析附件结构，了解其作用和特点。

（4）了解减速器的技术特性和技术要求的主要内容。

读图时，为了更深入了解零件结构，可以核对零件工作图，对零件尺寸与总体尺寸之间的联系也要注意，要建立结构尺寸概念。

如果课程设计任务书中已给出传动方案，学生则应分析这种方案的特点，也可以提出改进意见。

2.3 初定减速器结构和零部件类型

在了解减速器结构的基础上，根据工作条件要求，初步确定以下内容。

（1）选定减速器传动级数

传动级数根据工作机转速要求，由传动件类型、传动比以及空间位置和尺寸要求而定。例如对圆柱齿轮传动，为了使结构尺寸和重量较小，当减速器传动比 $i>8$ 时，宜采用二级或以上的传动形式。

（2）确定传动件布置形式

没有特殊要求时，轴线尽量采用水平布置（卧式减速器）。对于二级圆柱齿轮减速器，由传递功率的大小和轴线布置要求来确定采用展开式、分流式还是同轴式。蜗杆减速器的蜗杆位置是上置还是下置，由蜗杆圆周速度大小来确定。

（3）初选轴承类型

一般减速器采用滚动轴承来支承转动零件，大型减速器也有用滑动轴承的。滚动轴承的类型由载荷（大小、方向和性质）和转速等要求而定。蜗杆轴受较大轴向力，其轴承类型及布置形式要考虑轴向力大小。选轴承时还要考虑轴承的调整、固定、润滑和密封，并确定端盖结构形式。

（4）决定减速器机体结构

在没有特殊要求时，齿轮减速器机体通常采用沿齿轮轴线水平剖分的结构，以便于装配。蜗杆减速器机体可以沿蜗轮轴线剖分，也可用整体式机体（用大端盖）结构。

（5）选择联轴器类型

高速轴常用弹性联轴器，低速轴常用可移式刚性联轴器。

2.4 选择电动机

电动机是专门工厂批量生产的标准部件，设计时要选出具体型号以便购置。选择电动机包括确定类型、结构、功率和转速，并在产品目录中查出其型号和尺寸。

(1) 选择电动机类型和结构形式

电动机分交流电动机和直流电动机两种。由于直流电动机需要直流电源,结构较复杂,价格较高,维护比较不便,因此无特殊要求时不宜采用。

生产企业一般用三相交流电源,因此如无特殊要求都应选用交流电动机。交流电动机有异步电动机和同步电动机两类,其中以三相异步电动机应用最多。目前已形成系列产品的 Y 系列三相异步电动机(JB/T 10391—2008)常用的有 YE2、YE3 或 YX3 系列三相异步电动机,其结构简单、工作可靠、价格低廉、维护方便,适用于不易燃、不易爆、无腐蚀性气体和无特殊要求的机械上,如金属切削机床、运输机、风机、搅拌机等,由于起动性能较好,也适用于某些要求起动转矩较高的机械,如压缩机等。在经常起动、制动和反转的场合(如起重机等),要求电动机转动惯量小和过载能力大,应选用起重及冶金用三相异步电动机 YZ 系列(笼型,JB/T 10104—2018)或 YZR3 系列(绕线型,GB/T 21973—2021)。电动机除按功率、转速成系列之外,为适应不同的输出轴要求和安装需要,电动机机体又有几种安装结构形式。根据不同防护要求,电动机结构还有开启式、防护式、封闭式和防爆式等区别。电动机的额定电压一般为 380 V。

电动机类型要根据电源种类(交流或直流)、工作条件(温度、环境、空间位置尺寸等)、载荷特点(变化性质、大小和过载情况)、起动性能和起动、制动、反转的频繁程度,转速高低和调速性能要求等条件来确定。

(2) 选择电动机的功率

电动机的功率选得合适与否,对电动机的工作和经济性都有影响。若功率小于工作要求,就不能保证工作机的正常工作,或使电动机长期过载而过早损坏;功率过大则电动机价格高,能力又不能充分利用,由于经常不满载运行,效率和功率因数都较低,增加电能消耗,造成很大浪费。

电动机的功率主要根据电动机运行时的发热条件来决定。电动机的发热与其运行状态有关。运行状态有三类,即长期连续运行、短时运行和重复短时运行。变载下长期运行的电动机、短时运行的电动机(工作时间短、停歇时间长)和重复短时运行的电动机(工作时间和停歇时间都不长)的功率要按等效功率法计算并校验过载能力和起动转矩,其计算方法可参看有关电力拖动的书籍。课程设计题目一般为设计不变(或变化很小)载荷下长期连续运行的机械,只要所选电动机的额定功率 P_{ed} 等于或稍大于所需的电动机工作功率 P_d,即 $P_{ed} \geq P_d$,电动机在工作时就不会过热,通常可以不必校验发热和起动转矩。

如图 2.3 所示的带式运输机,其电动机所需的工作功率为

$$P_d = \frac{P_w}{\eta_a} \quad (2-1)$$

式中:P_w——工作机所需工作功率,指工作机主动端运输带所需功率,kW;

η_a——由电动机至工作机主动端运输带的总效率。

工作机所需工作功率 P_w,可由机器工作阻力和运动参数(线速度或转速、角速度)计算求得。在课程设计中,可由设计任务书给定的工作机参数(F、v;T、n;T、ω 等),按下式计算

$$P_w = \frac{Fv}{1\,000} \qquad (2-2)$$

或

$$P_w = \frac{Tn}{9\,550} \qquad (2-3)$$

或

$$P_w = \frac{T\omega}{1\,000} \qquad (2-4)$$

其中：F——工作机的工作阻力，N；
　　　v——工作机卷筒的线速度，m/s；
　　　T——工作机的阻力矩，N·m；
　　　n——工作机卷筒的转速，r/min；
　　　ω——工作机卷筒的角速度，rad/s。

传动装置的总效率 η_a 应为组成传动装置的各部分运动副效率之乘积，即

$$\eta_a = \eta_1 \eta_2 \eta_3 \cdots \eta_n \qquad (2-5)$$

其中：η_1、η_2、η_3、$\cdots$、η_n 分别为每一传动副（齿轮、蜗杆、带或链）、每对轴承、每个联轴器及卷筒的效率。传动副的效率数值可按表2.1选取，轴承及联轴器效率的概略值为：

滚动轴承（每对）	0.98～0.995
滑动轴承（每对）	0.97～0.99
弹性联轴器	0.99～0.995
齿轮联轴器	0.99
万向联轴器	0.97～0.98
具有中间可动元件的联轴器	0.97～0.99

计算总效率时要注意以下几点。

1）在资料中查出的效率数值为一范围时，一般可取中间值，如工作条件差、加工精度低、用润滑脂润滑或维护不良，则应取低值；反之可取高值。

2）同类型的几对传动副、轴承或联轴器，要分别考虑效率，例如有两级齿轮传动副时，效率为 $\eta_{齿} \cdot \eta_{齿} = \eta_{齿}^2$。

3）轴承效率均指一对轴承而言。

4）蜗杆传动效率与蜗杆头数及材料有关，应初选头数，按表2.1估计效率。也可以由传动比 i 按 $\eta = 0.95\left(1 - \dfrac{i'}{200}\right)$ 初估。初步设计出蜗杆、蜗轮参数后，应校核效率并校验电动机所需功率。

（3）确定电动机转速

功率相同的同类型电动机，有几种不同的转速系列供使用者选择，如三相异步电动机常用的有四种同步转速，即 3 000 r/min、1 500 r/min、1 000 r/min、750 r/min（相应的电动机定子绕组的极数为2、4、6、8）。同步转速为由电流频率与极数而定的磁场转速，电动机空载时才可能达到同步转速，负载时的转速都低于同步转速。

低转速电动机的极数多,转矩也大,因此外廓尺寸及重量都较大,价格较高,但可以使传动装置总传动比减小,使传动装置的体积、重量减小;高转速电动机则相反。因此,确定电动机转速时要综合考虑,分析比较电动机及传动装置的性能、尺寸、重量和价格等因素。通常选用同步转速为 1 500 r/min 和 1 000 r/min 的电动机(轴不需要仅转时常用前者)。如无特殊要求,一般不选用 750r/min 的电动机。

为合理设计传动装置,根据工作机主动轴转速要求和各传动副的合理传动比范围,可推算出电动机转速的可选范围,即

$$n_d = i'_a n = i'_1 i'_2 i'_3 \cdots i'_n n \tag{2-6}$$

其中： n_d——电动机可选转速范围,r/min;

i'_a——传动装置总传动比的合理范围;

$i'_1, i'_2, i'_3, \cdots, i'_n$——各级传动副传动比的合理范围(见表 2.1);

n——工作机主动轴转速,r/min。

选定电动机类型、结构,对电动机可选的转速进行比较,选定电动机转速并计算出所需功率后,即可在电动机产品目录中查出其型号、性能参数和主要尺寸。这时应将电动机型号、额定功率、满载转速、外形尺寸、电动机中心高、轴伸尺寸和键连接尺寸等记下备用。

设计计算传动装置时,通常用实际需要的电动机工作功率 P_d。如按电动机额定功率 P_{de} 设计,则传动装置的工作能力可能超过工作机的要求而造成浪费。有些通用设备为留有储备能力,以备发展或不同工作的需要,也可以按额定功率 P_{ed} 设计传动装置。传动装置的转速则可按电动机额定功率时的转速 n_m(满载转速,它比同步转速低)计算,这一转速与实际工作时的转速相差不大。

例 2-1 如图 2.4 所示带式运输机传动方案,已知卷筒直径 $D = 500$ mm,运输带的有效拉力 $F = 10\ 000$ N,卷筒效率(不包括轴承)$\eta_5 = 0.96$,运输带速度 $v = 0.3$ m/s,在室内常温下长期连续工作,环境有灰尘,电源为三相交流,电压 380 V,试选择合适的电动机。

解:

(1) 选择电动机类型

按工作要求和条件,选用三相笼型异步电动机,封闭式结构,电压为 380 V,Y 型。

(2) 选择电动机的容量

电动机所需工作功率按式(2-1)为

$$P_d = \frac{P_w}{\eta_a}$$

由式(2-2)

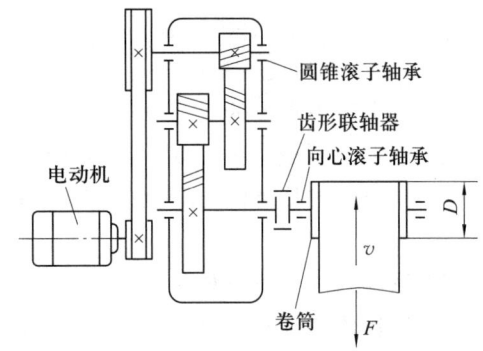

图 2.4 带式运输机传动方案

$$P_w = \frac{Fv}{1\ 000}$$

因此

$$P_d = \frac{Fv}{1\ 000\eta_a}$$

由电动机至运输带的传动总效率为

$$\eta_a = \eta_1 \eta_2^4 \eta_3^2 \eta_4 \eta_5$$

式中：η_1、η_2、η_3、η_4、η_5 分别为带传动、轴承、齿轮传动、联轴器和卷筒的传动效率。

取 $\eta_1=0.96$，$\eta_2=0.98$（滚子轴承），$\eta_3=0.97$（齿轮精度为 8 级，不包括轴承效率），$\eta_4=0.99$（齿形联轴器），$\eta_5=0.96$，则

$$\eta_a = 0.96 \times 0.98^4 \times 0.97^2 \times 0.99 \times 0.96 = 0.79$$

所以

$$P_d = \frac{Fv}{1\,000\eta_a} = \frac{10\,000\text{ N} \times 0.3\text{ m/s}}{1\,000 \times 0.79} = 3.8\text{ kW}$$

（3）确定电动机转速

卷筒轴工作转速为

$$n = \frac{60 \times 1\,000v}{\pi D} = \frac{60 \times 1\,000 \times 0.3\text{ m/s}}{\pi \times 500\text{ mm}} = 11.46\text{ r/min}$$

按表 2.1 推荐的传动比合理范围，取 V 带传动的传动比 $i_1' = 2 \sim 4$，二级圆柱齿轮减速器传动比 $i_2' = 8 \sim 40$，则总传动比合理范围为 $i_a' = 16 \sim 160$，故电动机转速的可选范围为

$$n_d' = i_a' n = (16 \sim 160) \times 11.46\text{ r/min} = 183 \sim 1\,834\text{ r/min}$$

符合这一范围的同步转速有 750 r/min、1 000 r/min 和 1 500 r/min。

根据功率和转速，由有关手册查出有三种适用的电动机型号，因此有三种传动比方案，见表 2.3。

表 2.3　三种传动方案及电动机型号对比

方案	电动机型号	额定功率 P_{ed}/kW	电动机转速/(r/min)		电动机重量/N	传动装置的传动比		
			同步转速	满载转速		总传动比	V带传动	减速器
1	YE2-112M-4	4	1 500	1 440	470	125.65	3.5	35.90
2	YE2-132M1-6	4	1 000	960	730	83.77	2.8	29.92
3	YE2-160M1-8	4	750	720	1180	62.83	2.5	25.13

综合考虑电动机和传动装置的尺寸、重量、价格和带传动、减速器的传动比，可见第 2 方案比较适合。因此选定电动机型号为 YE2-132M1-6，其主要性能如表 2.4：

表 2.4　第二种传动方案电动机的主要性能

型号	额定功率/kW	满载转速/(r/min)	起动转矩／额定转矩	最大转矩／额定转矩
YE2-132M1-6	4	960	2.0	2

电动机主要外形和安装尺寸列于表 2.5：

表 2.5　电动机主要外形和安装尺寸　　　　　　　　　　　　　　　　　　　mm

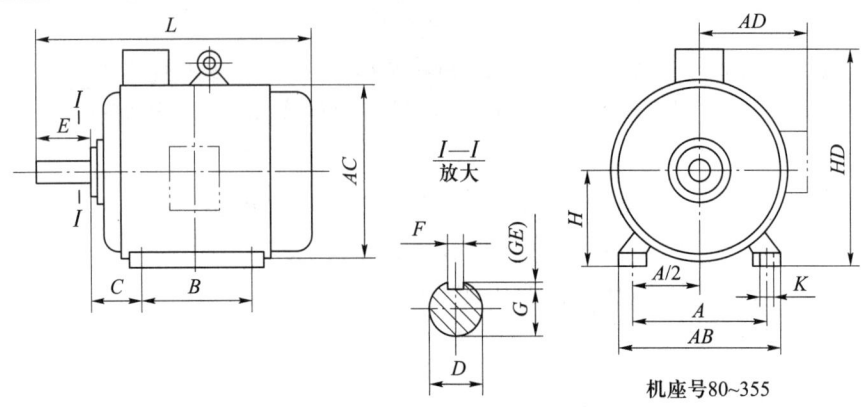

中心高 H	外形尺寸 $L \times AB \times AC \times AD \times HD$	地脚安装尺寸 $A \times B$	地脚螺栓孔直径 K	轴伸尺寸 $D \times E$	装键部位尺寸 $F \times GE$
132	560×270×275×210×345	216×178	12	38×80	10×5

注：电动机外形尺寸不应大于表中规定的值。

2.5 确定总传动比和分配传动比

由选定的电动机满载转速 n_m 和工作机主动轴转速 n，可得传动装置总传动比为

$$i_a = \frac{n_m}{n} \tag{2-7}$$

总传动比为各级传动比 $i_1, i_2, i_3, \cdots, i_n$ 的乘积，即

$$i_a = i_1 i_2 i_3 \cdots i_n \tag{2-8}$$

分配总传动比，即各级传动比如何取值，是设计中的重要问题。传动比分配得合理，可使传动装置具有较小的外廓尺寸或较轻的重量，以实现降低成本和结构紧凑的目的；也可以使传动件获得较低的圆周速度以减小动载荷或降低传动精度等级；还可以得到较好的润滑条件。要同时满足这几方面的要求比较困难，因此应按设计要求考虑传动比分配方案，满足某些主要要求。

分配传动比时考虑以下原则。

（1）各级传动的传动比应在合理范围内（见表 2.1），不超出允许的最大值，以符合各种传动形式的工作特点，并使结构比较紧凑。

（2）应注意使各级传动件尺寸协调，结构匀称合理。例如，由带传动和单级圆柱齿轮减速器组成的传动装置中（图 2.1a），一般应使带传动的传动比小于齿轮传动的传动比。如果带传动的传动比过大，就有可能使大带轮半径大于减速器中心高，使带轮与底架相碰（图 2.5）。

（3）尽量使传动装置外廓尺寸紧凑或重量较小。图 2.6 所示为不同传动比分配时的传动件轮廓对比，在总中心距和总传动比相同时，粗实线所示方案（高速级传动比 $i_1 = 5.51$，低速级传动比 $i_2 = 3.63$）具有较小的外廓尺寸，这是由于 i_2 较小时低速级大齿轮直径较小的缘故。

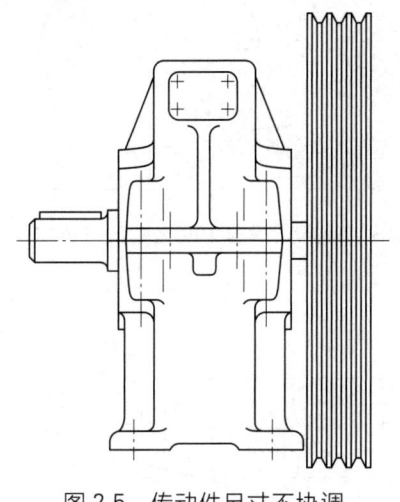

图 2.5 传动件尺寸不协调
（带轮半径过大）

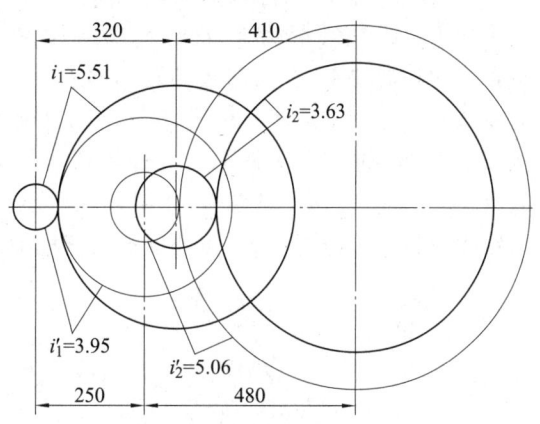

图 2.6 不同传动比分配时的
传动件轮廓对比

（4）尽量使各级大齿轮浸油深度合理（低速级大齿轮浸油稍深，高速级大齿轮能浸到油即可）。在卧式减速器设计中，希望各级大齿轮直径相近，以避免为了各级齿轮都能浸到油，而使某级大齿轮浸油过深造成搅油损失增加。通常在二级圆柱齿轮减速器中，低速级中心距大于高速级中心距，因而为使两级大齿轮直径相近，应使高速级传动比大于低速级传动比（如图 2.6 粗实线方案）。

（5）要考虑传动件之间不会干涉碰撞。如图 2.7 所示，图 2.7a 所示的卷扬机开式齿轮的传动比比较合适。如果传动比太小以致大齿轮直径 d_2 小于卷筒直径 D，则将使小齿轮与卷筒产生干涉，并不便于大齿轮齿圈与卷筒的连接；在图 2.7b 所示的二级圆柱齿轮传动中，由于高速级传动比太大，例如 $i_1 > 2i_2$，致使高速级大齿轮与低速轴相碰。

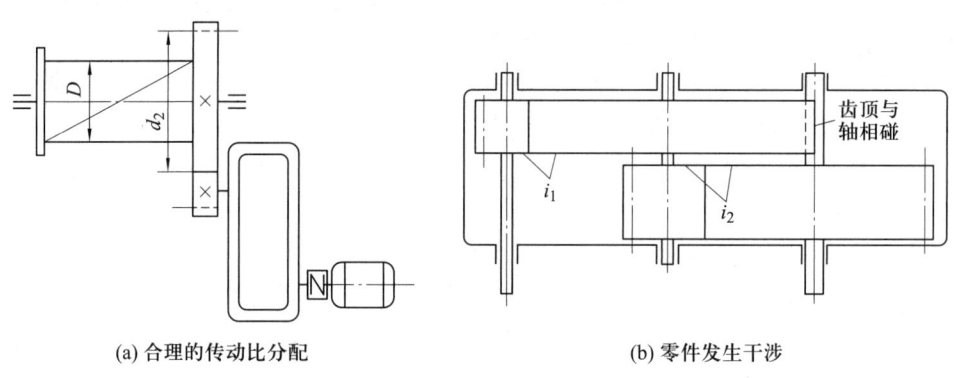

(a) 合理的传动比分配　　　　　　(b) 零件发生干涉

图 2.7 传动比分配对传动件的影响

对各类减速器，考虑上述某些原则，下面给出一些分配传动比的参考数据。

1)对展开式二级圆柱齿轮减速器,主要考虑满足浸油润滑的要求,如图 2.8 所示,应使两个大齿轮直径 d_2、d_4 大小相近。在两对齿轮配对材料相同(即两级齿面许用接触应力 $[\sigma_{H1}]$ 和 $[\sigma_{H2}]$ 相近),两级齿宽系数 ϕ_{d1}、ϕ_{d2} 相等情况下,其传动比分配,推荐按图 2.9 中的展开式曲线选取。这时结构也比较紧凑。

2)对同轴式二级圆柱齿轮减速器,为使两级在齿轮中心距相等情况下,能达到两对齿轮的接触强度相等的要求,在两对齿轮配对材料相同,齿宽系数 $\phi_{d2}/\phi_{d1}=1.2$ 的条件下,其传动比分配推荐按图 2.9 中同轴式曲线选取。这种传动比分配的结果:d_2 会略大于 d_4(见图 2.10 粗实线所示),高速级大齿轮浸油深度较大,搅油损耗略有增加。

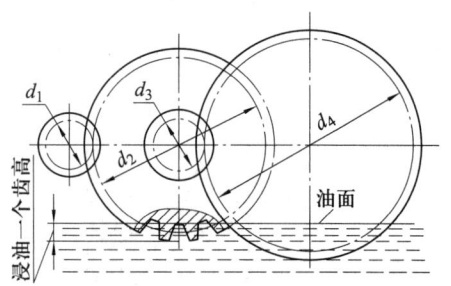

图 2.8 考虑润滑要求的齿轮尺寸要求

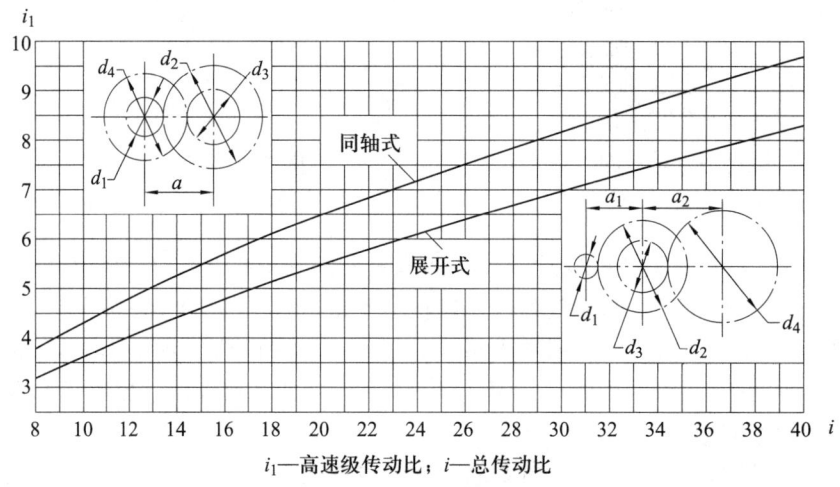

i_1—高速级传动比;i—总传动比

图 2.9 二级圆柱齿轮减速器传动比分配

同轴式二级齿轮减速器两级的传动比也可以取为 $i_1=i_2=\sqrt{i}$(i 为总传动比)。这时 $d_2=d_4$,润滑条件较好,但不能做到两级齿轮等强度,即使取 $\phi_{d2}=2\phi_{d1}$,高速级强度仍有富裕,所以其减速器外廓尺寸会比较大,如图 2.10 中细实线所示。

3)二级圆柱齿轮减速器,要求获得最小外形尺寸或最轻重量时,可参看《机械工程手册》等资料中的传动比分配办法。也可以用优化设计方法求解。

4)对于锥齿轮-圆柱齿轮减速器,可取锥齿轮传动比 $i_1 \approx 0.25i$,并尽量使 $i_1 \leq 3$,最大允许到 4,以使锥齿轮直径较小。

5)蜗杆-齿轮减速器,可取齿轮传动的传动比 $i_2 \approx (0.03 \sim 0.06)i$。

6)齿轮-蜗杆减速器可取齿轮传动的传动比 $i_1 < 2 \sim 2.5$,以使结构比较紧凑。

7)二级蜗杆减速器,为使两级传动浸油深度大致相等,常使低速级中心距 $a_2 \approx 2a_1$(a_1 为高速级中心距),这时可取 $i_1 \approx i_2 = \sqrt{i}$。

分配的各级传动比只是初步选定的数值,实际传动比要由传动件参数准确计算,例如齿轮传动为齿数比,带传动为带轮直径比。因此,工作机的实际转速要在传动件设计计算完成

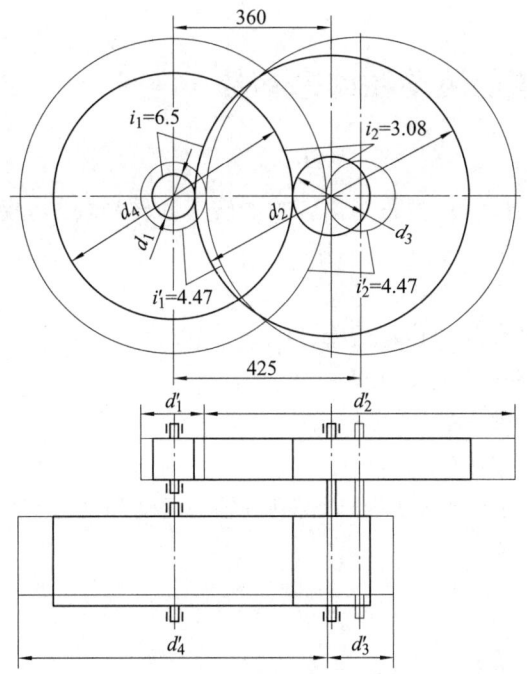

图 2.10 同轴式二级齿轮减速器传动比分配

后进行核算,如不在允许误差范围内,则应重新调整传动件参数,甚至重新分配传动比。设计要求中未规定转速(或速度)的允许误差时,传动比一般允许在±(3~5)%范围内变化。

例 2-2 数据同例 2-1,试计算传动装置的总传动比,并分配各级传动比。

解:电动机型号为 YE2-132M1-6,满载转速 $n_m = 960$ r/min。

(1) 总传动比

由式(2-7)

$$i_a = \frac{n_m}{n} = \frac{960 \text{ r/min}}{11.46 \text{ r/min}} = 83.77$$

(2) 分配传动装置传动比

由式(2-8)

$$i_a = i_0 i$$

式中 i_0、i 分别为带传动和减速器的传动比。

为使 V 带传动外廓尺寸不致过大,初步取 $i_0 = 2.8$(实际的传动比要在设计 V 带传动时,由所选大、小带轮的标准直径之比计算),则减速器传动比为

$$i = \frac{i_a}{i_0} = \frac{83.77}{2.8} = 29.92$$

(3) 分配减速器的各级传动比

按展开式布置。考虑润滑条件,为使两级大齿轮直径相近,可由图 2-9 展开式曲线查得 $i_1 = 6.95$,则 $i_2 = i/i_1 = 29.92/6.95 = 4.31$。

2.6 计算传动装置的运动和动力参数

为进行传动件的设计计算,要推算出各轴的转速和转矩(或功率)。如将传动装置各轴由高速至低速依次定为轴Ⅰ、轴Ⅱ……,则

$i_0, i_1, \cdots$为相邻两轴间的传动比;

$\eta_{01}, \eta_{12}, \cdots$为相邻两轴间的传动效率;

$P_{\mathrm{I}}, P_{\mathrm{II}}, \cdots$为各轴的输入功率,kW;

$T_{\mathrm{I}}, T_{\mathrm{II}}, \cdots$为各轴的输入转矩,N·m;

$n_{\mathrm{I}}, n_{\mathrm{II}}, \cdots$为各轴的转速(r/min)。

按电动机轴至工作机运动传递路线推算,得到各轴的运动和动力参数。

(1) 各轴转速

$$n_{\mathrm{I}} = \frac{n_{\mathrm{m}}}{i_0} \qquad (2-9)$$

式中:n_{m}——电动机满载转速;

i_0——电动机至轴Ⅰ的传动比。

以及

$$n_{\mathrm{II}} = \frac{n_{\mathrm{I}}}{i_1} = \frac{n_{\mathrm{m}}}{i_0 i_1} \qquad (2-10)$$

$$n_{\mathrm{III}} = \frac{n_{\mathrm{II}}}{i_2} = \frac{n_{\mathrm{II}}}{i_0 i_1 i_2} \qquad (2-11)$$

其余类推。

(2) 各轴输入功率

图 2.11 所示为各轴间功率关系,即

$$P_{\mathrm{I}} = P_{\mathrm{d}} \eta_{01}, \qquad \eta_{01} = \eta_1 \qquad (2-12)$$

$$P_{\mathrm{II}} = P_{\mathrm{I}} \eta_{12} = P_{\mathrm{d}} \eta_{01} \eta_{12}, \qquad \eta_{12} = \eta_2 \eta_3 \qquad (2-13)$$

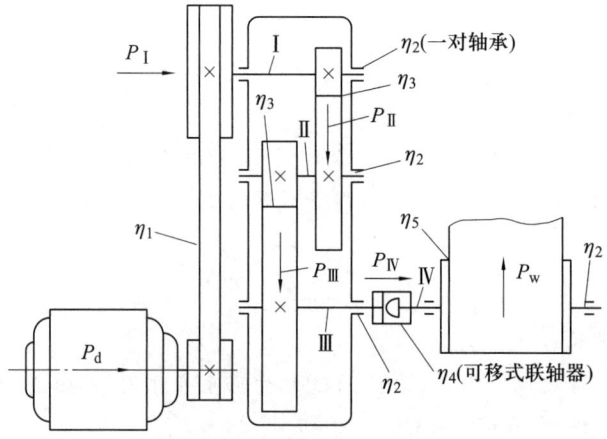

图 2.11 各轴间功率传递

$$P_{\text{III}} = P_{\text{II}} \eta_{23} = P_d \eta_{01} \eta_{12} \eta_{23} \brace \eta_{23} = \eta_2 \eta_3} \quad (2-14)$$

$$P_{\text{IV}} = P_{\text{III}} \eta_{34} = P_d \eta_{01} \eta_{12} \eta_{23} \eta_{34} \brace \eta_{34} = \eta_2 \eta_4} \quad (2-15)$$

式中，η_1、η_2、η_3、η_4 分别为带传动、轴承、齿轮传动和联轴器的传动效率。

（3）各轴输入转矩

$$T_{\text{I}} = T_d i_0 \eta_{01} \quad (2-16)$$

式中，T_d 为电动机轴的输出转矩，按下式计算

$$T_d = 9\,550 \frac{P_d}{n_m} \quad (2-17)$$

所以

$$T_{\text{I}} = T_d i_0 \eta_{01} = 9\,550 \frac{P_d}{n_m} i_0 \eta_{01} \quad (2-18)$$

$$T_{\text{II}} = T_{\text{I}} i_1 \eta_{12}$$
$$= 9\,550 \frac{P_d}{n_m} i_0 i_1 \eta_{01} \eta_{12} \quad (2-19)$$

$$T_{\text{III}} = T_{\text{II}} i_2 \eta_{23}$$
$$= 9\,550 \frac{P_d}{n_m} i_0 i_1 i_2 \eta_{01} \eta_{12} \eta_{23} \quad (2-20)$$

$$T_{\text{IV}} = T_{\text{III}} \eta_{34}$$
$$= 9\,550 \frac{P_d}{n_m} i_0 i_1 i_2 \eta_{01} \eta_{12} \eta_{23} \eta_{34} \quad (2-21)$$

同一根轴的输出功率（或转矩）与输入功率（或转矩）数值不同（因为有轴承功率损耗），需要精确计算时应取不同数值。

一根轴的输出功率（或转矩）与下一根轴的输入功率（或转矩）的数值也不相同（因为有传动件功率损耗），例如轴 I 输出功率为 $P'_{\text{I}} = P_{\text{I}} \eta_2$，而轴 II 的输入功率则为 $P_{\text{II}} = P_{\text{I}} \eta_2 \eta_3$，计算时也必须注意区分。

由计算得到的各轴运动和动力参数的数据，可以列表整理备用（参见表 2.6）。

例 2-3 同前例条件，计算传动装置各轴的运动和动力参数。

解：

（1）各轴转速

由式（2-9）~ 式（2-11）

轴 I $n_{\text{I}} = \dfrac{n_m}{i_0} = \dfrac{960 \text{ r/min}}{2.8} = 342.86 \text{ r/min}$

轴 II $n_{\text{II}} = \dfrac{n_{\text{I}}}{i_1} = \dfrac{342.86 \text{ r/min}}{6.95} = 49.33 \text{ r/min}$

轴 III $n_{\text{III}} = \dfrac{n_{\text{II}}}{i_2} = \dfrac{49.33 \text{ r/min}}{4.31} = 11.45 \text{ r/min}$

卷筒轴 $n_{\text{IV}} = n_{\text{III}} = 11.45 \text{ r/min}$

(2) 各轴输入功率

由式(2-12)~式(2-15)

轴Ⅰ　　$P_Ⅰ = P_d η_{01} = P_d η_1 = 3.8 \text{ kW} × 0.96 = 3.65 \text{ kW}$

轴Ⅱ　　$P_Ⅱ = P_Ⅰ η_{12} = P_Ⅰ η_2 η_3 = 3.65 \text{ kW} × 0.98 × 0.97 = 3.47 \text{ kW}$

轴Ⅲ　　$P_Ⅲ = P_Ⅱ η_{23} = P_Ⅱ η_2 η_3 = 3.47 \text{ kW} × 0.98 × 0.97 = 3.30 \text{ kW}$

卷筒轴　$P_Ⅳ = P_Ⅲ η_{34} = P_Ⅲ η_2 η_4 = 3.30 \text{ kW} × 0.98 × 0.99 = 3.20 \text{ kW}$

轴Ⅰ~轴Ⅲ的输出功率则分别为输入功率乘轴承效率0.98,例如轴Ⅰ输出功率为$P'_Ⅰ = P_Ⅰ × 0.98 = 3.65 \text{ kW} × 0.98 = 3.58 \text{ kW}$,其余类推。

(3) 各轴输入转矩

由式(2-16)~式(2-21)

电动机轴输出转矩

$$T_d = 9\,550 \frac{P_d}{n_m} = 9\,550 × \frac{3.80 \text{ kW}}{960 \text{ r/min}} = 37.80 \text{ N·m}$$

轴Ⅰ~轴Ⅲ输入转矩

轴Ⅰ　　$T_Ⅰ = T_d i_0 η_{01} = T_d i_0 η_1$
　　　　$= 37.80 \text{ N·m} × 2.8 × 0.96 = 101.61 \text{ N·m}$

轴Ⅱ　　$T_Ⅱ = T_Ⅰ i_1 η_{12} = T_Ⅰ i_1 η_2 η_3$
　　　　$= 101.61 \text{ N·m} × 6.95 × 0.98 × 0.97$
　　　　$= 671.30 \text{ N·m}$

轴Ⅲ　　$T_Ⅲ = T_Ⅱ i_2 η_{23} = T_Ⅱ i_2 η_2 η_3$
　　　　$= 671.30 \text{ N·m} × 4.31 × 0.98 × 0.97$
　　　　$= 2\,750.37 \text{ N·m}$

卷筒轴输入转矩

$$T_Ⅳ = T_Ⅲ η_2 η_4 = 2\,750.37 \text{ N·m} × 0.98 × 0.99$$
$$= 2\,668.41 \text{ N·m}$$

轴Ⅰ~轴Ⅲ的输出转矩则分别为各轴的输入转矩乘轴承效率0.98,例如轴Ⅰ的输出转矩 $T'_Ⅰ = T_Ⅰ × 0.98 = 101.61 \text{ N·m} × 0.98 = 99.58 \text{ N·m}$,其余类推。

运动和动力参数计算结果整理于表2.6。

表2.6　运动和动力参数计算结果

轴名	功率 P /kW		转矩 T /(N·m)		转速 n /(r/min)	传动比 i	效率 η
	输入	输出	输入	输出			
电动机轴		3.80		37.80	960	2.8	0.96
轴Ⅰ	3.65	3.58	101.61	99.58	342.86	6.95	0.95
轴Ⅱ	3.47	3.40	671.30	657.87	49.33	4.31	0.95
轴Ⅲ	3.30	3.23	2 750.37	2 695.36	11.45	1.00	0.97
卷筒轴	3.20	3.14	2 668.41	2 615.04	11.45		

思考题

2-1 传动装置的主要作用是什么？合理的传动方案应有哪些要求？

2-2 各种机械传动形式有哪些特点？其适用范围怎样？

2-3 为什么通常带传动布置在高速级，链传动布置在低速级？

2-4 蜗杆传动在多级传动中怎样布置较好？锥齿轮传动为什么常布置在高速级？

2-5 减速器的主要类型有哪些？各有什么特点？读减速器装配图时要注意什么问题？

2-6 你所设计的传动装置有哪些特点？

2-7 选择电动机包括哪些内容？

2-8 常用电动机的类型有哪几种？各有什么特点？根据哪些条件来选择电动机类型？

2-9 如何确定所需要的电动机工作功率？所选标准电动机的额定功率与工作功率是否相同？它们之间要满足什么条件？设计传动装置时用什么功率？

2-10 传动装置的效率如何考虑？计算总效率时要注意哪些问题？

2-11 电动机的转速如何确定？电动机的工作转速与同步转速是否相同？设计中用哪一转速？

2-12 传动装置设计中所需的电动机参数有哪些？

2-13 合理分配传动比有什么意义？分配传动比时要考虑哪些原则？

2-14 分配的传动比和传动件实际传动比是否一定相同？工作机的实际转速与设计要求的误差范围不符时如何处理？

2-15 传动装置中各相邻轴间的功率、转矩、转速关系如何确定？同一轴的输入功率与输出功率是否相同？设计传动件或轴时用哪个功率？

第 3 章 减速器结构

图 3.1、图 3.2、图 3.3 分别为圆柱齿轮减速器、锥齿轮-圆柱齿轮减速器和蜗杆减速器的典型结构。表 3.1、表 3.2 列出了计算减速器机体有关尺寸的经验值。

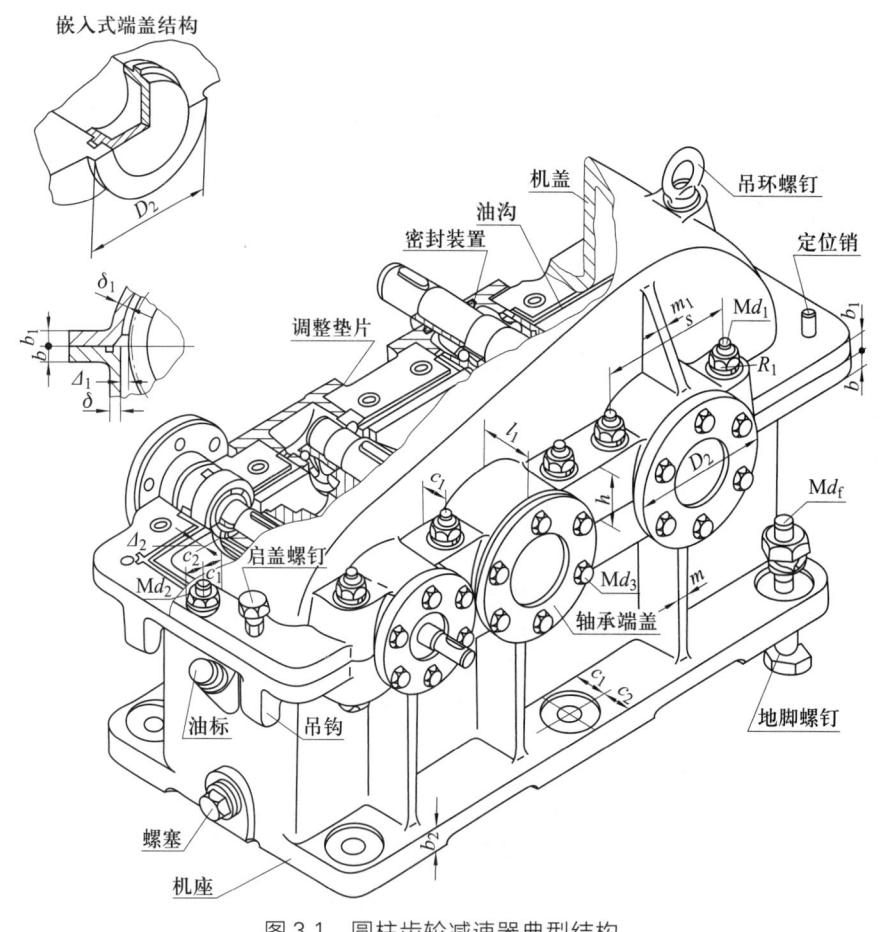

图 3.1 圆柱齿轮减速器典型结构

3.1 典型减速器结构及附属零件

典型减速器结构(图 3.1、图 3.2、图 3.3)中各部位及附属零件的名称和作用如下。

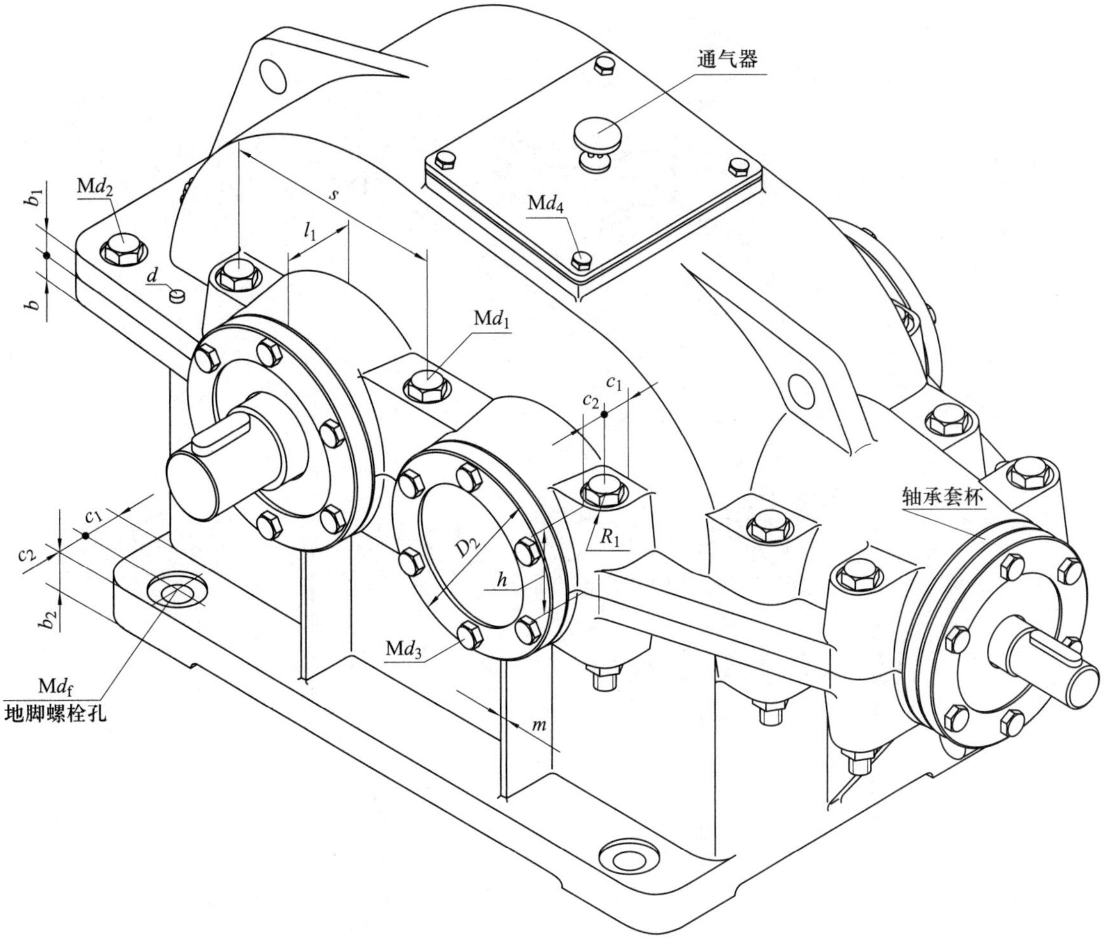

图 3.2　锥齿轮-圆柱齿轮减速器典型结构

（1）窥视孔和窥视孔盖

在减速器上部可以看到传动件啮合处要开窥视孔，以便检查齿面接触斑点和齿侧间隙，了解啮合情况。润滑油也由此注入机体内。

窥视孔上有盖板，以防止污物进入机体内和润滑油飞溅出来。

（2）放油螺塞

减速器底部设有放油孔，用于排出污油，注油前用螺塞堵住。

（3）油标

油标用来检查油面高度，以保证有正常的油量。油标有多种结构类型，有的已定为标准件。

（4）通气器

减速器运转时，由于摩擦发热，机体内温度升高，气压增大，导致润滑油从缝隙（如机体接合面、轴伸处间隙）向外渗漏。所以多在机盖顶部或窥视孔盖上安装通气器，使机体内热胀气体自由逸出，机体内、外气压相等，提高机体有缝隙处的密封性能。

（5）启盖螺钉

机盖与机座接合面上常涂有水玻璃或密封胶，连接后接合较紧，不易分开。为便于取下

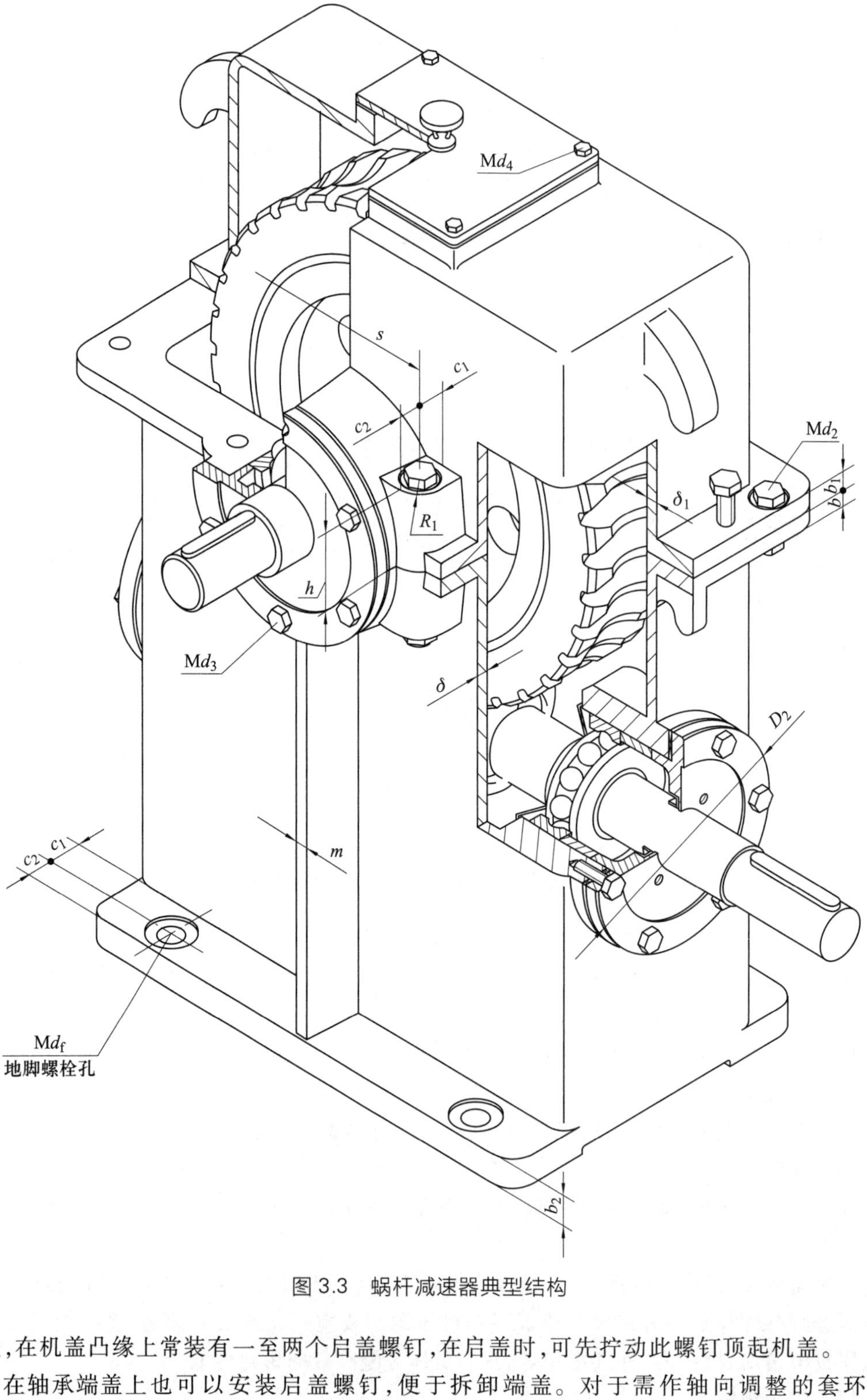

第 3 章 减速器结构

图 3.3 蜗杆减速器典型结构

机盖,在机盖凸缘上常装有一至两个启盖螺钉,在启盖时,可先拧动此螺钉顶起机盖。

在轴承端盖上也可以安装启盖螺钉,便于拆卸端盖。对于需作轴向调整的套环(如图 3.2 中高速轴的轴承套杯),如装上两个启盖螺钉,将便于调整,如图 3.4 所示。

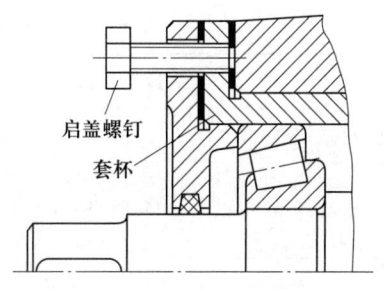

图 3.4 轴承端盖处的启盖螺钉

(6)定位销

为了保证轴承座孔的安装精度,在机盖和机座用螺栓连接后,镗孔之前装上两个定位销,销孔位置尽量远些。如机体结构是对称的(如蜗杆传动机体),销孔位置不应对称布置。

表 3.1 铸铁减速器机体结构尺寸(图 3.1、图 3.2、图 3.3)

名称	符号	减速器形式及尺寸关系 mm			
		齿轮减速器		锥齿轮减速器	蜗杆减速器
机座壁厚	δ	一级	$0.025a+1 \geq 8$	$0.012\ 5(d_{1m}+d_{2m})+1 \geq 8$ 或 $0.01(d_1+d_2)+1 \geq 8$ d_1、d_2——小、大锥齿轮的大端直径; d_{1m}、d_{2m}——小、大锥齿轮的平均直径	$0.04a+3 \geq 8$
		二级	$0.025a+3 \geq 8$		
		三级	$0.025a+5 \geq 8$		
		考虑铸造工艺,所有壁厚都不应小于 8			
机盖壁厚	δ_1	一级	$0.02a+1 \geq 8$	$0.01(d_{1m}+d_{2m})+1 \geq 8$ 或 $0.008\ 5(d_1+d_2)+1 \geq 8$	蜗杆在上: $\approx \delta$ 蜗杆在下: $=0.85\delta \geq 8$
		二级	$0.02a+3 \geq 8$		
		三级	$0.02a+5 \geq 8$		
机座凸缘厚度	b	1.5δ			
机盖凸缘厚度	b_1	$1.5\delta_1$			
机座底凸缘厚度	b_2	2.5δ			
地脚螺钉直径	d_f	$0.036a+12$		$0.018(d_{1m}+d_{2m})+1 \geq 12$ 或 $0.015(d_1+d_2)+1 \geq 12$	$0.036a+12$
地脚螺钉数目	n	$a \leq 250$ 时,$n=4$ $a>250\sim500$ 时,$n=6$ $a>500$ 时,$n=8$		$n=\dfrac{\text{机座底凸缘周长之半}}{200\sim300} \geq 4$	4
轴承旁连接螺栓直径	d_1	$0.75d_f$			
机盖与机座连接螺栓直径	d_2	$(0.5\sim0.6)d_f$			
连接螺栓 d_2 的间距	l	$150\sim200$			
轴承端盖螺钉直径	d_3	$(0.4\sim0.5)d_f$			

续表

名称	符号	减速器形式及尺寸关系 mm		
		齿轮减速器	锥齿轮减速器	蜗杆减速器
窥视孔盖螺钉直径	d_4	$(0.3\sim0.4)d_f$		
定位销直径	d	$(0.7\sim0.8)d_2$		
地脚螺钉、轴承旁连接螺栓、机盖与机座连接螺栓至外机壁距离	c_1	见表3.2		
地脚螺钉、机盖与机座连接螺栓至凸缘边缘距离	c_2	见表3.2		
轴承旁凸台半径	R_1	c_2		
凸台高度	h	根据低速级轴承座外径确定,以便于扳手操作为准(见图5.6)		
外机壁至轴承座端面距离	l_1	$c_1+c_2+(8\sim12)$		
大齿轮顶圆(蜗轮外圆)与内机壁距离	Δ_1	$>1.2\delta$		
齿轮(锥齿轮或蜗轮轮毂)端面与内机壁距离	Δ_2	$>\delta$		
机盖、机座肋厚	m_1、m	$m_1\approx0.85\delta_1$,$m\approx0.85\delta$		
轴承端盖外径	D_2	轴承孔直径+$(5\sim5.5)d_3$;对嵌入式端盖 $D_2=1.25D+10$,D—轴承外径		
轴承端盖凸缘厚度	t	$(1\sim1.2)d_3$ (见图5.3)		
轴承旁连接螺栓距离	s	尽量靠近,以 Md_1 和 Md_3 互不干涉为准,一般取 $s\approx D_2$		

注:多级传动时,a取低速级中心距。对锥齿轮-圆柱齿轮减速器,按圆柱齿轮传动中心距取值。

表 3.2　c_1、c_2 值　　　　　　　　　　　　　　　　　　　　mm

螺栓直径	M8	M10	M12	M16	M20	M24	M30
$c_{1\min}$	13	16	18	22	26	34	40
$c_{2\min}$	11	14	16	20	24	28	34
沉头座直径	20	24	26	32	40	48	60

(7) 调整垫片

调整垫片由多片很薄的软金属(如 08F)制成(见图 3.1、图 3.3),用以调整轴承间隙。有的垫片还要起调整传零件(如蜗轮、锥齿轮等)轴向位置的作用。

(8) 吊环螺钉、吊环和吊钩

在机盖上装有吊环螺钉(图 3.1)或铸出吊环或吊钩(图 3.3),用以搬运或拆卸机盖。

在机座上铸出吊钩,用以搬运机座或整个减速器。

(9) 密封装置

在伸出轴与端盖之间有间隙,必须安装密封件,以防止漏油和污物进入机体内。密封件多为标准件,其密封效果相差很大,应根据具体情况选用。

3.2 减速器机体结构

减速器机体是用以支持和固定轴系零件,保证传动件的啮合精度、良好润滑及密封的重要零件,其重量约占减速器总重量的 50%。因此,机体结构对减速器的工作性能、加工工艺、材料消耗、重量及成本等有很大影响,设计时必须全面考虑。

机体多用铸铁(HT150 或 HT200)制造。在重型减速器中,为了提高机体强度,也有用铸钢铸造的。铸造机体(图 3.1、图 3.2、图 3.3)重量较大,适于成批生产。机体也可用钢板焊成,如图 3.5 所示。焊接机体比铸造机体轻 1/4~1/2,生产周期短,但焊接时容易产生热变形,故要求较高的技术,并应在焊后退火处理。

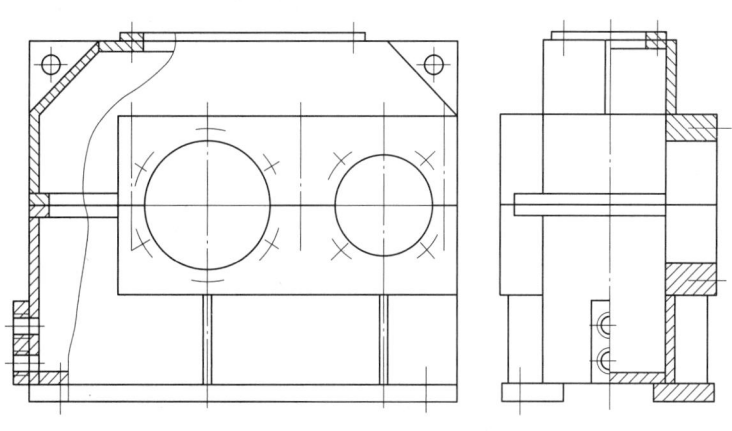

图 3.5　减速器焊接机体

机体可以做成剖分式或整体式。

（1）剖分式机体

图 3.1、图 3.2、图 3.3 所示减速器都是剖分式机体。剖分面多取传动件轴线所在平面，一般只有一个水平剖分面。在大型立式齿轮减速器中，为了便于制造和安装，也有采用两个剖分面的（图 3.6）。剖分式机体增加了连接面凸缘和连接螺栓，使机体重量增大。

（2）整体式机体

图 3.7 为齿轮传动的整体式机体。图 3.8 为蜗杆传动的整体式机体。整体式机体加工量少、重量轻、零件少，但装配比较麻烦。

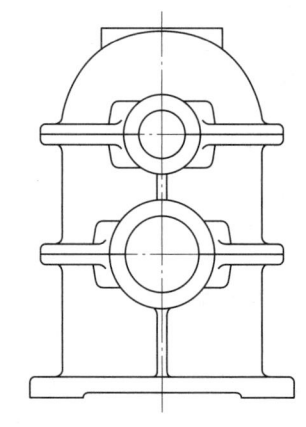

图 3.6　具有两个剖分面的铸造机体

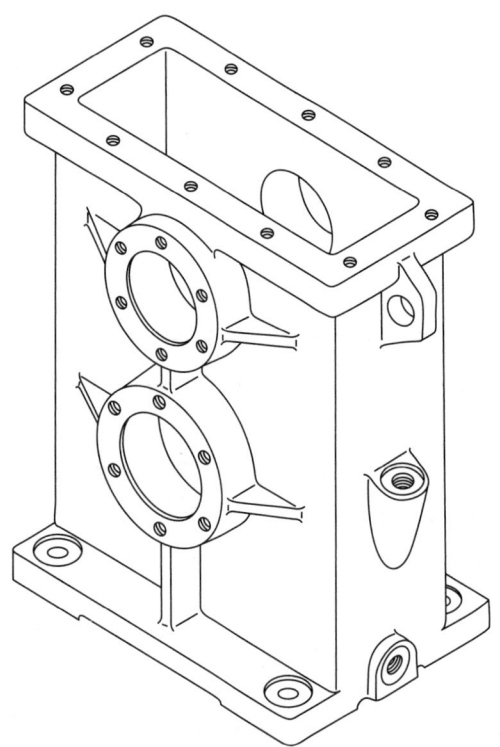

图 3.7　齿轮传动的整体式机体

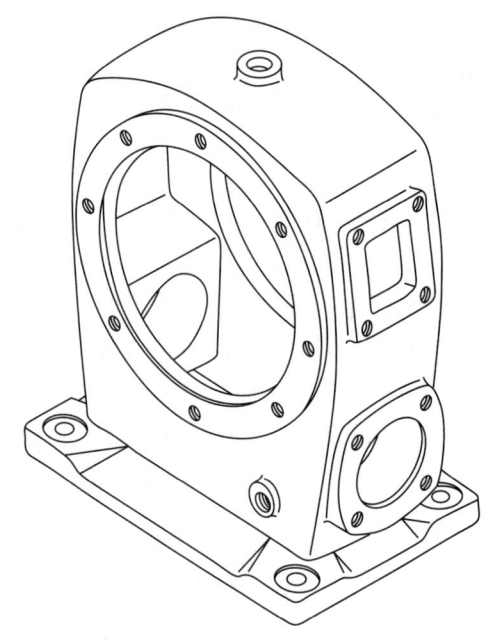

图 3.8　蜗杆传动的整体式机体

思考题

3-1　减速器机体有哪些结构形式？各自有哪些特点？

3-2　铸造机体和焊接机体有什么区别？各自采用什么材料？使用条件有什么不同？

3-3　机体上有关尺寸如何确定？需考虑哪些问题？

3-4　通气器、油标、放油螺塞的作用是什么？有哪些结构形式？各自有哪些特点？

3-5　窥视孔的作用是什么？如何确定其位置？窥视孔盖可用哪些材料？

3-6　为什么要安装启盖螺钉，其大小和位置如何确定？

3-7　定位销的作用是什么？其数目和位置如何确定？

3-8　吊环、吊钩有哪些结构形式？设计时应考虑哪些问题？为什么机盖和机座都有吊环或吊钩？

3-9　密封装置的作用是什么？有哪些结构形式？适用于什么场合？

第4章 传动件设计

传动装置包括各种类型的零部件,其中决定其工作性能、结构布置和尺寸大小的主要是传动件。支承件和连接件都要根据传动件的要求来设计,因此一般应先设计计算传动件,确定其尺寸、参数、材料和结构。减速器是独立、完整的传动部件。为了使设计减速器时的原始条件比较准确,通常应先设计减速器外的传动件,例如V带传动、链传动和开式齿轮传动等。

传动件的设计方法均按机械设计教材所述,本书不再重复,仅就应注意的问题做简要提示。

4.1 减速器外传动件设计

(1) 带传动

1) 设计所需的原始数据主要有:工作条件及对外廓尺寸、传动位置的要求;原动机种类和所需的传动功率;主动轮和从动轮的转速(或传动比)等。

2) 设计计算需确定的内容主要有:V带的型号、长度和根数;中心距、安装要求(初拉力、张紧装置)、对轴的作用力;带轮直径、材料、结构尺寸和加工要求等。有些结构细部尺寸(例如轮毂、轮辐、斜度、圆角等)不需要在装配图设计前确定,可以留待画装配图时再定。

3) 设计时应注意检查带轮尺寸与传动装置外廓尺寸的相互关系。例如,装在电动机轴上的小带轮直径与电动机中心高是否相称,带轮轴孔直径长度与电动机轴径、长度是否相对应(如图4.1中带轮的 D_e 和 B 均过大),大带轮是否尺寸过大而与机架相碰等(图2.5)。

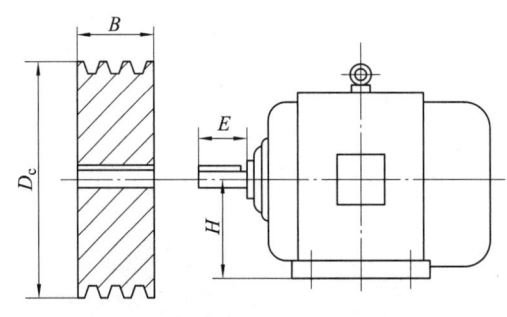

图4.1 电动机轴与轴上零件尺寸

4) 带轮结构形式主要由带轮直径大小而定。其具体结构及尺寸可查手册,并画出结构草图，标明主要尺寸备用。应注意大带轮轴孔直径和轮毂长度（图 4.2 中的 d 和 l）与减速器输入轴轴伸尺寸的关系。带轮轮毂长度 l 与带轮轮缘宽度 B 不一定相同。一般轮毂长度 l 按轴孔直径 d 的大小确定，常取 $l=(1.5\sim2)d$，而轮缘宽度则取决于带的型号和根数。注意轮缘在宽度方向上不一定与轮毂对中布置。

5）应计算出初拉力以便安装时检查张紧要求及考虑张紧方式。

6）由带轮直径及带传动的滑动率计算实际传动比和从动带轮的转速，并以此修正设计减速器所要求的传动比和输入转矩。

（2）链传动

一般常用滚子链传动，其设计计算要点如下。

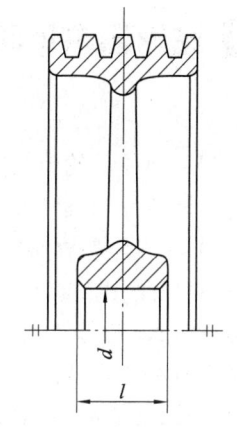

图 4.2 带轮安装尺寸

1）设计所需的已知条件主要有：载荷特性和工作情况、传递功率、主动链轮和从动链轮的转速、外廓尺寸、传动布置方式的要求以及润滑条件（包括润滑方式和润滑剂牌号）等。

2）设计计算的主要内容是：根据工作要求选出链条的型号（链节距）、排数和链节数；确定传动参数和尺寸（中心距、链轮齿数等）；设计链轮（材料、尺寸和结构）；确定润滑方式、张紧装置和维护要求等。

3）与前述带传动设计中应注意的问题类似，应检查链轮直径尺寸、轴孔尺寸、轮毂尺寸等是否与减速器、工作机协调；应由所选链轮齿数计算实际传动比，并考虑是否需要修正减速器所要求的传动比。

4）设计时还应注意，当选用的单列链尺寸过大时，应改选双列或多列链，以尽量减小节距；滚子链轮端面齿形已经标准化，有专门的刀具加工，因此画链轮结构图时不必画出端面齿形图。轴面齿形则应按标准确定尺寸并在图中注明。

（3）开式齿轮传动

1）设计需要的已知条件主要有：传递功率（或转矩）、转速、传动比、工作条件和尺寸限制等。

2）设计计算内容主要是：选择材料，确定齿轮传动的参数（中心距、齿数、模数、螺旋角、变位系数和齿宽等）、齿轮的其他几何尺寸及其结构。

3）开式齿轮一般只需计算轮齿弯曲强度，考虑齿面磨损，应将强度计算求得的模数加大 10%～20%。如果是进行轮齿弯曲强度校验计算，则应将模数减小 10%～20%。将计算得到的模数按照国家标准取值。

4）开式齿轮传动一般用于低速场合，为使支承结构简单，常采用直齿轮。由于润滑和密封条件差，灰尘大，要注意材料配对，使轮齿具有较好的减摩和耐磨性能；大齿轮材料的选择应考虑其毛坯尺寸和制造方法。

5）开式齿轮支承刚度较小，齿宽系数应取小些，以减轻轮齿载荷集中。

6）画出齿轮结构草图，标明轮毂尺寸备用。

7）检查齿轮尺寸与传动装置和工作机是否相称，并按大、小齿轮的齿数计算实际传动比，考虑是否需要修改传动装置中减速器的传动比要求。

4.2 减速器内传动件的设计要点

（1）圆柱齿轮传动

设计条件和设计要求与开式齿轮传动的相同。

1）选择齿轮材料时，通常先估计毛坯的制造方法，当齿轮直径 $d \leqslant 500$ mm 时，根据制造条件，可以采用锻造或铸造毛坯；当 $d > 500$ mm 时，多用铸造毛坯。小齿轮齿根圆直径与轴径接近时，齿轮与轴如制成一体则所选材料应兼顾轴的要求。材料种类选定后，根据毛坯尺寸确定材料力学性能，以进行齿轮强度设计。在计算出齿轮尺寸后，应检查与所定力学性能是否相符，必要时，应对计算做必要的修改；同一减速器中的各级小齿轮（或大齿轮）的材料应尽可能一致，以减少所选材料种类和工艺要求。

2）齿轮传动的计算方法，由工作条件和材料的表面硬度来确定。要注意当有短期过载作用时，要进行过载静强度校验计算。

3）齿轮强度计算公式中，载荷和几何参数是用小齿轮输出转矩 T_1 和直径 d_1（或 mz_1）表示的，因此不论强度计算针对小齿轮还是大齿轮（即许用应力或齿形系数不论是用哪个齿轮的数值），公式中的转矩、齿轮直径或齿数，都应是小齿轮的数值。

4）根据齿宽系数 $\phi_d = b/d_1$ 求齿宽 b 时，b 应是一对齿轮的工作宽度，为易于补偿齿轮轴向位置误差，应使小齿轮宽度大于大齿轮宽度，因此大齿轮宽度取 b，而小齿轮宽度取 $b_1 = b + (5 \sim 10)$ mm，齿宽数值应圆整。

5）在各种齿轮强度计算公式中，采用的齿宽系数定义有三种：$\phi_d = b/d_1$；$\phi_a = b/a$；$\phi_m = b/m$，如其中一个已取值，则另外两个就已确定，不能随意另取，因为 d_1、a、m 之间应满足固定的几何关系。例如选定 ϕ_d 后，则 $\phi_a = \dfrac{2\phi_d}{1+i}$；$\phi_m = z_1 \phi_d$。

6）齿轮传动的几何参数和尺寸有严格的要求，应分别进行标准化、圆整或计算其精确值。例如，模数必须标准化，中心距和齿宽尽量圆整，啮合尺寸（节圆、分度圆、齿顶圆以及齿根圆的直径、螺旋角、变位系数等）必须计算精确值，长度尺寸准确到小数点后 2~3 位（单位为 mm），角度准确到秒（″），要满足如 $a = \dfrac{m_n}{2\cos\beta}(z_1 + z_2)$ 的几何参数间的关系。

圆整中心距时，对直齿轮传动，可以调整模数 m 和齿数 z，或采用角变位，对斜齿轮传动还可以调整螺旋角 β。

7）齿轮结构尺寸，如轮缘内径 D_1、轮辐厚度 c_1、轮辐孔径 d_0、轮毂直径 d_1 和长度 l 等（图 4.3），按参考资料给定的经验公式计算，但都应尽量圆整，以便于制造和测量。

将各级大、小齿轮几何尺寸和参数的计算结果及时整理并列表（表 4.1），同时画出结构简图，以备装配图设计时应用。

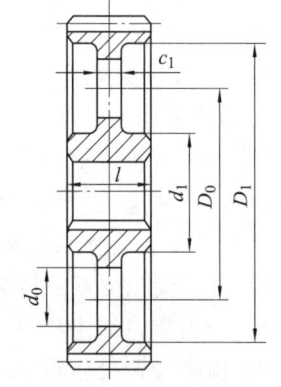

图 4.3 圆柱齿轮结构尺寸

表 4.1　圆柱齿轮传动参数表

名称	代号	单位	计算结果或取值	
			小齿轮	大齿轮
中心距	a	mm		
传动比	i			
模数	m_n	mm		
螺旋角	β	(°)		
端面压力角	α_t	(°)		
啮合角	α'_t	(°)		
分度圆分离系数	y			
总变位系数	$x_{n\Sigma}$			
齿顶高变动系数	σ			
变位系数	x_n			
齿数	z			
分度圆直径	d	mm		
节圆直径	d'	mm		
齿顶圆直径	d_a	mm		
齿根圆直径	d_f	mm		
齿宽	b	mm		
螺旋角方向				
材料及齿面硬度				

例 4-1　由接触疲劳强度公式计算得到的斜齿圆柱齿轮传动的小齿轮分度圆直径应为 $d_1 \geqslant 105$ mm,已知传动比 $i = 3.8$,载荷平稳,速度中等,$\phi_d = 1.2$。试选择计算该齿轮传动的各参数,并计算大、小齿轮的分度圆直径和齿宽。

解:

(1) 确定中心距 a

$$a \geqslant \frac{d_1}{2}(1+i) = \frac{1}{2} \times 105 \text{ mm} \times (1+3.8) = 252 \text{ mm}$$

应尽量圆整成尾数为 0 或 5,以利于制造和测量,所以初定 $a = 260$ mm(也可以取 $a = 255$ mm 或 250 mm)。

(2) 选定模数 m_n、齿数 z_1、z_2 和螺旋角 β

$$a = \frac{m_n}{2\cos\beta}(z_1 + z_2)$$

一般 $z_1 = 17 \sim 30$,$\beta = 8° \sim 15°$。初选 $z_1 = 25$,$\beta = 10°$,则 $z_2 = iz_1 = 3.8 \times 25 = 95$,代入上式得

$$m_n = \frac{2a\cos\beta}{z_1 + z_2} = \frac{2 \times 260 \text{ mm} \times \cos 10°}{25 + 95}$$
$$= 4.27 \text{ mm}$$

由标准取 $m_n = 4$ mm,则

$$z_1 + z_2 = \frac{2a\cos\beta}{m_n} = \frac{2 \times 260 \text{ mm} \times \cos 10°}{4}$$
$$= 128.03$$

取 $\qquad z_1 + z_2 = 128$

因为 $\qquad i = z_2/z_1, z_2 = iz_1$

所以 $\qquad z_1 + z_2 = z_1 + iz_1 = z_1(1+i)$

$$z_1 = \frac{z_1 + z_2}{1 + i} = \frac{128}{1 + 3.8} = 26.67$$

取 $z_1 = 27$,则

$$z_2 = 128 - 27 = 101 \quad (\text{不按 } z_2 = iz_1 \text{ 求})$$

齿数比

$$z_2/z_1 = 101/27 = 3.74$$

与 $i = 3.8$ 的要求比较,误差为 1.6%,可用。于是

$$\beta = \cos^{-1}\frac{m_n(z_1 + z_2)}{2a} = \cos^{-1}\frac{4 \times 128}{2 \times 260}$$
$$= 10°3'48''$$

满足要求。

如果取 $z_1 = 26, z_2 = 102$,则传动比误差为 3.2%,略大些,但也可以采用。

除上述方法外,也可以先选取模数 m_n,一般取 $m_n = (0.01 \sim 0.02)a$。若按 $m_n = 0.015a$,则 $m_n = 0.015 \times 260 = 3.9$ mm,圆整为标准值,$m_n = 4$ mm。之后的计算与前面相同。

由上述可知,一般确定 m_n、z_1、z_2、β 各参数的步骤为:

初定 z_1、β ⟶ 求 z_2、m_n,并取标准 m_n ⟶ 调整 $z_1 + z_2$ ⟶ 按传动比要求分配 z_1、z_2 ⟶ 调整 β。

在本例中,齿轮参数确定为

$$a = 260 \text{ mm}, m_n = 4 \text{ mm}, \beta = 10°3'48''$$
$$z_1 = 27, z_2 = 101, i = 3.74$$

(3) 计算齿轮分度圆直径

小齿轮

$$d_1 = \frac{m_n z_1}{\cos\beta} = \frac{4 \text{ mm} \times 27}{\cos 10°3'48''} = 109.687 \text{ mm}$$

大齿轮

$$d_2 = \frac{m_n z_2}{\cos\beta} = \frac{4 \text{ mm} \times 101}{\cos 10°3'48''} = 410.313 \text{ mm}$$

(4) 齿轮宽度

按强度计算要求,取齿宽系数为 $\phi_d = 1.2$,则齿轮工作宽度

$$b = \phi_d d_1 = 1.2 \times 105 \text{ mm} = 126 \text{ mm}$$

圆整为大齿轮宽度

$$b_2 = 130 \text{ mm}(取 125 \text{ mm} 也可以)$$

取小齿轮宽度

$$b_1 = 135 \text{ mm}(或 130 \text{ mm})$$

（2）锥齿轮传动

除参看圆柱齿轮传动的各点外，还需注意以下几点。

1) 锥齿轮以大端模数为标准，计算节锥顶距 R、节圆直径 d（大端）等几何尺寸（图 4.4）都要用大端模数，这些尺寸都应准确计算，不能圆整。

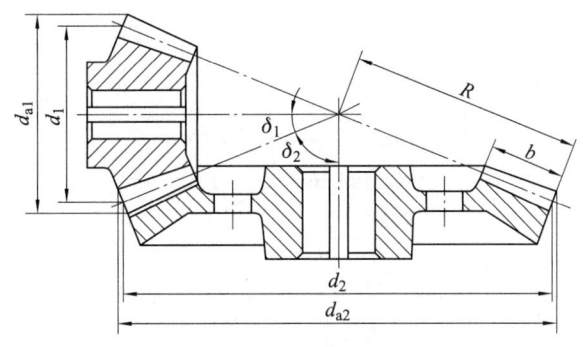

图 4.4　直齿锥齿轮副的几何参数

2) 一般取小锥齿轮齿数 $z_1 = 17 \sim 25$，也可按下列经验公式确定大锥齿轮的齿数

$$z_2 = c\sqrt[5]{i^2}\sqrt[6]{d_2} \tag{4-1}$$

式中，大锥齿轮分度圆直径 d_2 的单位为 mm；两个齿轮的齿面硬度都大于 350 HBW 时，$c = 11.2$；大齿轮齿面硬度 $\leqslant 350$ HBW 时，$c = 14$；两个齿轮齿面硬度都小于 350 HBW 时，$c = 18$。则可得 $z_1 = \dfrac{z_2}{u}$，u 为齿数比。

3) 两轴交角为 90°时，确定大、小齿轮齿数后，节锥角 δ_1 和 δ_2 可以由齿数比 $u = z_2/z_1$ 算出，u 值的计算应达小数点后第 4 位，δ 值的计算应精确到秒（″）。

4) 锥齿轮结构设计原则与圆柱齿轮的相同。选择锥齿轮结构形式时，除考虑分度圆直径大小外，还要注意分度圆锥角的大小。大、小锥齿轮的齿宽应相等，按齿宽系数 $\phi_R = \dfrac{b}{R}$ 计算的齿宽数值应圆整。

例 4-2　由接触疲劳强度计算得到直齿锥齿轮传动的小齿轮大端分度圆直径 $d_1 \geqslant 74.9$ mm，要求传动比 $i = 1.975$，齿宽系数 $\phi_R = 0.3$，大、小锥齿轮齿面硬度<350 HBW，试确定锥齿轮的各项参数，并计算齿轮分度圆直径和齿宽。

解：

（1）齿数

选取小锥齿轮齿数

$$z_1 = 25$$

大锥齿轮齿数
$$z_2 = iz_1 = 1.975 \times 25 = 49.375$$
取 $z_2 = 50$。

齿数比
$$u = z_2/z_1 = 50/25 = 2.0$$

与设计要求的传动比的误差为 1.3%，可用。

(2) 模数

大端模数
$$m = \frac{d_1}{z_1} = \frac{74.9 \text{ mm}}{25} = 2.996 \text{ mm}$$

取标准模数 $m = 3$ mm。

(3) 大端分度圆直径
$$d_1 = mz_1 = 3 \text{ mm} \times 25 = 75 \text{ mm}$$
$$d_2 = mz_2 = 3 \text{ mm} \times 50 = 150 \text{ mm}$$

(4) 锥顶距
$$R = \frac{mz_1}{2}\sqrt{1+\left(\frac{z_2}{z_1}\right)^2} = \frac{3 \text{ mm} \times 25}{2} \times \sqrt{1+\left(\frac{50}{25}\right)^2} = 83.853 \text{ mm}(\text{不可圆整})$$

(5) 分锥角
$$\delta_1 = \arctan \frac{z_1}{z_2} = \arctan \frac{25}{50} = 26°33'54''$$
$$\delta_2 = 90° - \delta_1 = 90° - 26°33'54'' = 63°26'6''$$

δ_1、δ_2 均不得圆整。

(6) 大端齿顶圆直径
$$d_{a1} = d_1 + 2m\cos\delta_1 = 75 \text{ mm} + 2 \times 3 \text{ mm} \times \cos 26°33'54'' = 80.367 \text{ mm}$$
$$d_{a2} = d_2 + 2m\cos\delta_2 = 150 \text{ mm} + 2 \times 3 \text{ mm} \times \cos 63°26'6'' = 152.683 \text{ mm}$$

(7) 齿宽
$$b = \phi_R R = 0.3 \times 83.853 \text{ mm} = 25.16 \text{ mm}$$

取 $b_1 = b_2 = 25$ mm。

(3) 蜗杆传动

设计条件与要求和圆柱齿轮传动的相同。

1) 蜗杆传动的工作特点是滑动速度大，因此要求蜗杆副材料有较好的跑合和耐磨损性能。不同的蜗杆副材料，适用的相对滑动速度范围不同，在选材料时要初估蜗杆副的相对滑动速度 v_s，可用下式估计：

$$v_s = 5.2 \times 10^{-4} n_1 \sqrt[3]{T_2} \quad \text{m/s} \tag{4-2}$$

式中：n_1——蜗杆转速，r/min；

T_2——蜗轮轴转矩，N·m。

蜗杆传动尺寸确定后，要校验相对滑动速度和传动效率与初估值是否相符，并检查材料选择是否恰当，以及是否需要修正有关计算数据（如转矩等）。

2）模数 m 和蜗杆分度圆直径 d_1 要符合标准规定。设计普通蜗杆减速装置时，一般在按照接触疲劳强度或弯曲疲劳强度确定 md_1^2 后，根据国家标准（GB/T 10085—2018）选定模数 m 和蜗杆分度圆直径 d_1。在确定 m、d_1、z_2 后，计算的中心距应尽量圆整尾数为 0 或 5（mm），为此需将蜗杆传动做成变位传动，变位系数 x 应满足 $-1 \leqslant x \leqslant 1$。如不符合，可将蜗轮改变 1~2 个齿数。当可自行加工蜗轮滚刀或减速器机体时，也可不按照标准选配参数。

3）蜗杆螺旋线方向尽量取为右旋，以便于加工，此时蜗轮齿的方向也是右旋。蜗杆传动方向则由工作机转动方向的要求和蜗杆螺旋线方向来确定。

4）蜗杆强度及刚度验算、蜗杆传动热平衡计算都要在画装配草图后进行。

5）蜗杆分度圆圆周速度 $v \leqslant 4\sim5\text{m/s}$ 时一般将蜗杆下置，$v>4\sim5\text{m/s}$ 时，则上置。

例 4-3 一蜗杆传动，要求输入功率 $P=4\text{ kW}$，传动比 $i=21$，传动效率 $\eta=0.8$，蜗杆转速 $n_1=1\,450\text{ r/min}$，材料为铸锡磷青铜，许用接触应力 $[\sigma_H]=226\text{ MPa}$。试确定其参数，并计算蜗杆和蜗轮的几何尺寸。

解：

（1）蜗杆头数 z_1 和蜗轮齿数 z_2

取 $z_1=2$，则蜗轮齿数 $z_2=iz_1=21\times2=42$

（2）模数 m 和蜗杆分度圆直径 d_1

根据闭式蜗杆传动的设计准则，按照齿面接触疲劳强度设计，校核其齿面弯曲疲劳强度。由

$$m^2 d_1 \geqslant KT_2\left(\frac{480}{z_2[\sigma_H]}\right)^2$$

根据已知条件，可知作用在蜗轮上的转矩

$$T_2=9.55\times10^6\frac{P_2}{n_2}=9.55\times10^6\frac{P\eta}{n_1/i_{12}}=9.55\times10^6\times\frac{4\text{ kW}\times0.8}{1\,450\text{ r/min}/21}=4.43\times10^5\text{ N}\cdot\text{mm}$$

载荷系数 K

$$K=K_A K_v K_\beta=1.15\times1\times1.05=1.21$$

则

$$m^2 d_1 \geqslant KT_2\left(\frac{480}{z_2[\sigma_H]}\right)^2=1.21\times4.43\times10^5\text{ N}\cdot\text{mm}\times\left(\frac{480}{42\times226\text{ MPa}}\right)^2=1\,370.74\text{ mm}^3$$

因 $z_1=2$，故查标准，取标准模数 $m=6.3\text{ mm}$，蜗杆分度圆直径 $d_1=63\text{ mm}$。

（3）中心距

$$a=\frac{1}{2}(d_1+d_2)=\frac{1}{2}\times(63\text{ mm}+6.3\text{ mm}\times42)=163.8\text{ mm}$$

圆整为标准中心距，取 $a_w=165\text{ mm}$，则变位系数

$$x_2=\frac{a_w-a}{m}=\frac{165\text{ mm}-163.8\text{ mm}}{6.3\text{ mm}}=0.190\,5$$

(4) 蜗杆尺寸(如图 4.5)

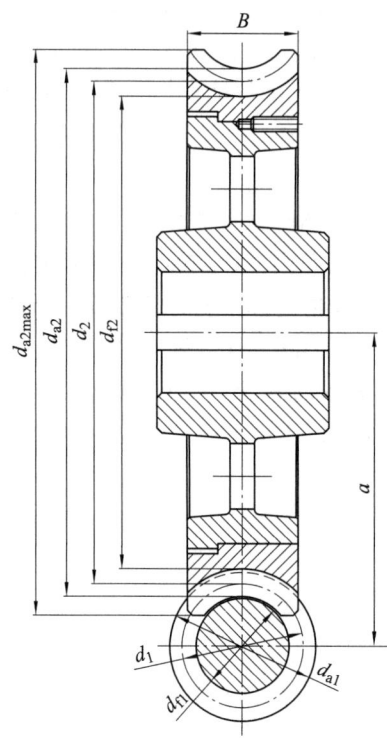

图 4.5 蜗杆及蜗轮尺寸

分度圆直径
$$d_1 = 63 \text{ mm}$$

齿顶圆直径
$$d_{a1} = d_1 + 2h_{a1} = d_1 + 2h_a^* m = 63 \text{ mm} + 2 \times 1 \times 6.3 \text{ mm} = 75.6 \text{ mm}$$

齿根圆直径
$$d_{f1} = d_1 - 2h_{f1} = d_1 - 2(h_a^* m + c) = 63 \text{ mm} - 2 \times (1 \times 6.3 \text{ mm} + 0.2 \times 6.3 \text{ mm}) = 47.88 \text{ mm}$$

(5) 蜗轮尺寸

蜗轮分度圆直径
$$d_2 = mz_2 = 6.3 \text{ mm} \times 42 = 264.6 \text{ mm}$$

蜗轮齿根圆直径
$$d_{f2} = d_2 - 2h_{f2} = d_2 - 2m(h_a^* - x_2 + c^*) = 264.6 \text{ mm} - 2 \times 6.3 \text{ mm} \times (1 - 0.190\ 5 + 0.2) = 251.880 \text{ mm}$$

蜗轮喉圆直径
$$d_{a2} = d_2 + 2h_{a2} = d_2 + 2m(h_a^* + x_2) = 264.6 \text{ mm} + 2 \times 6.3 \text{ mm} \times (1 + 0.190\ 5) = 279.6 \text{ mm}$$

蜗轮最大外圆直径
$$d_{a2\max} = d_{a2} + 1.5m = 279.6 \text{ mm} + 1.5 \times 6.3 \text{ mm} = 289.05 \text{ mm}$$

蜗轮宽度
$$B = 0.75 d_{a1} = 0.75 \times 75.6 = 56.7 \text{ mm}$$

思考题

4-1 传动装置设计中,为什么一般要先计算传动件?为什么传动件中一般又是先计算减速器外的传动件?

4-2 设计带传动所需的原始数据主要有哪些?设计内容主要是哪些?

4-3 开式齿轮传动的设计要点有哪些?

4-4 齿轮传动参数中,哪些应取标准值?哪些要精确计算?哪些应该圆整?

4-5 如对圆柱齿轮传动的中心距数值进行圆整,则应该如何处理 m、z、β、x 等参数?

4-6 三种齿宽系数 ϕ_d、ϕ_a 和 ϕ_m 之间是什么关系?能不能分别任意选取数值?

4-7 齿轮的材料和齿轮结构两者间有什么关系?齿顶圆直径大于 500 mm 的齿轮应该选用什么材料?

4-8 锥齿轮传动的节锥顶距 R 能不能圆整?为什么?

4-9 如何估算蜗杆传动的滑动速度 v_s?设计结果的滑动速度与预估值不符时要修改哪些参数?

第5章　装配图设计第一阶段

装配图是表达机器的整体结构、反映各零部件的相互关系、结构形状以及尺寸的图样，是机器组装、调试、维护等的技术依据。因此，一般机械的设计通常是从画装配图着手，确定所有零部件的位置、结构和尺寸，并以此作为依据绘制零件图。绘制装配图是设计的重要环节，必须综合考虑对零件的材料、强度、刚度、制造工艺、装拆、调整、润滑和密封等的要求，用足够的视图表达清楚。

在设计过程中，往往要边计算、边画图、边修改，直至获得结构最合理和表达最规范的图样。为此，在绘制装配图的过程中，一般按照如下步骤分阶段进行：第一阶段，主要确定轴的结构和轴承型号，确定支点距离和轴上零件力的作用点，并完成轴的强度、键连接强度和轴承寿命的校核；第二阶段，主要完成轴系零部件的结构设计；第三阶段，完成机体结构设计和附件设计。

本章主要介绍第一阶段工作。

5.1 装配图绘制前的准备

在绘制装配图之前，应翻阅有关资料，读懂典型的减速器图样，了解各零部件的功用，做到对设计内容心中有数。此外，还要根据设计任务书中给定的技术数据，按照前文所述的要求，选择、计算出有关零部件的结构和主要尺寸，具体内容包括以下几个方面。

（1）确定各类传动零件的中心距、最大圆直径和宽度（轮缘和轮毂），其他详细结构暂不确定（在后续设计中逐渐完善）。

（2）选择电动机类型和型号，查出其轴径、伸出长度、中心高和相关的安装尺寸。

（3）按照工作情况、转矩、转速及载荷特性、两轴对中要求等，选择联轴器类型和型号、两端轴孔直径和孔宽、有关装配尺寸的要求，同时考虑最小轴径与电动机轴直径的尺寸匹配关系。

（4）确定滚动轴承类型，如向心轴承或角接触轴承等，具体型号暂不确定；根据减速器内的浸油传动零件的圆周速度确定轴承的润滑方式，然后根据工作环境选定轴承的密封方式。

（5）根据轴上零件的受力、固定和定位等要求，初步确定轴的阶梯段，具体尺寸待定。

（6）确定机体的结构方案（整体式或剖分式等）。

（7）根据表3.1、表3.2逐项计算和确定机体结构和有关零件的尺寸，并列表备用。

绘图时,尽量选择 1∶1 的比例尺,以加强直观感受。用 A0 或 A1 图纸绘制三个视图,按图 5.1 合理布置图面。表 5.1 中提供的数据可供图 5.1 视图布局的尺寸参考。

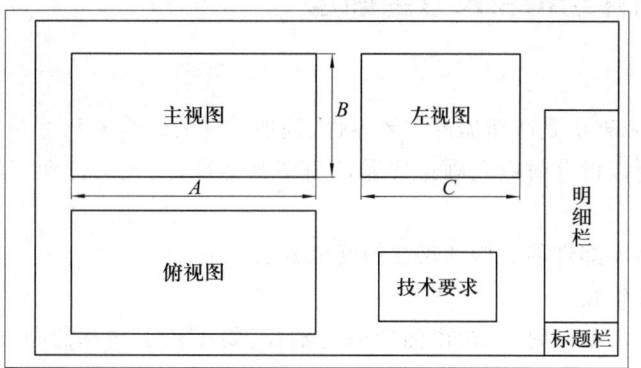

图 5.1　视图布局参考(图中 A、B、C 取值参见表 5.1)

表 5.1　视图大小估算参考值

	一级齿轮减速器	二级齿轮减速器	一级蜗杆减速器
A	$3a$	$4a$	$2a$
B	$2a$	$2a$	$3a$
C	$2a$	$2a$	$2a$

注:表中 a 为传动中心距,对于二级传动 a 为低速级中心距。

做好上述准备工作后,即可开始绘图。

5.2　第一阶段设计内容和步骤

本阶段的设计内容包括:通过绘图设计轴的结构尺寸;选出轴承型号;确定轴的支点距离和轴上零件力的作用点;校核轴、键的强度和轴承的寿命。

本阶段设计的步骤见图 5.2 所示框图。

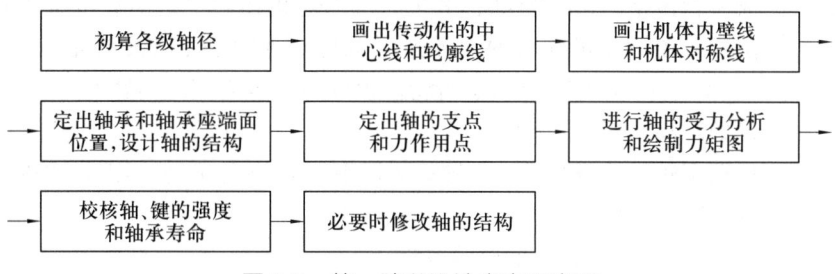

图 5.2　第一阶段设计内容和步骤

5.3 有关零部件结构和尺寸的确定

传动零件、轴和轴承是减速器的主要零件,其他零件的结构和尺寸是根据主要零件的位置和结构而定。所以设计时应先画主要零件后画其他零件,先画传动零件的中心线和轮廓线后画结构细节。

这一阶段一些零部件的结构和尺寸的确定方法如下。

(1) 初步计算轴径

当轴的支承距离未定时,无法由强度确定轴径,要用初步估算的办法,即按纯扭矩并降低许用扭转切应力确定轴径 d,计算公式为

$$d \geqslant A \sqrt[3]{\frac{P}{n}}$$

式中:P——轴所传递的功率,kW;

n——轴的转速,r/min;

A——由轴的许用扭转切应力所确定的系数,其值可查有关教材。

对外伸轴,初算轴径常作为轴的最小直径(轴端直径),这时应取较小的 A 值;对非外伸轴,初算轴径常作为轴的最大直径,应取较大的 A 值。

当外伸轴通过联轴器与电动机连接时,初算直径 d 必须与电动机轴和联轴器孔相匹配,必要时应改变轴径 d(或增或减)。

对于开有键槽的轴段、应增大轴径以考虑键槽对轴的强度的削弱,然后将轴径圆整为标准直径。

(2) 确定机体内壁和轴承座端面的位置

几种典型减速器在这一步骤中所绘制的具体内容分别如下。

1) 一级圆柱齿轮减速器,如图 5.3a 所示。
2) 二级圆柱齿轮减速器,如图 5.3b 所示。
3) 锥齿轮-圆柱齿轮减速器,如图 5.4 所示。
4) 蜗杆减速器,如图 5.5 所示。

图中:Δ_1、Δ_2——大齿轮齿顶圆(蜗轮外圆)和齿轮端面与机体内壁之间应留有的间隙(该间隙可避免铸造机体时的误差造成间隙过小甚至齿轮(蜗轮)与机体相碰。Δ_1、Δ_2 值由表 3.1 查得;小齿轮齿顶圆与机体内壁距离暂不定);

L——内壁距离,其值应圆整;

l_2——内壁至轴承座端面距离[与考虑扳手空间的 c_1、c_2 值(图 5.6)和机座壁厚 δ(表 3.1)有关];

B——轴承座端面距离,其值应圆整;

Δ_3——轴承内侧至机体内壁之间的距离(如果轴承用机体内润滑油润滑,Δ_3 值见图 5.7a;如轴承采用脂润滑,则需安装挡油板,Δ_3 值见图 5.7b);

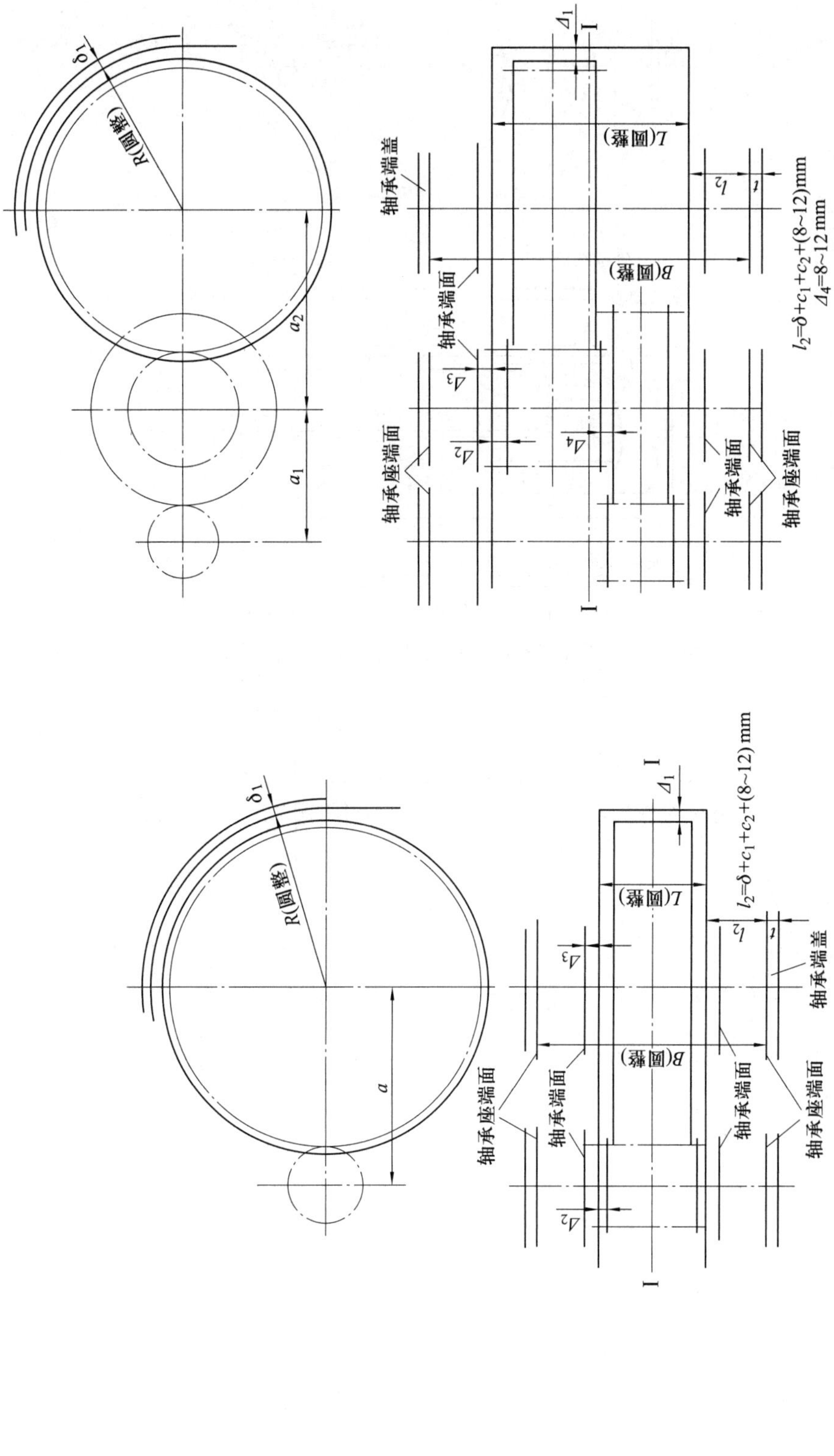

5.3 有关零部件结构和尺寸的确定

图 5.3 圆柱齿轮减速器的第一阶段设计图

(a) 一级圆柱齿轮减速器第一阶段设计图

(b) 二级圆柱齿轮减速器第一阶段设计图

$l_2=\delta+c_1+c_2+(8\sim12)$ mm

$\Delta_4=8\sim12$ mm

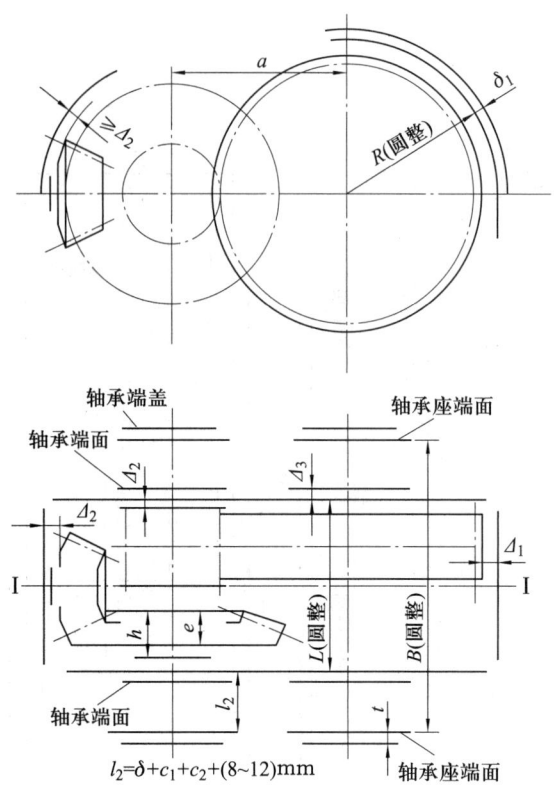

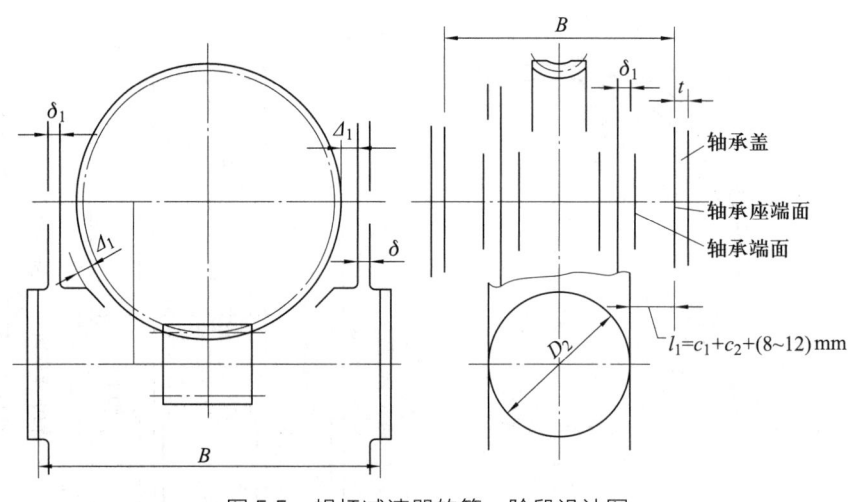

图 5.4　锥齿轮-圆柱齿轮减速器的第一阶段设计图

图 5.5　蜗杆减速器的第一阶段设计图

c_1、c_2、t——见表 3.1。

在确定锥齿轮-圆柱齿轮减速器的内壁位置时(图 5.4),应估计大锥齿轮的轮毂宽度 h,可取 $h \approx (1.5\sim1.8)e$,e 由作图确定,待轴径确定后再做必要的修正。

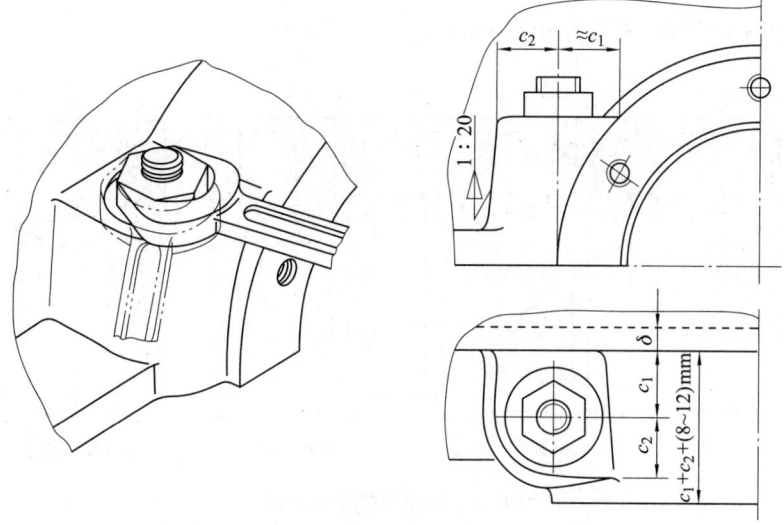

图 5.6　轴承座旁连接螺栓的位置及扳手空间

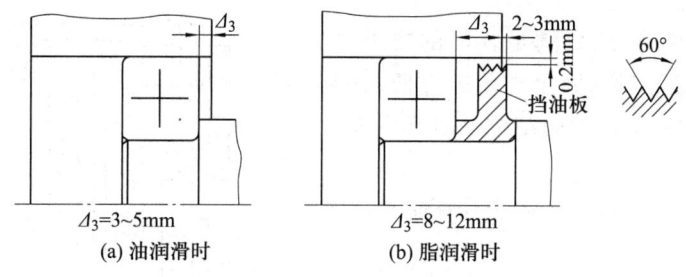

(a) 油润滑时　　(b) 脂润滑时

图 5.7　不同润滑方式时滚动轴承端面到箱体内壁的距离

对蜗杆减速器,为了提高蜗杆轴刚度,应尽量缩小其支点距离,因此蜗杆轴承座常伸到机体内侧(图 5.5),为保证间隙 Δ_1,常将轴承座内端面做成斜面,如图 5.8a、b 所示。

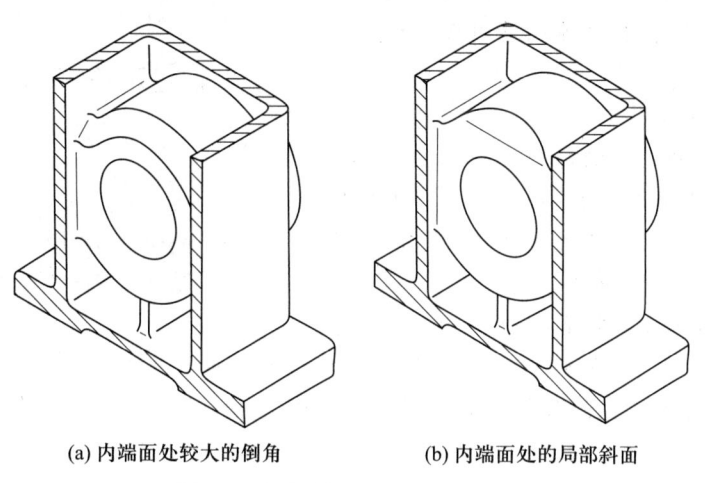

(a) 内端面处较大的倒角　　(b) 内端面处的局部斜面

图 5.8　蜗杆轴承座内端面的形式

蜗轮轴的支点距离 p（图 5.9），一般由机体宽度 f 确定（图 5.9a），而 $f=D_2$。也可采用图 5.9b、c、d 所示的结构，其支点距离 $p<D_2$。

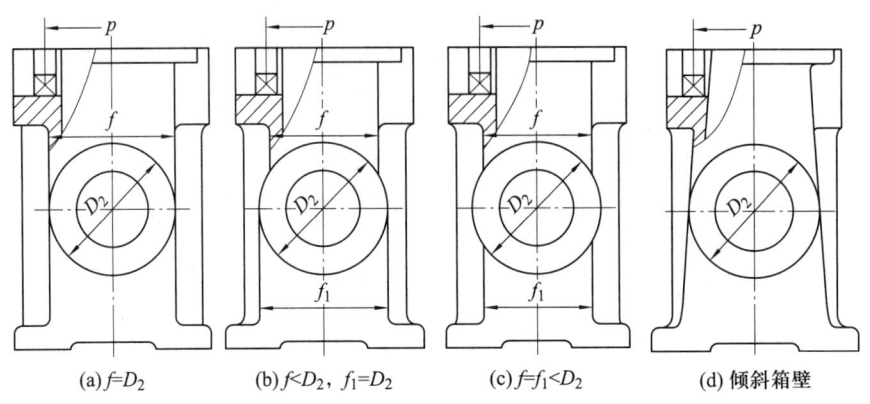

(a) $f=D_2$　　(b) $f<D_2$, $f_1=D_2$　　(c) $f=f_1<D_2$　　(d) 倾斜箱壁

图 5.9　蜗轮轴的支点距离

对于整体式蜗杆减速器的机体，其机体内壁位置可参看图 5.10 绘出。

(3) 轴的结构设计

设计轴的结构时，既要满足强度的要求，也要保证轴上零件的定位、固定和装配方便，并有良好的加工工艺性，所以轴的结构一般都做成阶梯形（图 5.11a）。

轴的结构设计，是以上述初步计算轴径为基础进行的。

阶梯轴的径向尺寸（直径）的变化是根据轴上零件受力情况、安装、固定及对轴表面粗糙度、加工精度等要求而定的。阶梯轴的轴向尺寸（各段长度）则根据轴上零件的位置、配合长度及支承结构确定。轴结构和具体尺寸可按下述方法确定。

1) 轴的径向尺寸

当直径变化处的端面是为了固定轴上零件或承受轴向力时，直径变化值要大些，一般可取 6~8 mm。如图 5.11a 中直径 d 和 d_1、d_3 和 d_4、d_4 和 d_5 的变化，都是为了轴上零件的定位，所以变化大些。这时过渡圆角半径 r'（图 5.11c）应小于

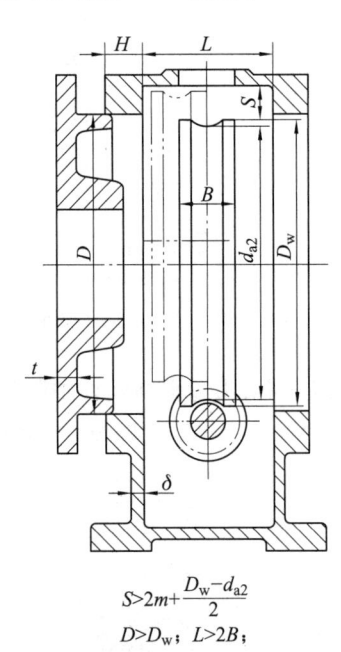

$S>2m+\dfrac{D_w-d_{a2}}{2}$

$D>D_w$；$L>2B$；

$t=(1.2\sim1.5)\delta$；$H=2.5\delta$

m 为模数；双点画线表示蜗轮在安装过程中的位置

图 5.10　整体式蜗杆减速器机体内壁尺寸

轴孔的倒角 C 和轴肩高 h。当用凸肩固定滚动轴承时（图 5.12a），过渡圆角半径 r_g（图 5.12c）应小于轴承孔的圆角半径 r，r 值可查轴承手册。而且轴肩（或套筒）直径 D 应小于轴承内圈的外径（图 5.12a、b），以便于拆卸轴承。D 的允许值 D_1 可由轴承手册中查得。图 5.12d、e 的结构不正确。

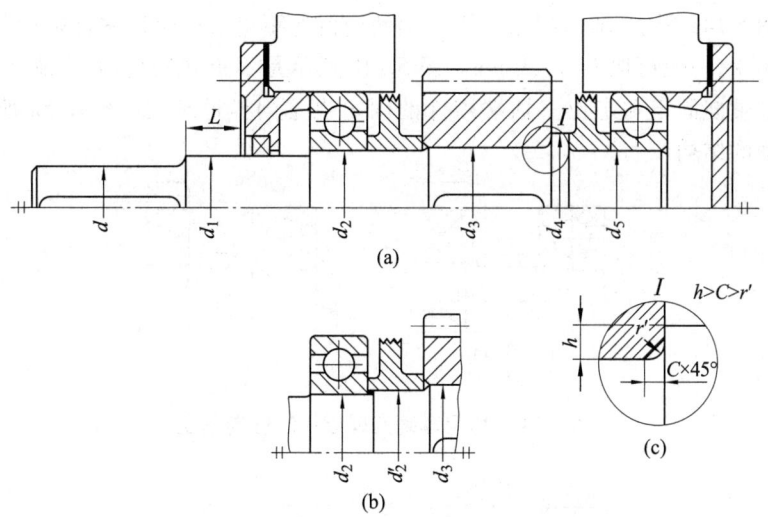

图 5.11 阶梯轴结构及径向尺寸确定

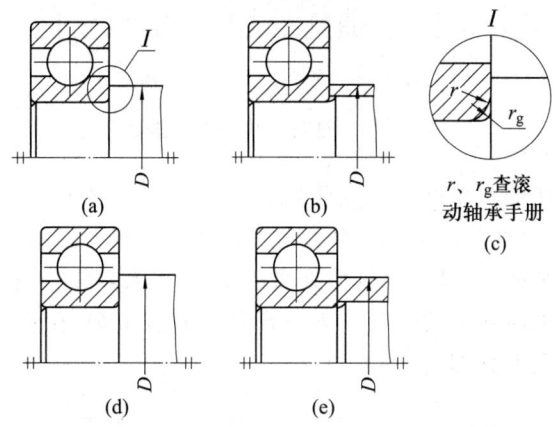

图 5.12 轴肩或套筒用于固定轴上零件时的尺寸要求

当轴径变化仅为了装配方便或区别加工表面,不承受轴向力也不固定轴上零件时,相邻直径变化较小,稍有差别甚至是公差即可,其变化量可取 1～3 mm。如图 5.11a 中 d_1 和 d_2、d_2 和 d_3 的变化是为了使轴承和齿轮装配方便。如 d_2 段较长,可在 d_2 和 d_3 之间增加轴段 d_2'(图 5.11b),则 d_2' 段的表面粗糙度和精度都可以低于轴段 d_2,改善了轴的工艺性。这些轴径变化处的端面都不与其他零件接触。在图 5.11a 中,如取 $d = 22$ mm,则其他直径可取为 $d_1 = 28$ mm,$d_2 = 30$ mm,$d_3 = 32$ mm,$d_4 = 40$ mm,$d_5 = 30$ mm。当轴上装有滚动轴承、密封圈等标准件时,轴径应取相应的标准值。

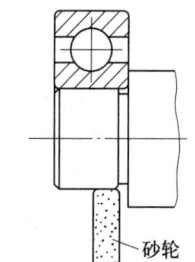

图 5.13 砂轮越程槽

轴表面需要精加工、磨削或切螺纹时,轴径变化处应留有砂轮越程槽或退刀槽,如图 5.13 所示。砂轮越程槽或退刀槽尺寸可查手册。

2)轴的轴向尺寸

轴上安装传动件的轴段长度是由所装零件的轮毂宽度决定的,而轮毂宽度一般都与轴的直径有关,确定了轴的直径,即可确定轮毂宽度,但在确定这些长度时,必须注意轴径变化的位置。如图5.14a所示,轴的端面与零件端面应留有距离 l ,以保证零件端面与套筒接触起到轴向固定作用,一般可取 $l=1\sim3$ mm。图5.14b所示是不正确的结构,因制造有误差时,将不能保证零件轴向固定和定位。轴端零件的固定也是同样道理,如图5.15a所示,图5.15b所示是不正确的结构。

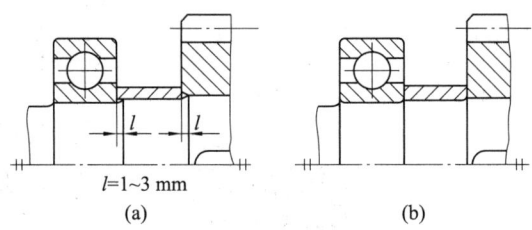

图5.14 利用套筒实现零件的轴向固定

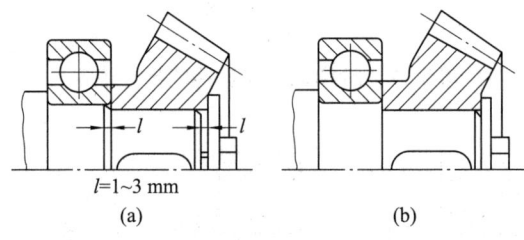

图5.15 轴端零件的轴向固定

在装键的轴段,应使键槽靠近直径变化处,如图5.16a、b所示,以便在安装时,使零件1的键槽与轴上的键容易对准。图5.16c所示是不正确的结构。采用过盈配合(s以上)固定轴上零件时,为了便于装配,直径变化可用锥面过渡,锥面大端应在键槽直线部分,如图5.17所示,这时可不用增加轴向固定的套筒。如一根轴上有多个键,在轴径相差不大时,可取同一尺寸的键,以便用一把刀具加工。

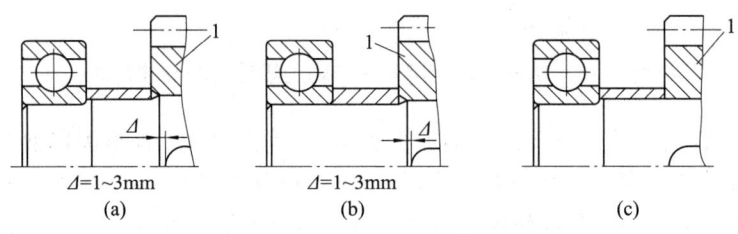

图5.16 键槽位置对零件装配的影响

轴承的型号根据轴的直径可初步选出,一根轴上宜取同一规格的轴承,使轴承孔可一次镗出,保证加工精度。轴承在轴承座中的位置见图5.7。轴承座的宽度 l_2 ,见图5.2、图5.3、图5.4。

轴的外伸长度与外接零件及轴承端盖的结构有关。如轴端装有联轴器,则必须留有足够的装配尺寸,例如弹性圈柱销联轴器(图5.18a)就要求有装配尺寸 A 。采用不同的轴承端盖结构,将影响轴外伸的长度。当用凸缘式端盖(图5.18b)时,轴外

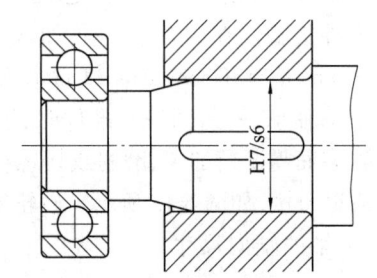

图5.17 采用过盈配合固定轴上零件

伸长度必须考虑拆卸端盖螺钉所需的足够长度 L，以便在不拆卸联轴器的情况下，可以打开减速器机盖。如外接零件的轮毂不影响螺钉的拆卸（图 5.18c）或采用嵌入式端盖，则 L 可取小些。

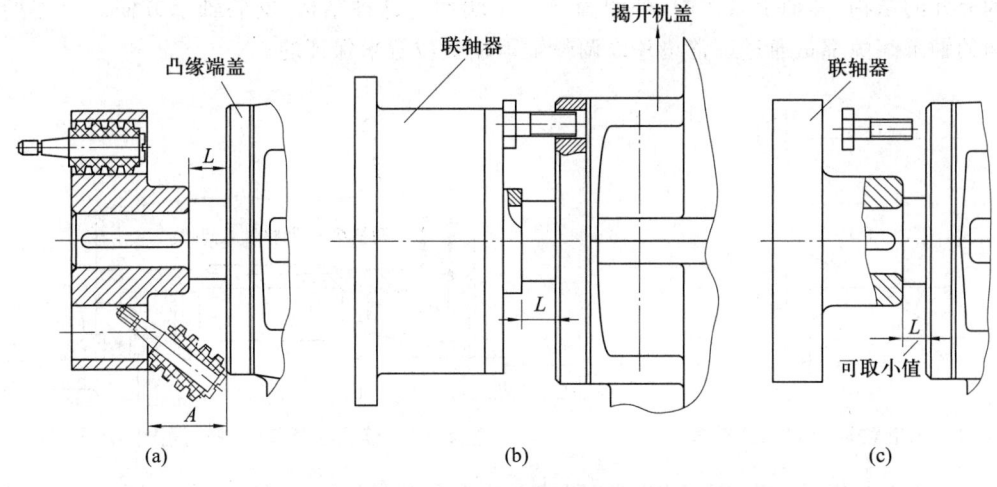

图 5.18 轴外伸长度的确定

锥齿轮的高速轴多做成悬臂结构（图 5.19），轴承支点距离可取 $l_1 \approx 2l_2$，或 $l_1 \approx 2.5d$，d 为轴承处直径。为保证刚度，l_1 不宜太小，并尽量减小 l_2。

为保证锥齿轮传动的啮合精度，装配时需要调整大、小锥齿轮的轴向位置，使两轮锥顶重合。因此小锥齿轮轴和轴承通常放在套杯内，用套杯凸缘内端面与轴承座外端面之间的一组垫片调整小锥齿轮的轴向位置（图 5.20a）。套杯右端的凸肩用以固定轴承。套杯厚度 δ_2 如图所示，凸肩高度应使直径 D 不小于轴承手册中的规定值 D_2，以免造成拆卸轴承外圈的困难，图 5.20b 所示是不正确的结构，因为无法拆下轴承外圈。

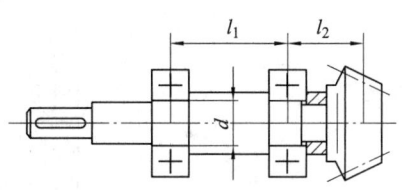

$l_1 \approx 2l_2$ 或 $l_1 \approx 2.5d$

图 5.19 锥齿轮轴的悬臂结构

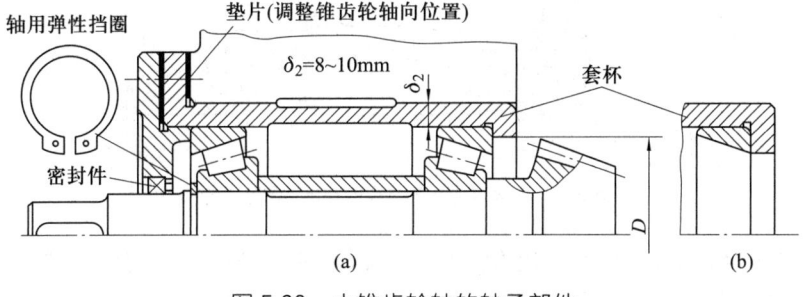

图 5.20 小锥齿轮轴的轴承部件

小锥齿轮轴采用角接触轴承时，轴承有两种布置方案，如图 5.21 所示，图 5.21a 所示为轴承面对面，图 5.21b 所示为轴承背靠背。两种方案的轴结构、刚度和轴承固定方法不同，图 5.21b 所示方案的轴刚度较大。

对图 5.21a 所示方案,轴承固定方法视小锥齿轮与轴的结构关系而异。图 5.20a 所示是齿轮轴结构的轴承固定方法,两个轴承的内圈各端面都需要固定而外圈各固定一个端面。这种结构当齿轮齿顶圆 $d_{a1}>D$ 时,轴承是在套杯内进行安装,很不方便。图 5.22 所示是齿轮与轴分开的结构,其轴承只在内、外圈固定一个端面。这种结构,安装轴承方便。上述两种结构的轴承间隙都是通过调整垫片以调整轴承端盖位置来保证的。

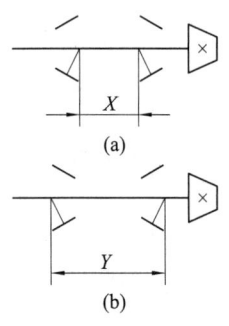

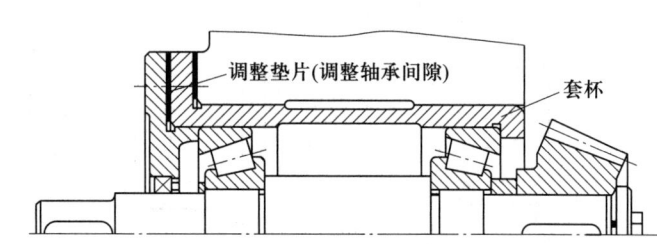

图 5.21　角接触轴承的配置方案　　　　图 5.22　锥齿轮套装时轴承间隙的调整

对图 5.21b 所示方案,轴承固定和调整方法也和轴与齿轮的结构有关。图 5.23 所示为齿轮轴结构内角接触轴承背对背安装;图 5.24 所示为齿轮与轴分开的结构中轴承采用背对背安装方式。两种结构的轴承安装都要在套杯内进行,很不方便,而且轴承间隙靠圆螺母调整也很麻烦,所以轴的刚度虽大,但用得较少。

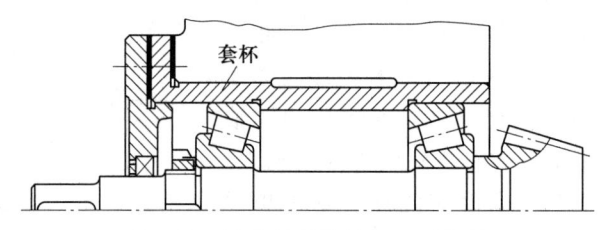

图 5.23　锥齿轮轴的轴承支承结构

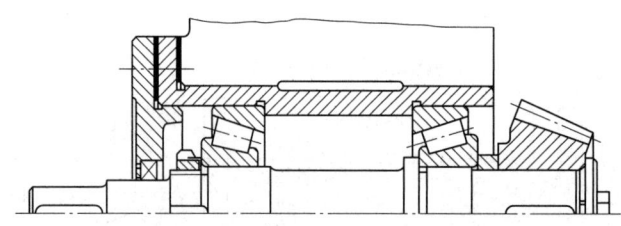

图 5.24　锥齿轮和轴分开时的轴承支承结构

当承受较大径向载荷时,可采用短圆柱滚子轴承承受径向力和用向心球轴承承受轴向力,后者外圈不应与孔接触,以避免承受径向力。具体结构见图 5.25。

图 5.26 所示为短套杯结构,轴承一端固定、一端游动,结构简单,装配方便。

图 5.27 所示是将套杯做成独立部件,这种结构可以减小机体长度,简化机体结构。这时,应注意套杯刚度,可取轴承座厚度 $\delta_2 \geqslant 1.5\delta$,$\delta$ 为机体壁厚,并增加支承肋。

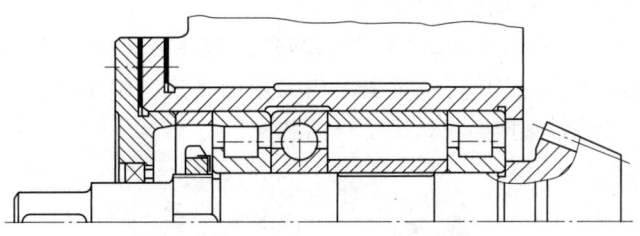

图 5.25　锥齿轮轴支承结构示例 Ⅰ

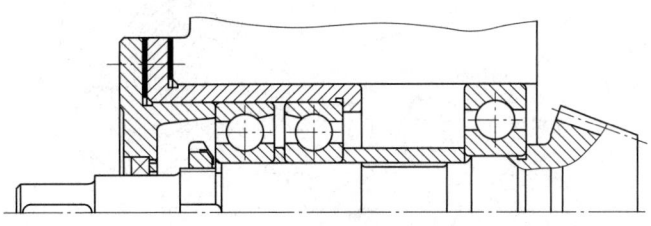

图 5.26　锥齿轮轴支承结构示例 Ⅱ

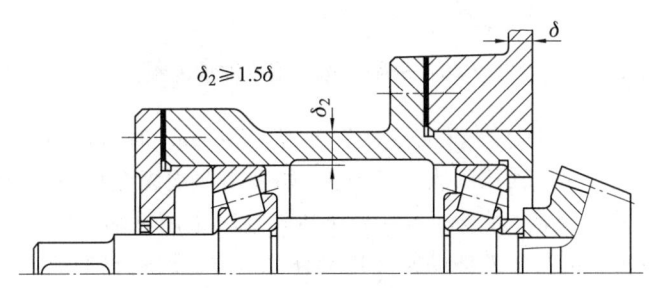

图 5.27　锥齿轮轴支承结构示例 Ⅲ

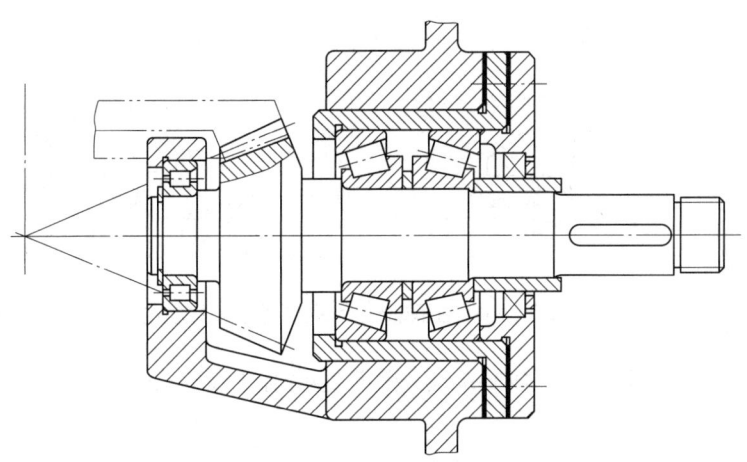

图 5.28　锥齿轮轴支承结构示例 Ⅳ

为改善锥齿轮的啮合性能,将小锥齿轮轴作成双支点结构(图 5.28),在机体内做出轴承座,提高轴的刚度。这种结构缩短了机体外伸长度,但制造较复杂,设计时还应注意不使轴承座与大锥齿轮相互干涉,如图中双点画线所示。

用圆螺母固定内圈(图 5.23、图 5.24、图 5.29)时,应注意螺纹直径 d' 必须小于轴承内径 d;轴径 d'' 应小于垫片尺寸 l',l' 值可查手册。当采用圆锥滚子轴承时,在螺母与轴承之间必须加套筒(图 5.29),否则,保持架将妨碍螺母的装配。

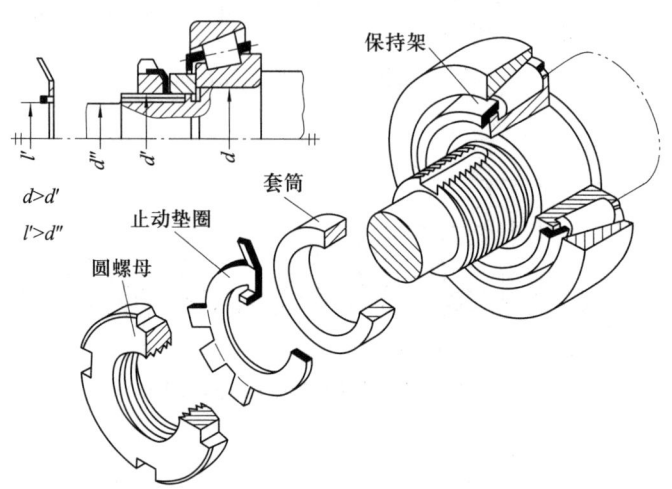

图 5.29　采用圆螺母固定轴承内圈

在设计蜗杆轴时,当该轴较短(支点距离小于 300 mm)时,可用两个支点固定的结构(图 5.30);当蜗杆轴较长时,轴热膨胀伸长量大,如采用两端固定结构,则轴承将承受较大附加轴向力,使轴承运转不灵活,甚至轴承卡死压坏。这时常用一端固定一端游动的支点结构(图 5.31)。固定端一般选在非外伸端并常用套杯结构,以便固定轴承。为了便于加工,两个轴承座孔常取同样的直径,为此,游动端也可用套杯结构或选取外径与座孔直径相同的轴承(图 5.31a)。当采用角接触球轴承作为固定端时,必须在两轴承之间加一套圈(图 5.31b),以避免外圈接触。

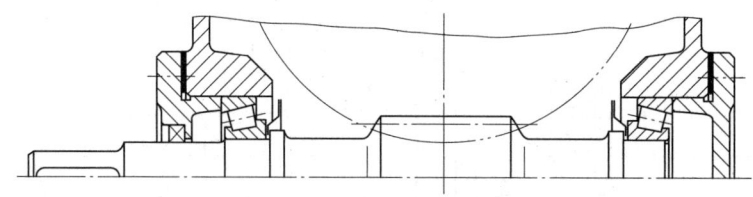

图 5.30　蜗杆轴承部件的两端固定支承方式

按上面所述方法,即可设计轴的结构,确定阶梯轴各段直径和长度,具体设计内容如图 5.32～图 5.35 所示。

(4) 轴的支点距离和力作用点的确定

根据轴上零件的位置,可以确定轴的支点距离和轴上零件的力作用点位置(图 5.32～图 5.35)。当采用角接触轴承时,支点位置应取离轴承外圈端面的 a 处(见图 5.34、图 5.35),a 值可查轴承标准。

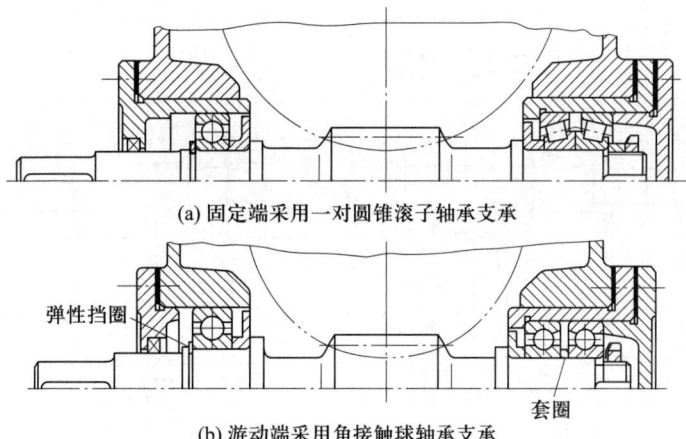

(a) 固定端采用一对圆锥滚子轴承支承

(b) 游动端采用角接触球轴承支承

图 5.31　蜗杆轴承部件的一端固定一端游动支承结构

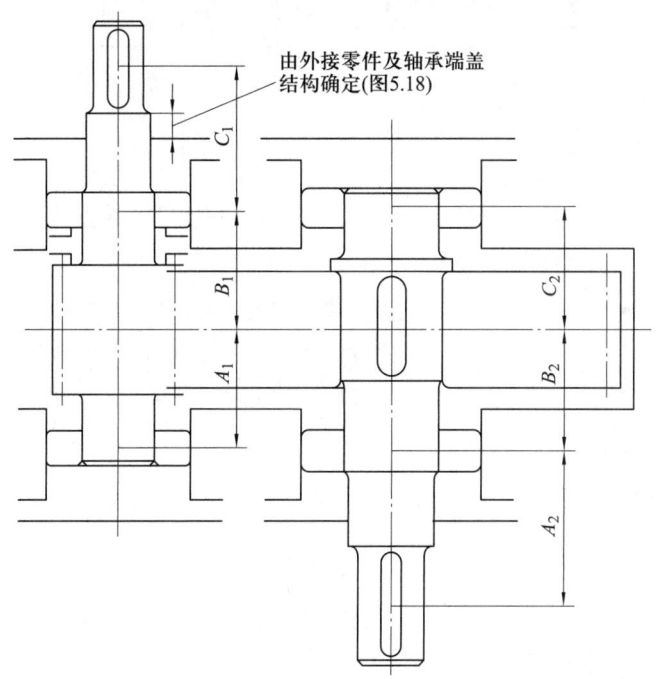

图 5.32　一级圆柱齿轮减速器中轴的结构设计

（5）轴、键、轴承的强度校核

确定支点距离及零件的力作用点后，即可进行受力分析和画出力矩图。

根据轴各处所受力矩大小及应力集中情况，确定 2～3 个危险断面进行轴的强度验算（安全系数验算）。如果强度不够，则必须对轴的一些参数，如轴径、圆角半径、断面变化尺寸等进行修改；如强度富裕过多，可待轴承寿命及键连接的强度校核后，再综合考虑修改轴的结构。

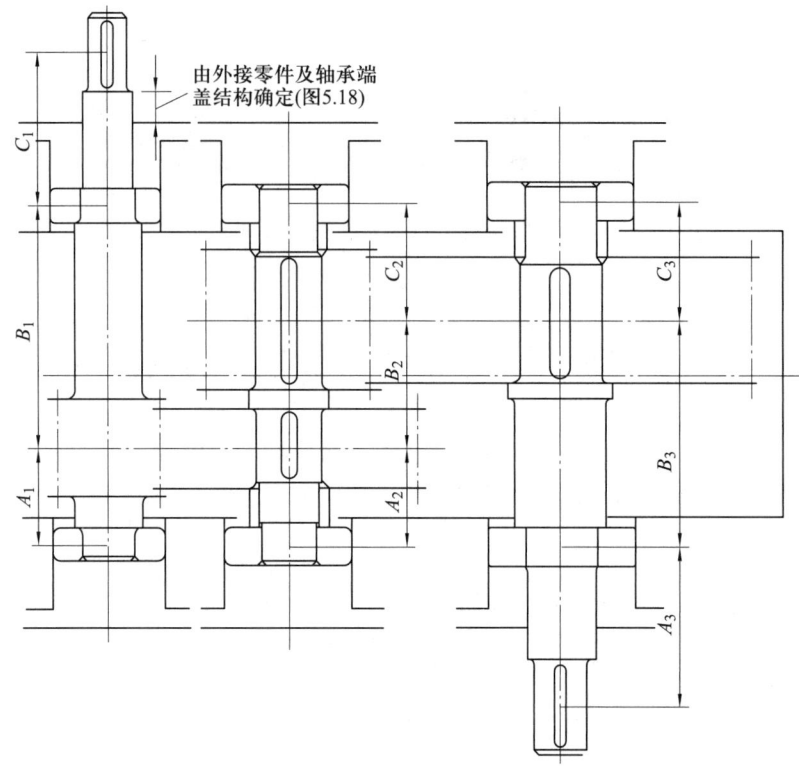

图 5.33 二级展开式圆柱齿轮减速器中轴的结构设计

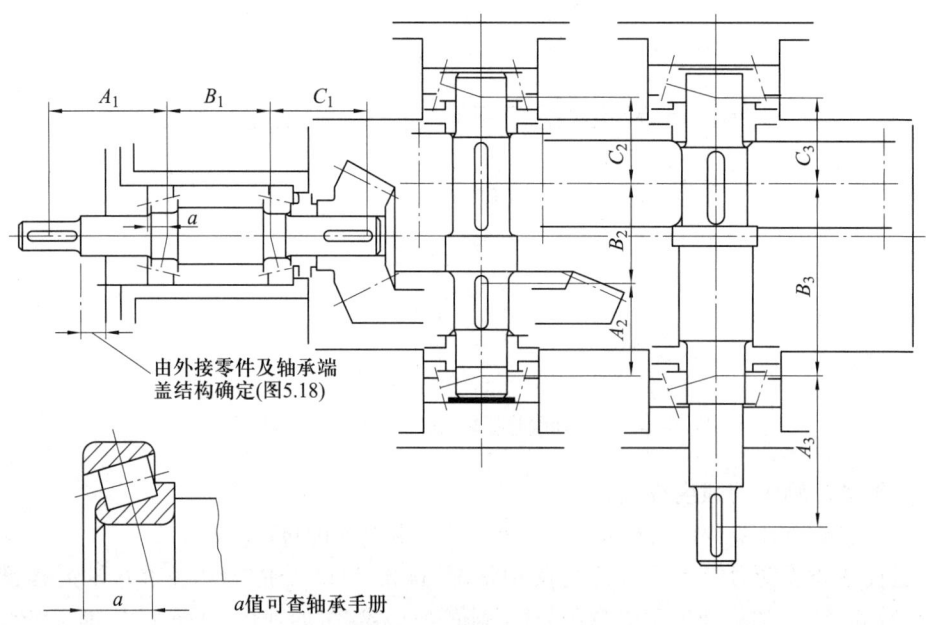

图 5.34 锥齿轮-圆柱齿轮减速器中轴的结构设计

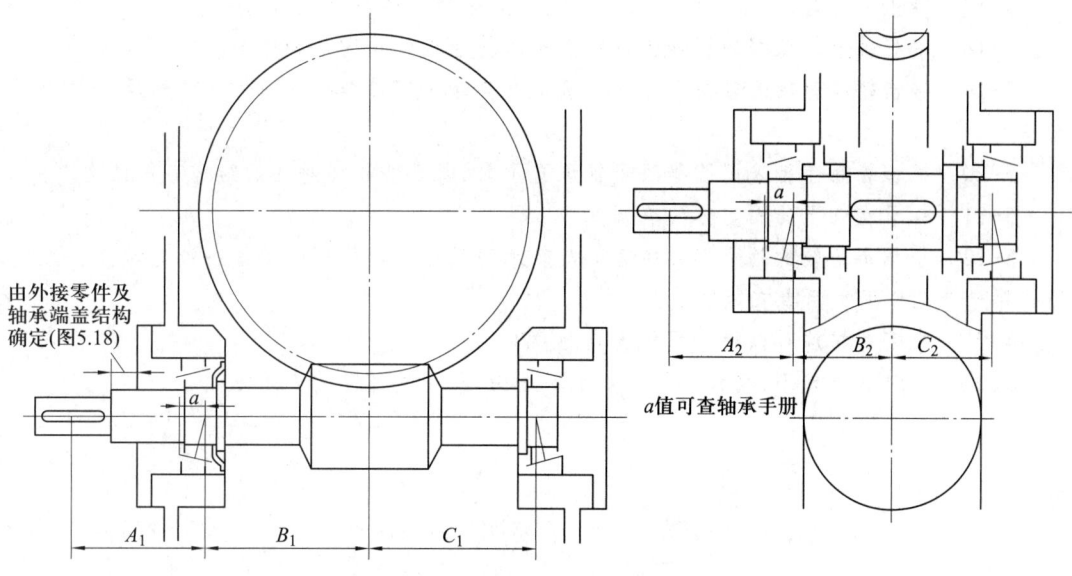

图 5.35 蜗杆减速器中轴的结构设计

对键要进行挤压和剪切强度计算。
对滚动轴承要进行使用寿命计算。

思考题

5-1 装配图在设计过程中起什么作用?

5-2 绘制减速器装配图从何处入手?绘制装配图之前应确定哪些参数和结构?

5-3 如何选择联轴器?你采用哪种联轴器?

5-4 在本阶段设计中哪些尺寸必须圆整?

5-5 如何确定角接触轴承的支点位置?

5-6 阶梯轴各轴段的径向尺寸(直径)变化有什么规律?直径变化断面的位置有何规律?

5-7 阶梯轴各段的长度如何确定?

5-8 轴承在轴承座上的位置如何确定?

5-9 固定轴承时,轴肩(或套筒)的直径如何确定?

5-10 确定轴承座宽度的根据是什么?

5-11 为什么要进行轴径的初步计算?轴径的最后尺寸是否允许小于初步计算的尺寸?

5-12 轴外伸长度如何确定?

5-13 退刀槽的作用是什么?尺寸如何确定?

5-14 键在轴上的位置如何确定?

5-15 阶梯轴相邻轴段直径变化过渡部分的圆角如何确定?

5-16 校验轴的安全系数时,如何选择危险断面?

5-17 轴正反转时,对轴的强度有无影响?对轴承的寿命有无影响?

5-18 蜗杆轴上轴承挡油板和齿轮轴上轴承挡油板的作用是否相同?

5-19 锥齿轮高速轴的轴向尺寸如何确定?其轴承部件结构有何特点?轴承套杯起什么作用?

5-20 锥齿轮高速轴采用圆锥滚子轴承支承时,背靠背和面对面的结构有何区别?

5-21 轴承在轴上的固定方法有哪些?

5-22 小锥齿轮轴的轴承部件中套杯与轴承座端面之间的调整垫片和端盖与套杯之间的垫片起什么作用?两者有无区别?

5-23 有哪些措施可以缩短蜗杆支点距离?

5-24 在什么情况下,蜗杆上轴承采用一端固定、一端游动的支承方式?

第6章 装配图设计第二阶段

这一阶段的主要工作内容是设计传动件、轴上其他零件及与轴承支点结构有关零件的具体结构。其步骤主要包括如下内容。

6.1 传动件结构设计

齿轮结构形状与尺寸和所采用的材料、毛坯大小及制造方法有关。

尺寸较小的齿轮可与轴做成一体,如图6.1所示。当齿顶圆或齿根圆直径(d_a 或 d_f)小于轴径 d(图6.1b)时,必须用滚齿法或铣齿法加工轮齿。

当齿轮根圆直径 d_f 大于轴径 d,并且 $x \geqslant 2.5m_n$(见图6.2,m_n 为模数)时,齿轮可与轴分开制造,这时轮齿可用滚齿或插齿加工。

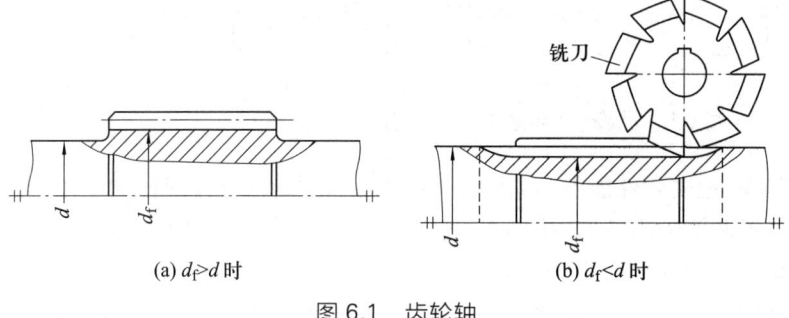

图6.1 齿轮轴

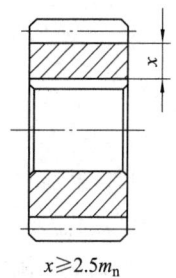

图6.2 实心式齿轮（直径较小时）

对直径较大的齿轮,常用腹板结构,并在腹板上加工孔(钻孔或铸造孔),以便于加工时装夹,还可减轻重量,如图6.3所示,图6.3a所示为锻造结构,图6.3b所示为铸造结构。齿宽较大时,宜加肋以提高刚度。

大型齿轮多用铸造或焊接的带有轮辐的结构,轮辐断面有各种形状,可参阅有关资料。

齿轮轮毂宽度与轴直径有关,可大于或等于轮缘宽度,一般常等于轮缘宽度(图6.3中$L=B$)。

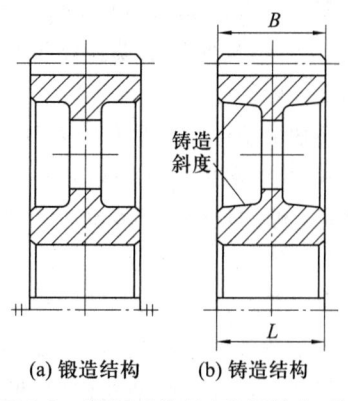

图6.3 腹板式齿轮（直径较大时）

6.2 轴承端盖结构设计

轴承端盖用以固定轴承及调整轴承间隙并承受轴向力。

轴承端盖有嵌入式(图6.4)和凸缘式(图6.5、图6.6)两种。

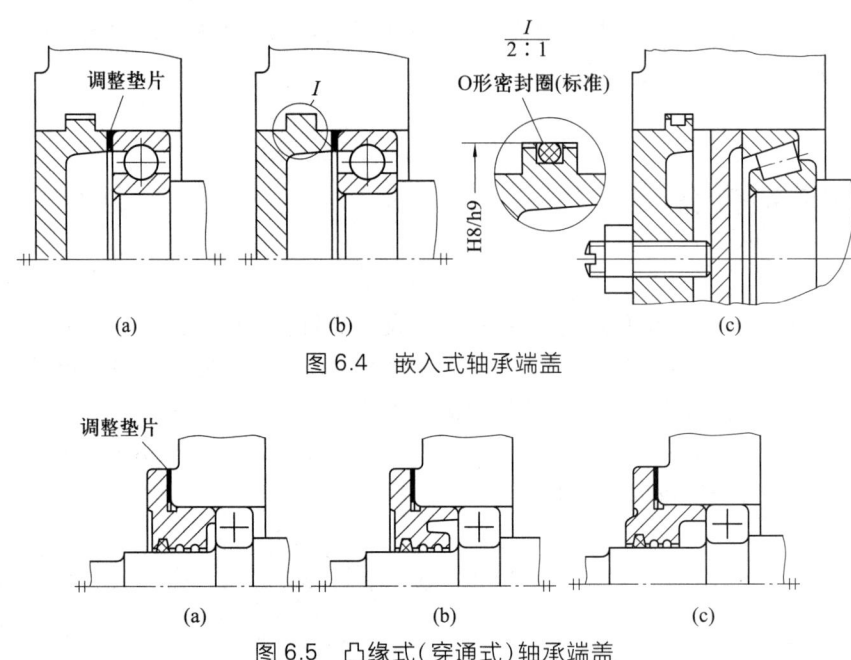

图6.4 嵌入式轴承端盖

图6.5 凸缘式(穿通式)轴承端盖

嵌入式轴承端盖结构简单,但密封性能差(可用图6.4b所示结构来弥补),调整轴承间隙比较麻烦,需要打开机盖,放置调整垫片,只宜用于向心球轴承(不调间隙),如图6.4b所示。如用嵌入式端盖固定角接触轴承,应在端盖上增加调整螺钉,以便于调整,如图6.4c所示。

凸缘式轴承端盖调整轴承间隙比较方便,密封性能也好,所以用得较多。这种端盖多用铸铁铸造,所以要很好考虑铸造工艺。例如,在设计穿通式轴承端盖(图6.5)时,由于装置密封件需要较大的端盖厚度(图6.5a),这时应考虑铸造工艺,尽量使整个端盖厚度均匀,如图6.5b、c所示是较好的结构。

当轴承端盖的宽度L较大时(图6.6a),为减少加工量,可在端部铸出一段较小的直径D',但必须保留有足够的长度l(图6.6b),否则拧紧螺钉时容易使端盖倾斜,以致轴承受力不均,可取$l=0.15D$。图中端面凹进δ值,也是为了减少加工面。

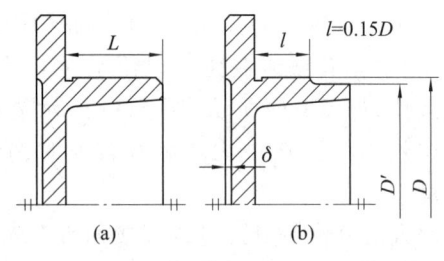

图6.6 凸缘式轴承端盖

为了调整轴承间隙,在端盖与机体之间放置由若干薄片组成的调整垫片,如图6.5所示。但有的垫片只起密封作用,见图5.23、5.24中最左端的垫片。

6.3 轴承的润滑与密封设计

根据轴颈的速度,轴承可以用润滑脂或润滑油润滑。当浸油齿轮圆周速度小于 2 m/s 时,宜用润滑脂润滑;当浸油齿轮圆周速度大于 2 m/s 时,可以靠机体内油的飞溅直接润滑轴承,或引导飞溅在机体内壁上的油经机体剖分面上的油沟流到轴承进行润滑,这时必须在端盖上开槽(图 6.7)。为防止装配时端盖上的槽没有对准油沟而将油路堵塞,可将端盖的端部直径取小些,使端盖在任何位置油都可以流入轴承(图 6.7)。如采用润滑脂润滑轴承,应在轴承旁加挡油板(图 5.4),以防止润滑脂流失。

当轴承旁是斜齿轮,而且斜齿轮直径小于轴承外径时,由于斜齿有沿齿轮轴向排油作用,使过多的润滑油冲向轴承,尤其在高速时更为严重,增加轴承阻力,所以应在轴承旁装置挡油板,如图 6.8 所示。挡油板可用薄钢板冲压或用圆钢车制,也可以铸造成形。蜗杆在下的蜗杆传动,其蜗杆轴承旁也应装置这种挡油板,见图 5.30、图 5.31。

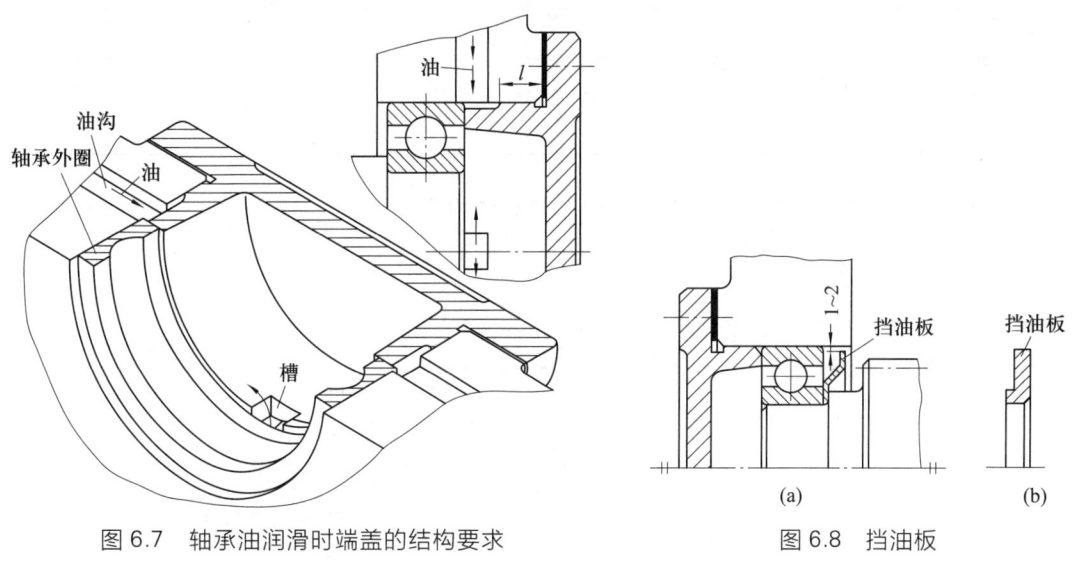

图 6.7 轴承油润滑时端盖的结构要求　　　图 6.8 挡油板

在输入轴和输出轴的外伸处,都必须在端盖轴孔内安装密封件,以防止润滑油外漏及灰尘、水汽和其他杂质进入机体内,常见的密封形式如图 6.9 所示。橡胶油封(图 6.9a)效果较好,所以得到广泛应用。这种密封件装配方向不同,其密封效果也有差别,图 6.9a 所示的装配方法,对左边密封效果较好。如采用两个橡胶油封相对放置,则效果更好。橡胶油封有两种结构:一种是油封内带有金属骨架(图 6.9a),与孔配合安装,不需再有轴向固定;另一种是没有金属骨架,这时需要有轴向固定装置。图 6.9b 为毡封油圈,其密封效果较差,但结构简单,对润滑脂润滑也能可靠工作。上述两种密封均为接触式密封,要求轴表面的粗糙度数值不能太大。图 6.9c、d 所示为油沟和迷宫式密封结构,是非接触式密封,其优点是可用于高速场合,如果与其他密封形式配合使用,则可收到更好的效果。

密封形式的选择,主要是根据密封处轴表面的圆周速度、润滑剂的种类、工作温度、周围

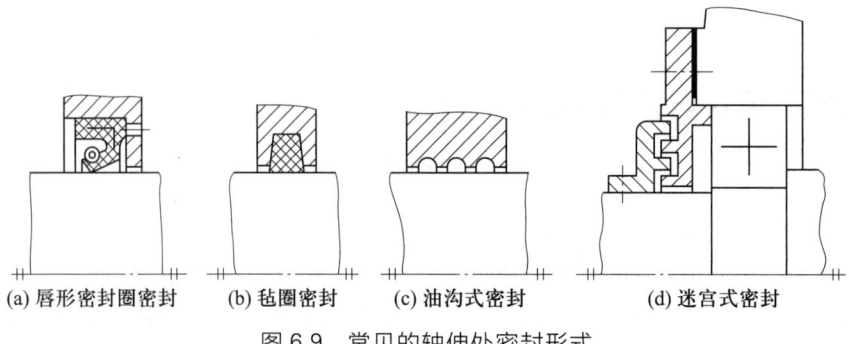

图 6.9　常见的轴伸处密封形式

环境等决定的。各种密封适用的参考圆周速度见表 6.1。

表 6.1　不同密封适用的参考圆周速度

密封形式	适用的圆周速度/(m/s)
粗羊毛毡封油圈	≤3
半粗羊毛毡封油圈	≤5
航空用毡封油圈	≤7
橡胶油封	≤8
迷宫	≤10

图 6.10~图 6.13 是这一阶段所画装配图的具体内容。

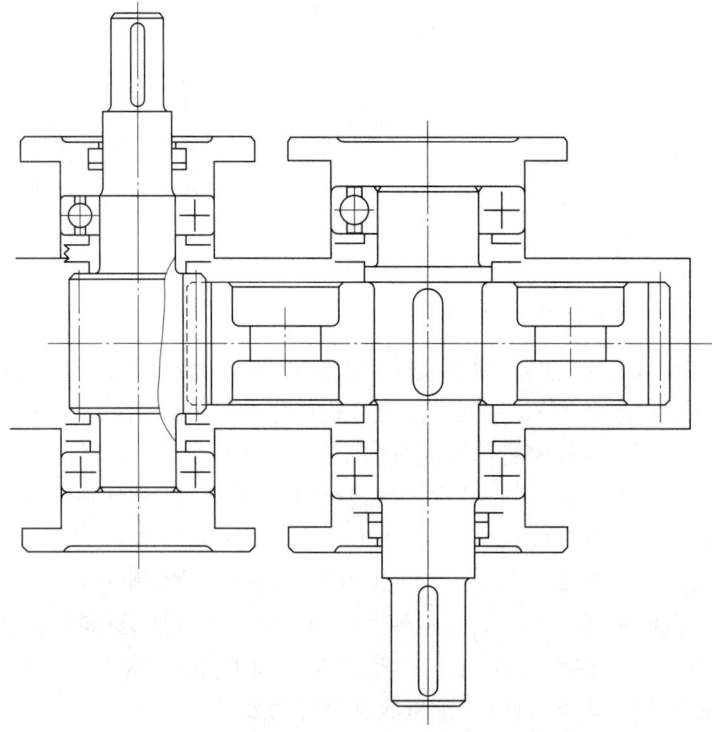

图 6.10　一级圆柱齿轮减速器的第二阶段装配图

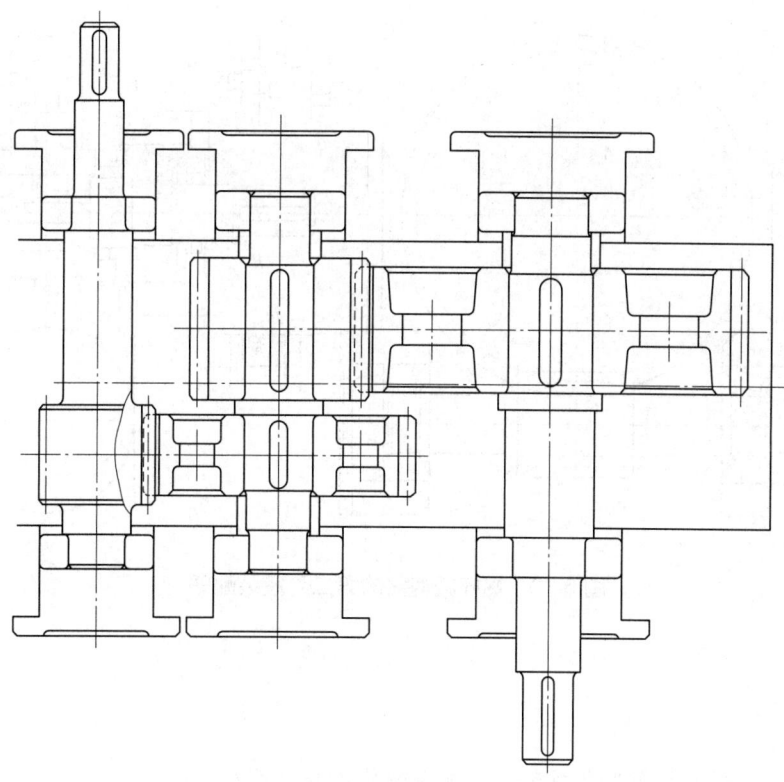

图 6.11 二级展开式圆柱齿轮减速器的第二阶段装配图

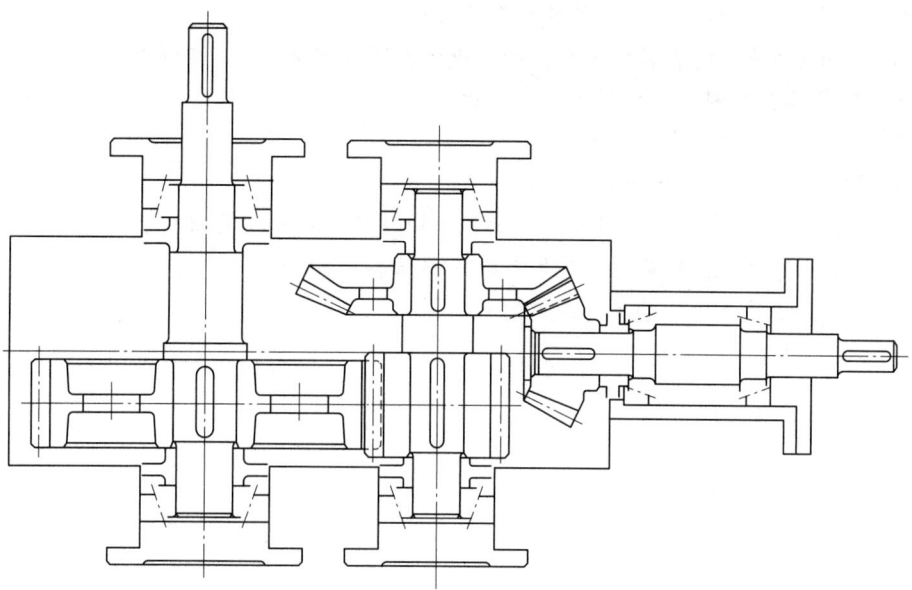

图 6.12 锥齿轮−圆柱齿轮减速器的第二阶段装配图

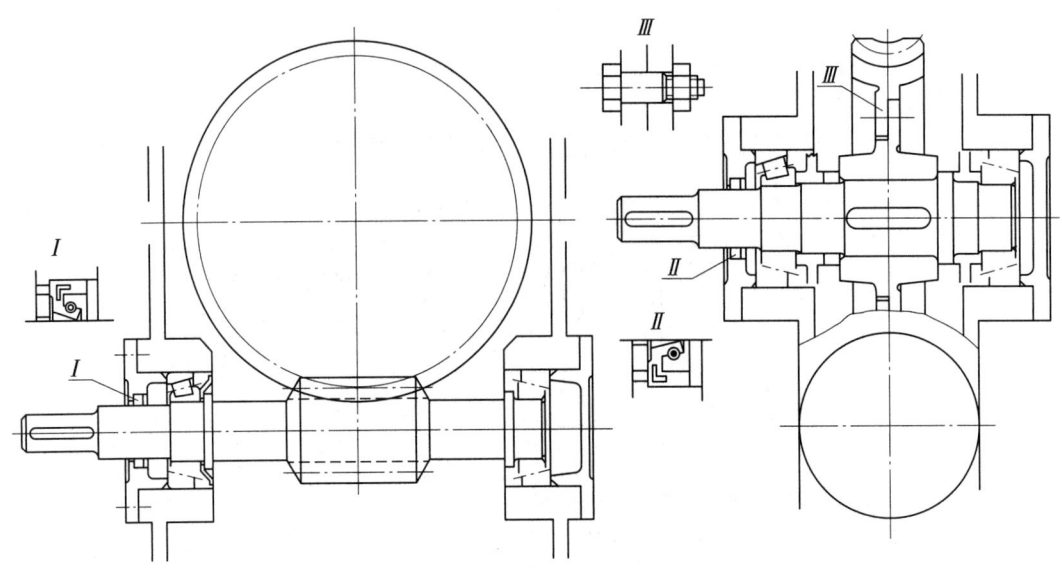

图 6.13 蜗杆减速器的第二阶段装配图

思考题

6-1 齿轮、蜗轮常用哪些材料？分别在哪些场合使用？

6-2 齿轮、蜗轮、蜗杆有哪些加工方法？

6-3 齿轮有哪些结构形式？锻造与铸造齿轮在结构上有什么区别？

6-4 蜗轮有哪些结构形式？其特点是什么？

6-5 齿轮、蜗轮的轮毂宽度和直径如何确定？轮缘厚度又如何确定？

6-6 轴承端盖有哪些结构形式？各有什么特点？

6-7 大、小齿轮的齿宽如何确定？

6-8 轴承端盖尺寸如何确定？

6-9 机体剖分面上油沟如何加工？设计油沟时应注意哪些问题？

6-10 轴承旁的挡油板起什么作用？有哪些结构形式？

6-11 如何选择齿轮和轴承的润滑剂？

第 7 章　装配图设计第三阶段

这一阶段的主要内容是设计减速器的机体和附件。

7.1 减速器的机体设计

减速器机体是用以支持和固定轴系零件并保证传动件的啮合精度、良好的润滑与轴系可靠密封的重要零件,其重量占减速器总重的 30% ~ 50%。因此,设计机体结构时必须综合考虑传动质量、加工工艺及成本等。

减速器机体可以是铸造的,也可以是焊接的。

铸造机体一般采用铸铁(HT150 或 HT200)制成。铸铁具有较好的吸振性、容易切削且承压性能好。在重型减速器中,为了提高机体的强度和刚度,也有用铸钢(ZG200-400 或 ZG230-450)铸造的。铸造机体的缺点是重量较大,但仍广泛应用。

焊接机体用钢板(Q235A)焊成,如图 3.5 所示。

减速器机体可以采用剖分式结构或整体式结构。剖分式机体结构被广泛采用,其剖分面多与传动件轴线平面重合(图 3.1、图 3.2、图 3.3)。一般减速器只有一个水平剖分面,但某些水平轴在竖直面内排列的减速器,为了便于制造和安装,也可以采用两个剖分面,如图 3.6 所示。

为了减小机体的结构尺寸,在多级传动中,有的轴线也可不在剖分面上(图 7.1)。这样可提高孔的加工精度,并可缩小机体长度。

整体式机体结构如图 3.7、图 3.8、图 5.10 所示。它的优点是提高了孔的加工精度,减少了零件数量,但装配较复杂。图 5.10 所示蜗杆减速器的机体为整体式结构,它的两侧具有两个大端盖孔,蜗轮即由此装入,该孔径要大于蜗轮外圆直径 D_w。为了保证蜗杆传动啮合质量,大端盖与机体采用 $\dfrac{H7}{js6}$ 配合,要求低时可用 $\dfrac{H7}{g6}$,并且要有一定的配合宽度 H。

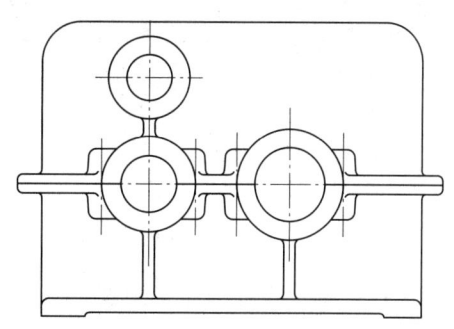

图 7.1　多级传动减速器机体剖分面设计

端盖内侧可加肋,以提高刚度。若没有加肋,则应加大端盖厚度 t。蜗轮外圆与机体上壁之间的距离 S 应考虑装配时蜗轮与机体不相碰撞,以便将蜗轮装入机体。上述有关数值可见

图 5.10。端盖上应装有启盖螺钉,以便拆卸(参考图 3.4)。

设计机体应在三个基本视图上同时进行,并考虑以下几个方面的问题。

(1) 机体要具有足够的刚度

机体刚度不够,会在加工和工作过程中产生不允许的变形,引起轴承座孔中心线歪斜,在传动中产生偏载,影响减速器的正常工作。因此在设计机体时,首先应保证轴承座的刚度。为此应使轴承座有足够的壁厚,并在轴承座附近加支撑肋,见图 3.1、图 3.2、图 3.3 中 δ、m。当轴承座是剖分式结构时,还要保证它的连接刚度。

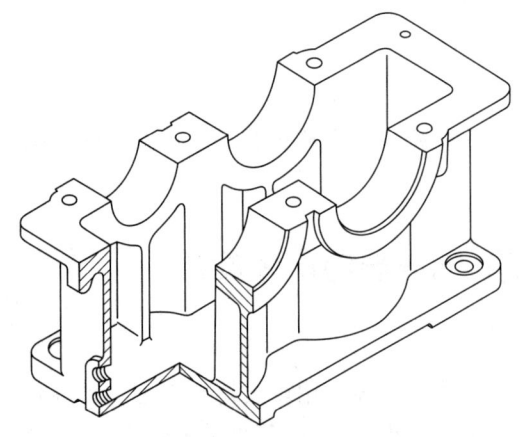

图 7.2 机体内肋结构

机体加肋有外肋(图 3.1)和内肋(图 7.2)两种结构形式。内肋刚度大,外表光滑美观,虽然内壁阻碍润滑油流动,工艺也比较复杂,但目前采用内肋结构逐渐增多。当轴承座伸到机体内部时,则常用内肋,如图 5.8 所示的蜗杆轴承座结构。图 7.3 所示为机体加肋的又一种结构形式,其刚度较大。

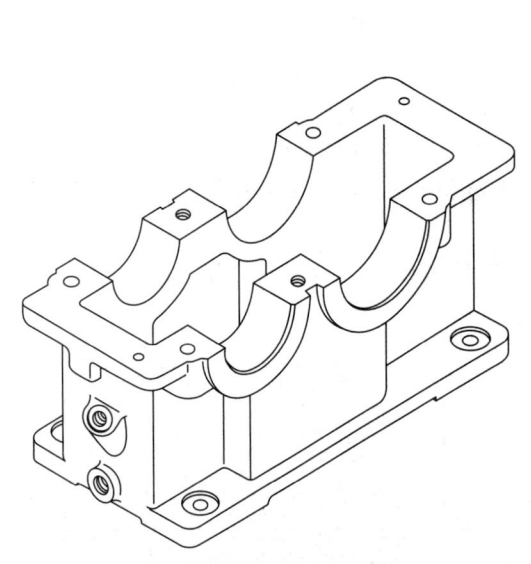

图 7.3 大刚度机体内肋设计

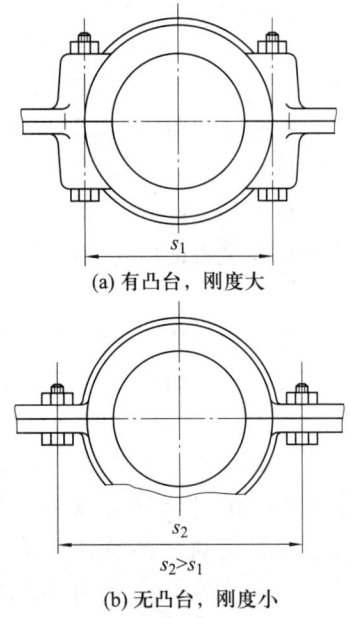

图 7.4 轴承座连接结构

为了提高轴承座处的连接刚度,座孔两侧的连接螺栓距离 s_1 应尽量靠近(以不与端盖螺钉孔干涉为原则),为此轴承座孔附近应做出凸台(图 7.4a),其高度要保证安装时有足够的扳手空间(图 5.6)。有关凸台的尺寸,参看表 3.2,由画图确定。图 7.4b 没有凸台,连接螺栓的距离 s_2 较大,刚度小。画凸台结构时,应在三个基本视图上同时进行,其投影关系如图 7.5。当凸台位置在机壁外侧时,凸台可做成图 7.6 所示的结构。

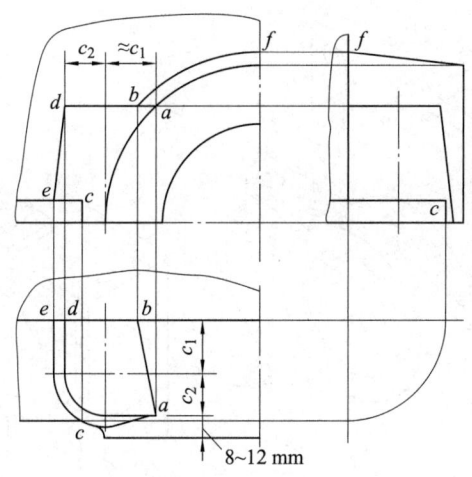

图 7.5 轴承座旁连接螺栓凸台尺寸及投影关系

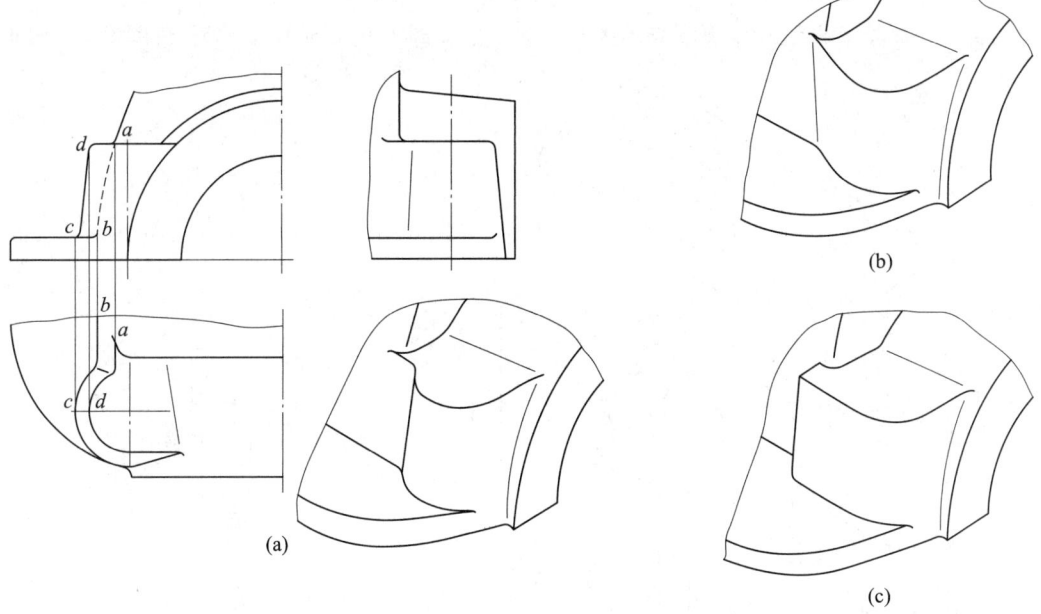

图 7.6 轴承座旁连接螺栓凸台的不同位置和结构

为了保证机体的刚度,机盖和机座的连接凸缘应取厚些。机座底凸缘的宽度 B (图 7.7a)应超过机体内壁。图 7.7b 是不好的结构。

目前,为了提高机体刚性,方形外廓减速器(图 7.8、图 7.9、图 7.10)日益得到了广泛应用。这种结构采用内肋,增加了轴承座刚度,并采用了便于拆装的双头螺柱或螺钉(如用内六角螺钉)的连接结构,不用底凸缘,而将底座下部四角削进一块安装地脚螺栓,使机体结构更加紧凑,造型也更为美观。

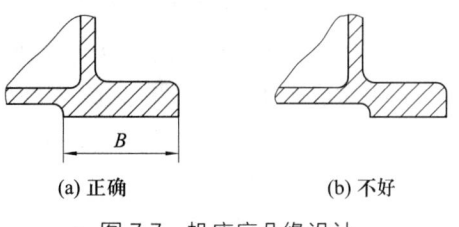

(a) 正确   (b) 不好

图 7.7 机座底凸缘设计

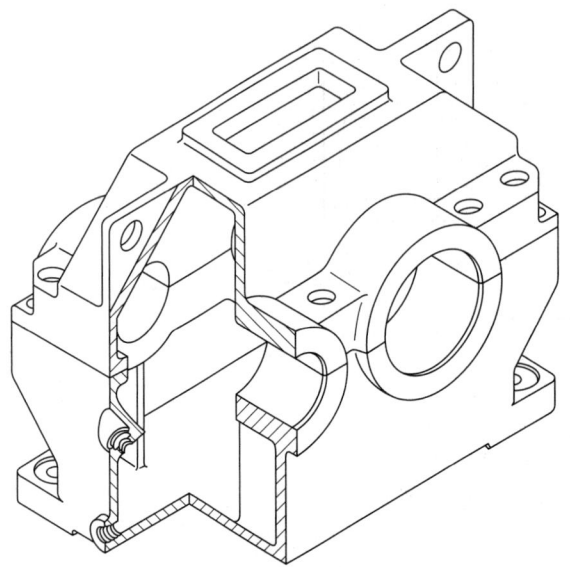

图 7.8　齿轮减速器方形外廓机体示例 Ⅰ

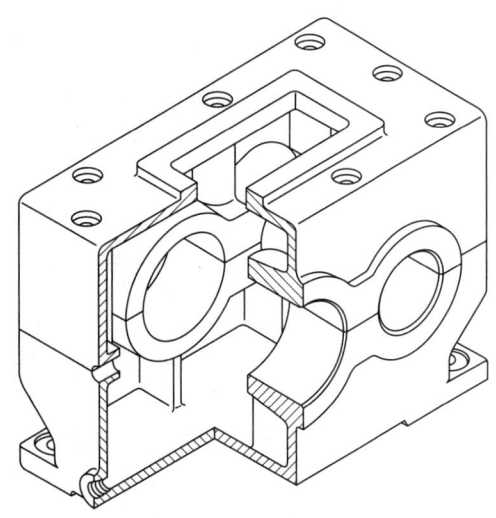

图 7.9　齿轮减速器方形外廓机体示例 Ⅱ

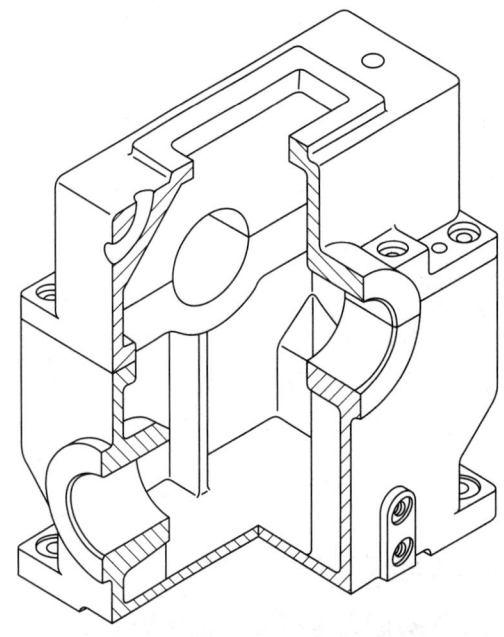

图 7.10　蜗杆减速器方形外廓机体

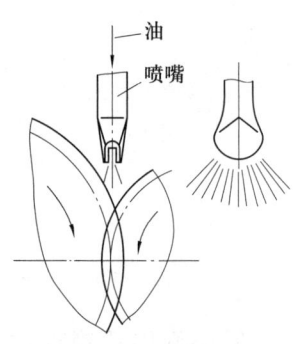

图 7.11　喷油润滑

(2) 应考虑便于机体内零件的润滑、密封及散热

对于大多数减速器,由于其传动件的圆周速度 $v \leqslant 12$ m/s,故常采用浸油润滑(当速度 $v>12$ m/s 时应采用喷油润滑,见图 7.11)。因此,机体内须有足够的润滑油,用以润滑和散热。同时为了避免油搅动时沉渣泛起,齿顶到油池底面的距离 H 不应小于 30~50 mm。由此即可决定机座的高度。

传动件的浸油深度 h 如图 7.12 所示。对于下置式蜗杆减速器,浸油深度不应超过滚动轴承最低滚动体中心,如图 7.12 中的 h_3,以免影响密封和增加搅油损失。

7.1 减速器的机体设计

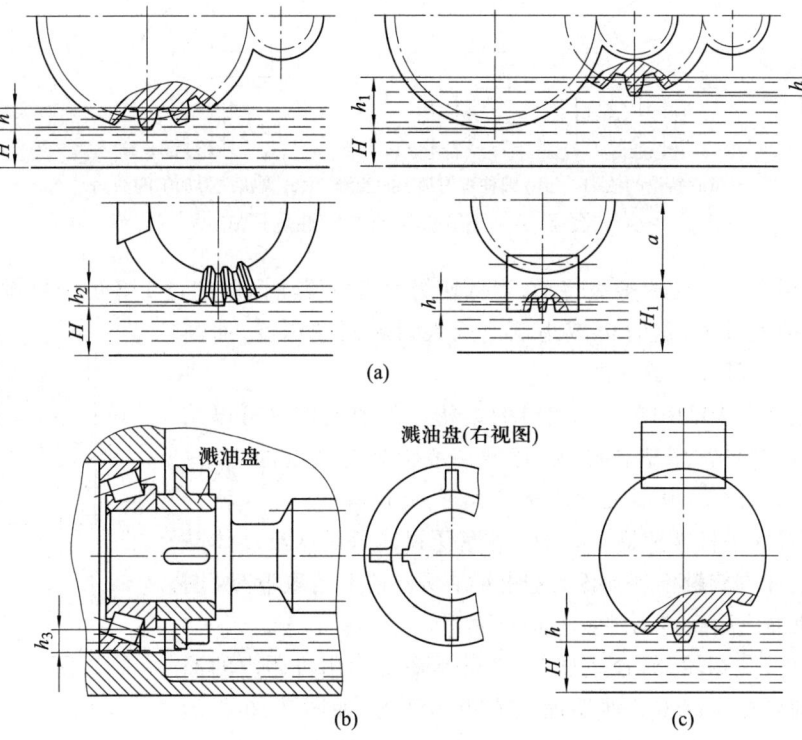

$H \geqslant (30 \sim 50)$mm；h—一个齿高，不小于10 mm；$h_1 \leqslant \dfrac{1}{3}R$($R$为齿轮半径)；
$h_2 = (0.5 \sim 1)b$(b为锥齿轮齿宽)，不小于10 mm；h_3—不超过滚动体中心；
H_1 由功率大小所需油量确定或 $H_1 = (0.8 \sim 0.9)a$

图 7.12　传动件及轴承的浸油深度

浸油深度决定后，即可确定所需油量。并按传递功率大小进行验算，以保证散热。对于单级传动，每传递 1 kW 需油量 $V_0 = 0.35 \sim 0.7$ L；对于多级传动，按级数成比例增加，如不满足，应适当加高机座高度，以保证足够的油池容积。

当轴承利用机体内的油润滑时，可在剖分面连接凸缘上做出油沟，使飞溅的润滑油沿机盖经油沟通过端盖的缺口进入轴承，如图 7.13 所示。采用不同加工方法的油沟形式见图 7.14。

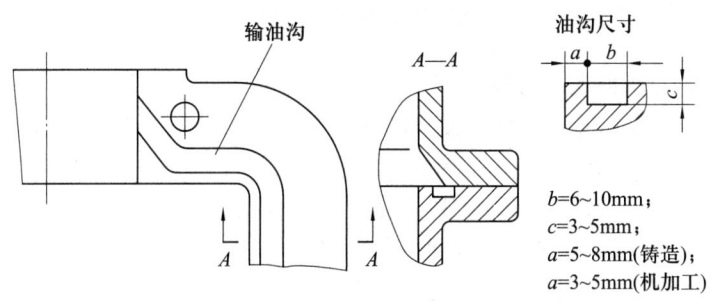

$b = 6 \sim 10$mm；
$c = 3 \sim 5$mm；
$a = 5 \sim 8$mm(铸造)；
$a = 3 \sim 5$mm(机加工)

图 7.13　机体接合面的输油沟

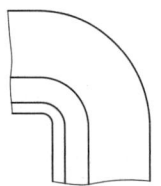  

(a) 铸造的油沟　　(b) 圆柱铣刀加工的油沟　　(c) 盘状铣刀加工的油沟

图 7.14　不同加工方法的油沟形式

对于采用浸油润滑的多级传动,当低速级大齿轮浸油深度超过 1/3 的分度圆半径时,往往会使搅油损失过大,这时可减小低速级大齿轮浸油深度,而高速级齿轮则利用溅油装置润滑。

图 7.15 所示是利用带油环润滑的结构。润滑装置也可以采用带油轮。带油轮常用塑料做成,宽度一般为齿轮宽度的 1/3～1/2,为减少油的搅动,其浸油深度不应大于 10 mm。

对于下置式蜗杆减速器,当油面高度受到轴承最低滚动体高度限制时,蜗杆常接触不到油面,这时可在蜗杆轴上装溅油盘(图 7.12b),以使油飞溅到传动件上而进行润滑。

当传动件(如蜗轮)转速较低时,若轴承需要利用机体内的油进行润滑,则可在靠近传动件端面处安置刮油板,如图 7.16 所示的刮油板结构,其端面贴近传动件端面,运转时将油从轮上刮下,并引入轴承中。其他刮油装置可见有关图册。

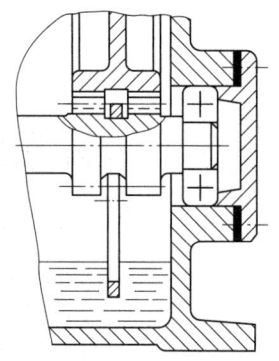

图 7.15　带油环

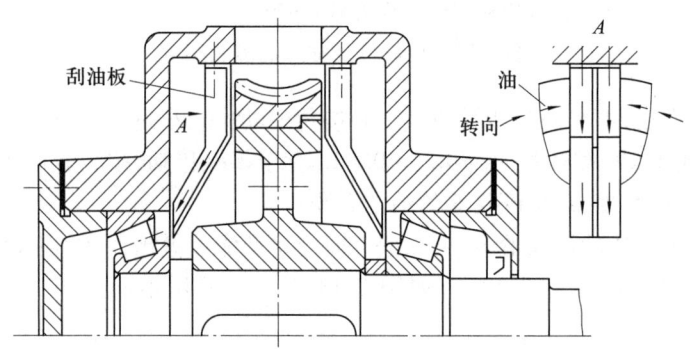

图 7.16　传动件端面处的刮油板

为了保证机盖与机座连接处密封,连接凸缘应有足够的宽度,连接表面应精刨,其表面粗糙度 Ra 值应不大于 6.3 μm。密封要求高的表面要经过刮研。为了提高密封性,在机座凸缘上面常铣出回油沟,使渗入凸缘连接缝隙面上的油重新流回机体内部,如图 7.17 所示。图 7.13 中的油沟尺寸可供参考。此外,凸缘连接螺栓之间的距离不宜太大,一般为 150～200 mm,并尽量匀称布置,以保证剖分面处的密封性。

对于蜗杆减速器,由于发热大,应进行热平衡计算。机体大小要考虑散热面积的需要,若经热平衡计算不符合要求,可适当增加机体尺寸或增设散热片和风扇。散热片方向应与空气流动方向一致(图 7.18)。发热严重时还可在油池中设置蛇形冷却水管,或改用循环润滑系统,以降低油温,见图 7.19。

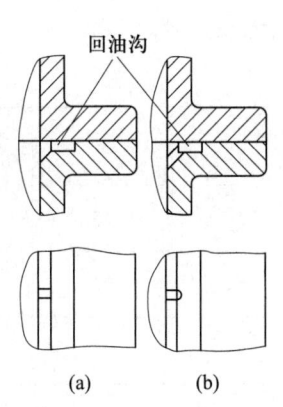 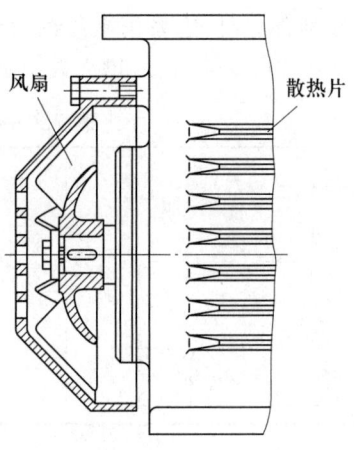

图 7.17 机体接合面处的回油沟　　图 7.18 机体增设的风扇和散热片

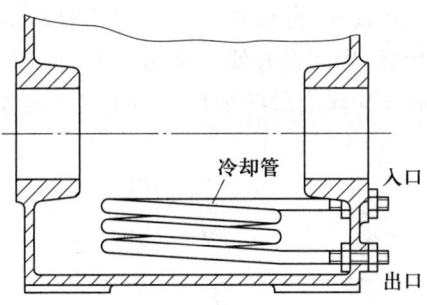

图 7.19 机体油池中设置的冷却水管

（3）机体结构要有良好的工艺性

机体结构工艺性的好坏，对提高加工精度和装配质量、提高生产效率以及便于检修维护等方面有直接影响，故应特别注意。

1）铸造工艺的要求

在设计铸造机体时，应考虑到铸造工艺特点，力求形状简单、壁厚均匀、过渡平缓、金属不要局部积聚。

考虑到液态金属流动的畅通性，铸件壁厚不可太薄，其最小值列于表 7.1 中，砂型铸造圆角半径可取 $r \geqslant 5$ mm。

表 7.1 铸件最小壁厚（砂型铸造）　　mm

材料	小型铸件 ≤200×200	中型铸件 （200×200）~（500×500）	大型铸件 >500×500
灰口铸铁	3~5	8~10	12~15
可锻铸铁	2.5~4	6~8	—
球墨铸铁	>6	12	—
铸钢	>8	10~12	15~20
铝	3	4	

为了避免因冷却不均而造成的内应力裂纹或缩孔，机体各部分壁厚应均匀。当由较厚

部分过渡到较薄部分时,应采用平缓的过渡结构,具体尺寸见表 7.2。表中数值适用于 $h=(2\sim3)\delta$ 的情况;当 $h>3\delta$ 时,应增大表中数值;当 $h<2\delta$ 时,无须过渡。

表 7.2　铸件过渡部分尺寸　　　　　　　　　mm

铸件壁厚 h	x	y	R
10~15	3	15	5
15~20	4	20	5
20~25	5	25	5

为了避免金属积聚,不宜采用形成锐角的倾斜肋,如图 7.20a 所示。图 7.20b 是正确结构。

设计机体时,应使机体外形简单,起模方便。如图 7.21a 的机体凸台 I 处形状将影响起模,如改为图 7.21b 中 IV 的形状,则起模方便。又如图 7.22a 中所设计的蜗杆减速器散热片也不便于起模,图 7.22b 所示是其改进后的结构。为了便于起模,铸件沿起模方向应有 1∶10~1∶20 的起模斜度。

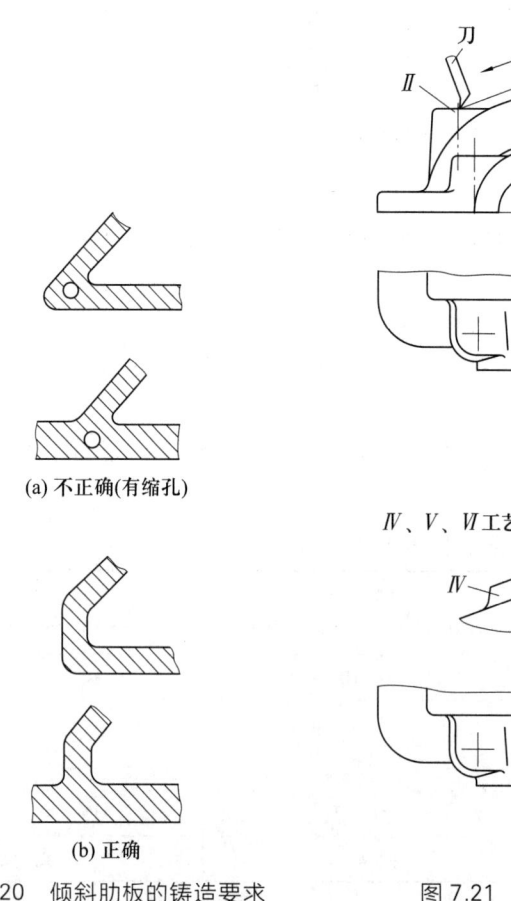

图 7.20　倾斜肋板的铸造要求

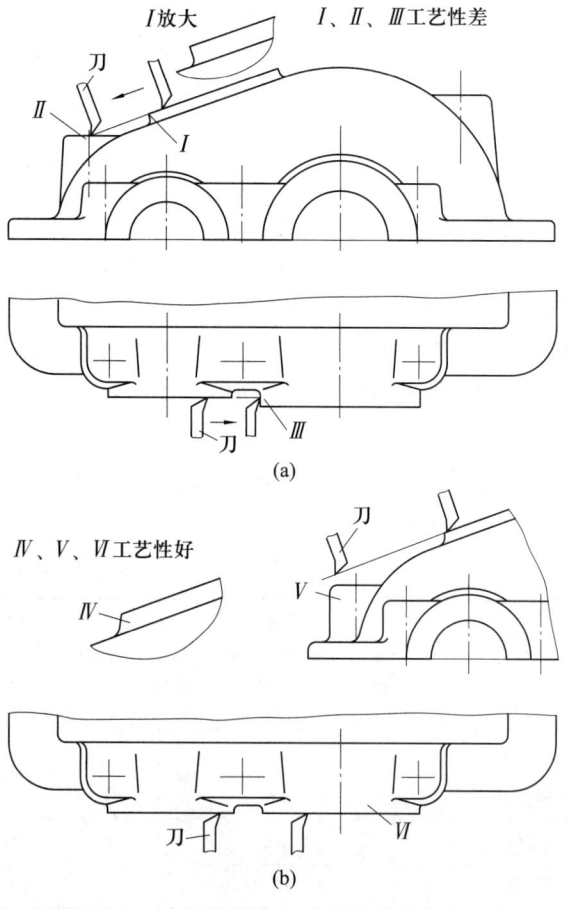

图 7.21　凸台的铸造工艺与机械加工工艺性

7.1 减速器的机体设计

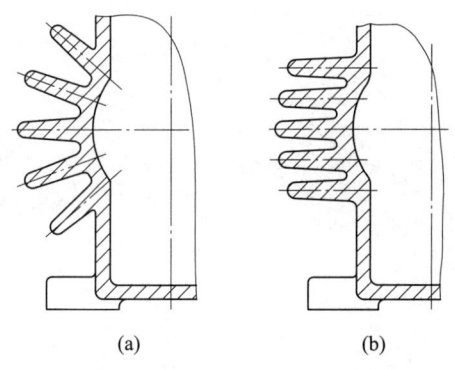

图 7.22 机体散热片铸造工艺性

对于铸造机体,还应尽量减少沿起模方向的凸起结构,否则在模型上就要设置活块,以减少起模困难。图 7.23 所示为有活块模型的起模过程。当机体表面有几个凸起部分时,应尽量将其连成一体,以简化起模过程。例如图 7.24a 所示结构需用两个活块,若改为图 7.24b 结构则不用活块,起模方便。

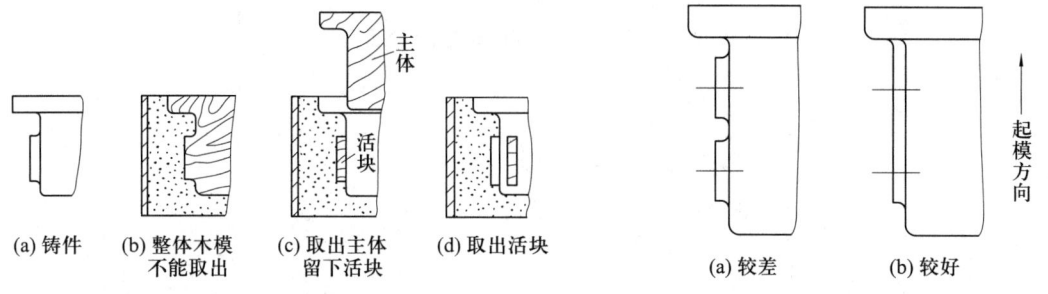

图 7.23 机体铸造中的活块使用　　图 7.24 减少使用活块的铸造工艺性对比

机体上还应尽量避免出现狭缝,否则砂型强度不够,在起模和浇注时易形成废品。如图 7.25a 中两凸台距离 m 太小,应将凸台连在一起,做成如图 7.25b、c、d 所示的结构。

2) 机械加工的要求

设计结构形状时,应尽可能减小机械加工面积,以提高生产效率,并减少刀具磨损,在图 7.26 所示机座底面结构中,图 7.26d 所示为较好的结构,小型机体则多采用图 7.26b 所示的结构。

为了保证加工精度并缩短加工工时,应尽量减少在机械加工时工件和刀具的调整次数。例如,同一轴心线的两轴承座孔直径应尽量一致,以便于镗孔和保证镗孔精度。又如,同一方向的平面,应尽量一次调整加工。所以,各轴承座端面都应在同一平面上,如图 7.21b 所示。

机体的任何一处加工面与非加工面必须严格分开。例如,机盖的轴承座端面需要加工,因而应当凸出,如图 7.27b 所示,图 7.27a 所示为不合理结构。

与螺栓头部或螺母接触的支承面,应进行机械加工,可采用图 7.28 所示的结构及加工方法。图 7.28c、d 所示为刀具(如圆柱铣刀)不能从下方进行加工时的方法。

75

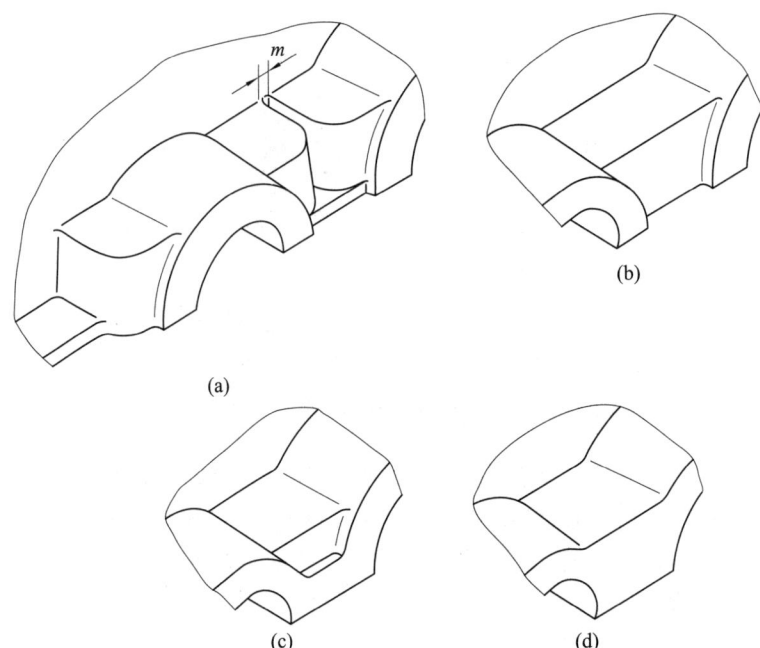

图 7.25 轴承座旁连接螺栓凸台结构

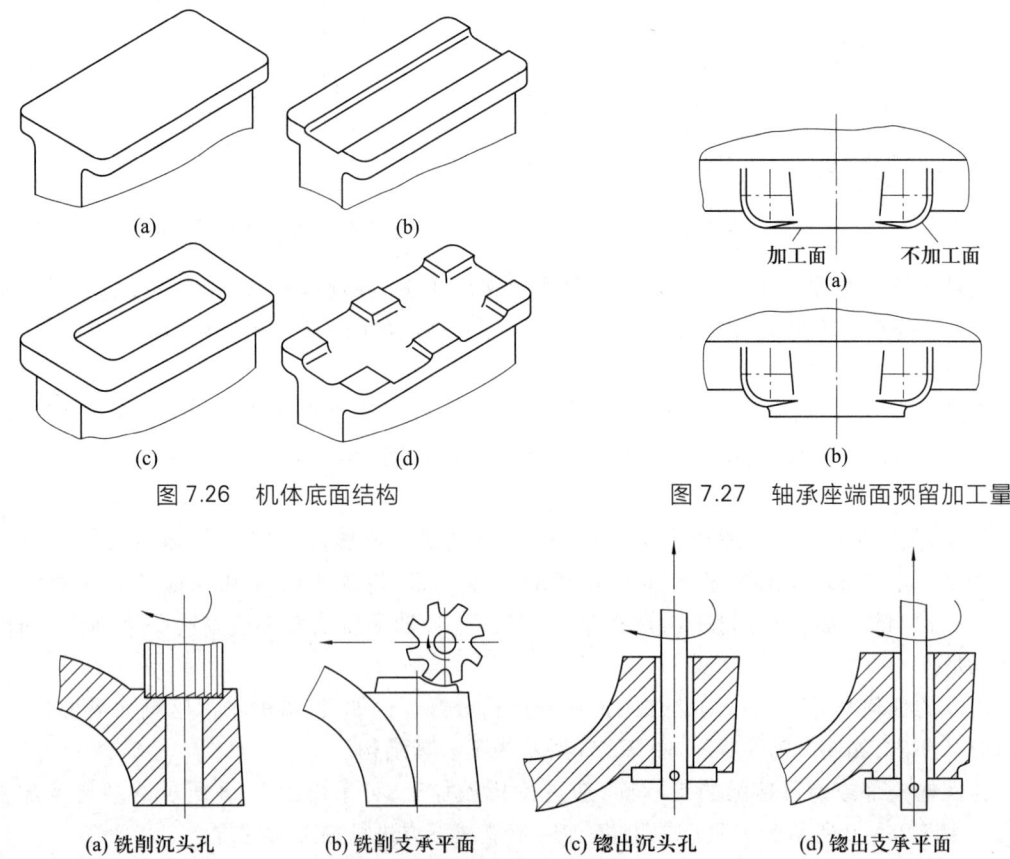

图 7.26 机体底面结构

图 7.27 轴承座端面预留加工量

图 7.28 螺栓支承面的加工方法
(a) 铣削沉头孔 (b) 铣削支承平面 (c) 锪出沉头孔 (d) 锪出支承平面

7.2 减速器附件设计

为了检查传动件的啮合情况,改善传动件及轴承的润滑条件方便注油、排油、指示油面、通气及装拆吊运等,减速器常设置各种附件,其作用见第 3 章 3.1 节。这些附件应按其用途设置在机体的合适位置,并要便于加工和装拆。

(1) 窥视孔和窥视孔盖

减速器机盖顶部要开窥视孔,以便检查传动件的啮合情况、润滑状况、接触斑点及齿侧间隙等。

窥视孔应设在能看到传动件啮合区的位置,并有足够的大小,以便手能伸入进行操作,见图 7.29。

减速器内的润滑油也由窥视孔注入,为了减少油的杂质,可在窥视孔口装一过滤网。

窥视孔要有盖板,机体上开窥视孔处应凸起一块,以便机械加工出支承盖板的表面并用垫片加强密封(图 7.29b)。窥视孔盖常用钢板或铸铁制成,用 M6~M10 螺钉紧固,其典型结构形式如图 7.30 所示。窥视孔盖的结构和尺寸,可参看有关手册或图册,也可以自行设计。

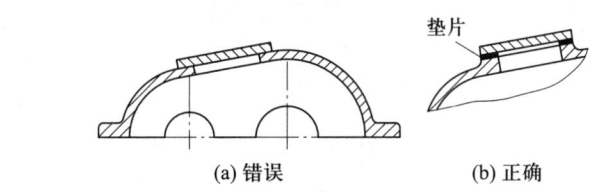

图 7.29 窥视孔处的结构及加工要求

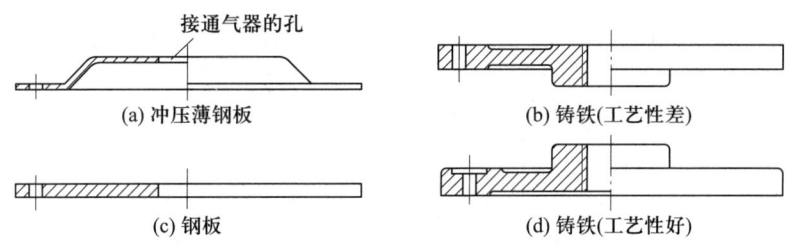

图 7.30 窥视孔盖

(2) 放油螺塞

放油孔的位置应在油池最低处(图 7.31),并安排在减速器不与其他部件靠近的一侧,以便于放油。放油孔用螺塞堵住,因此放油孔处的机体外壁应凸起一块,经机械加工成为螺塞头部的支承面,并加封油圈以加强密封。放油孔等结构尺寸可参看有关的手册或图册。

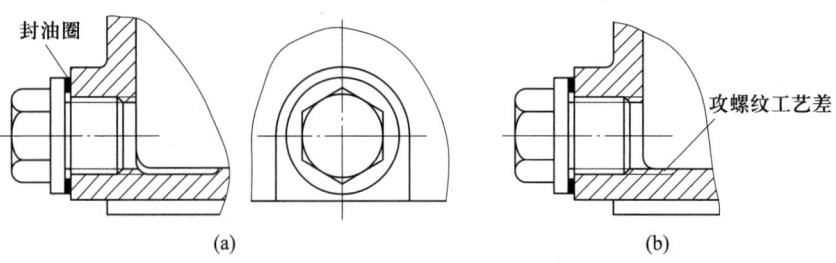

图 7.31 放油孔与放油螺塞

（3）油标

油标常放置在便于观测减速器油面及油面稳定之处（如低速级传动件附近）。

常用的油标有油尺、圆形油标、长形油标、油面指示螺钉等，一般多用带有螺纹部分的油尺（图 7.32）。

用油尺时，应使机座油尺座孔的倾斜位置便于加工和使用，见图 7.33。油尺设置的部位不能太低，以防油进入油尺座孔而溢出。其主视图和侧视图的投影关系如图 7.34 所示。油尺上的油面刻度线应按传动件浸入深度确定。为了避免因油搅动而影响检查效果，可在油尺外装隔离套（图 7.35）。

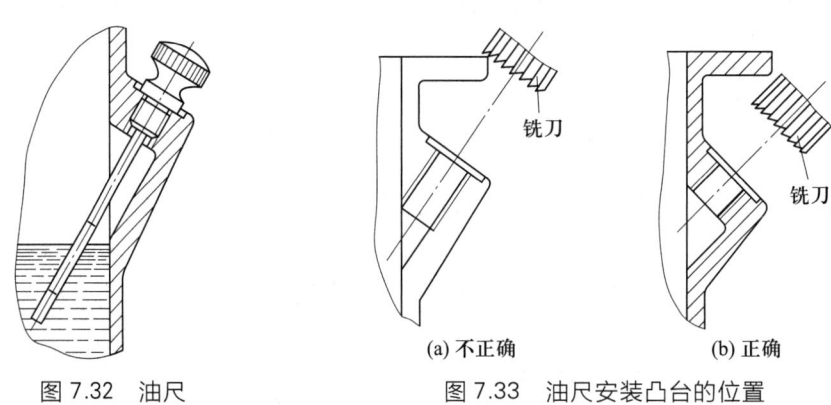

图 7.32 油尺　　　图 7.33 油尺安装凸台的位置

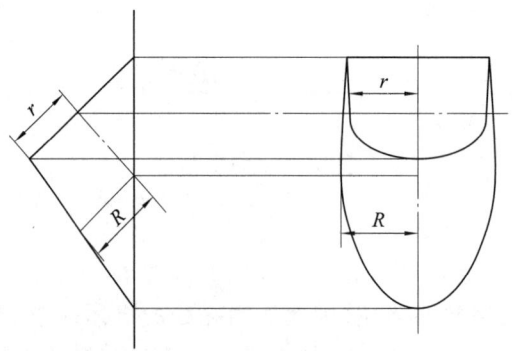

图 7.34 油尺安装凸台的尺寸

油面指示螺钉的结构如图 7.36 所示。在机座的最高油面及最低油面位置上各安装一个指示螺钉,使油面保持在最低螺孔以上,最高螺孔以下。

(4) 通气器

减速器运转时,机体内温度升高,气压增大,对减速器密封极为不利。所以,多在机盖顶部或窥视孔盖上安装通气器,使机体内热胀气体自由逸出,以保证机体内、外压力均衡,提高机体有缝隙处的密封性能。

简易通气器常用带孔螺钉制成,但通气孔不能直通顶端,以免灰尘进入,如图 7.37 所示。这种通气器用于比较清洁的场合。

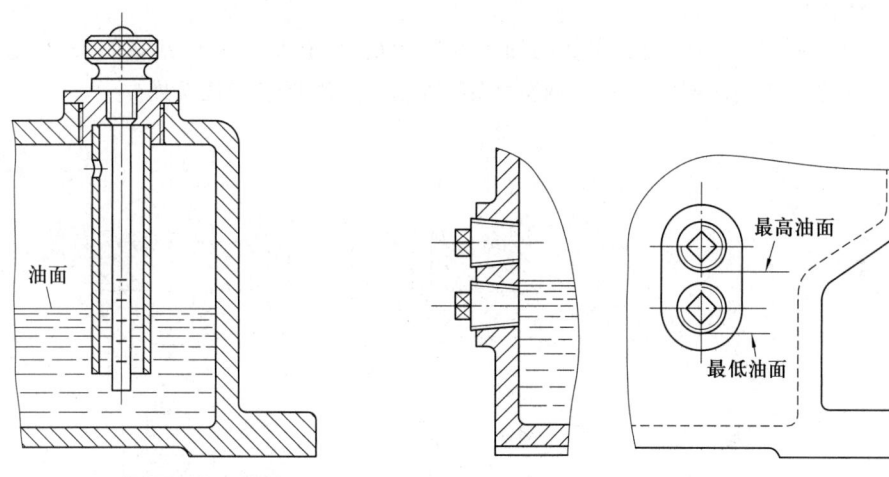

图 7.35　带有隔离套的油尺　　　　图 7.36　油面指示螺钉

较完善的通气器内部做成各种曲路,并有金属网(作为滤网),可以减少停车后灰尘随空气吸入机体,如图 7.38 所示。

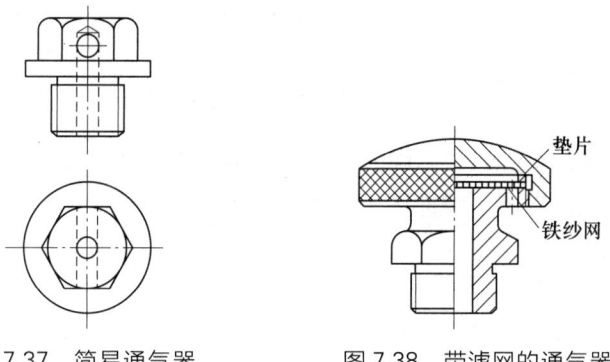

图 7.37　简易通气器　　　　图 7.38　带滤网的通气器

中小型减速器常用的通气器结构尺寸见有关图册或手册。

(5) 启盖螺钉

启盖螺钉(图 7.39)上的螺纹长度要大于机盖连接凸缘的厚度,钉杆端部要做成圆柱形、大倒角或半圆形,以免顶坏螺纹。

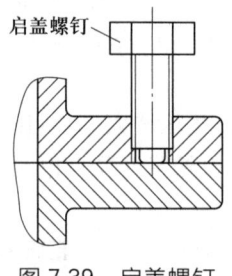

图 7.39 启盖螺钉

（6）定位销

为了保证剖分式机体的轴承座孔的加工及装配精度，在机体连接凸缘的长度方向两端各设置一个圆锥定位销（图 7.40a）。两销相距尽量远些，以提高定位精度。

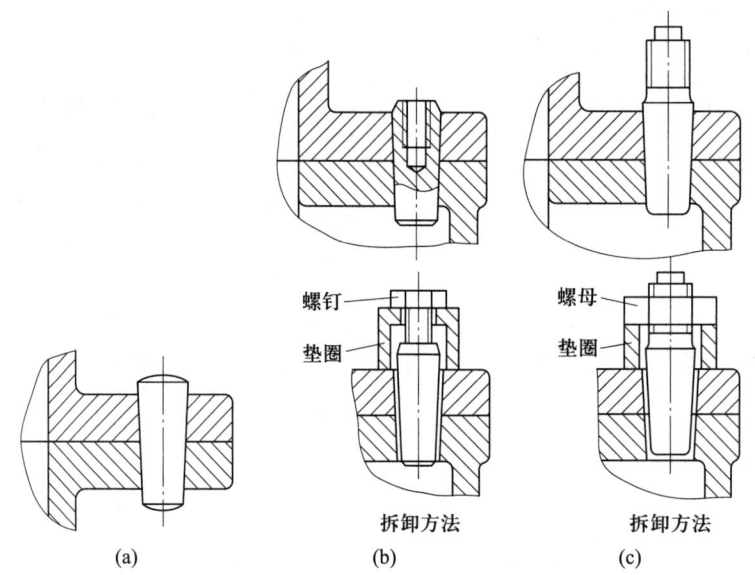

图 7.40 定位销及其拆卸方法

定位销的直径一般取 $d=(0.7\sim0.8)d_2$，d_2 为机体连接螺栓直径。其长度应大于机盖和机座连接凸缘的总厚度，以利于装拆。图 7.40b、c 所示为不能从小端拆卸时的圆锥销结构及其拆卸方法。

（7）吊环螺钉、吊环和吊钩

为了拆卸及搬运，应在机盖上装有吊环螺钉或铸出吊钩、吊环，并在机座上铸出吊钩。

吊环螺钉为标准件（见 GB/T 825—1988），可按起重量由手册选取。由于吊环螺钉承受较大载荷，故在装配时必须把螺钉完全拧入，使其台肩抵紧机盖上的支承面。为此，机盖上的螺钉孔必须局部锪大，如图 7.41 所示。图 7.41b 所示螺钉孔的工艺性较好。

吊环螺钉用于拆卸机盖，也允许用来吊运轻型减速器。

采用吊环螺钉会增加机加工工序，所以常在机盖上直接铸出吊环（图 7.42a、b、c）或吊钩（图 7.42d），机座两端也多铸出吊钩，用以起吊或搬运较重的减速器。吊环和吊钩的参考尺寸见有关手册或图册，也可参考图 7.43 进行设计，设计时可根据具体情况加以修改。

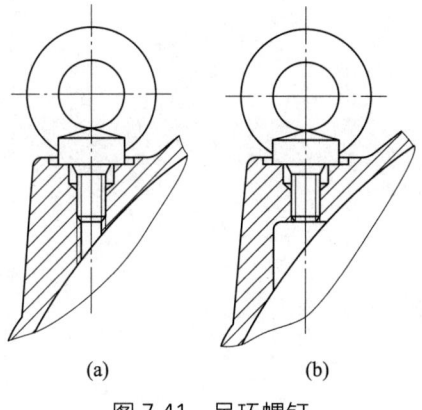

图 7.41　吊环螺钉

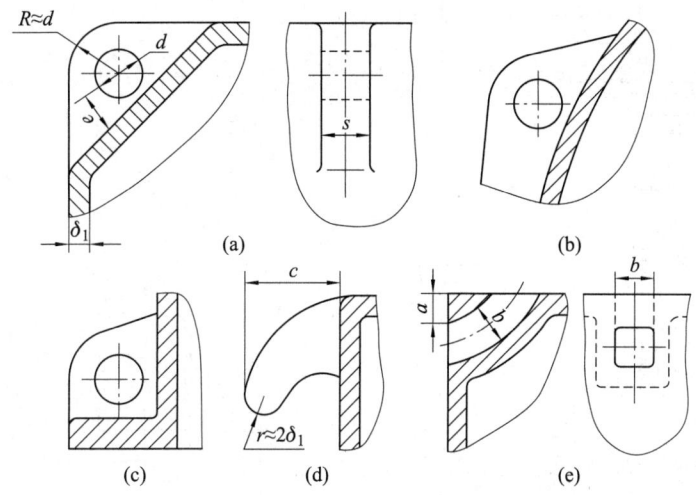

$d=(2.5\sim3)\delta_1$；$s=(2\sim3)\delta_1$；$c=(4\sim5)\delta_1$；$a=(1.6\sim1.8)\delta_1$；$b=(2.5\sim3)\delta_1$；$e=(0.8\sim1.0)d$

图 7.42　吊钩和吊环（机盖上铸出）

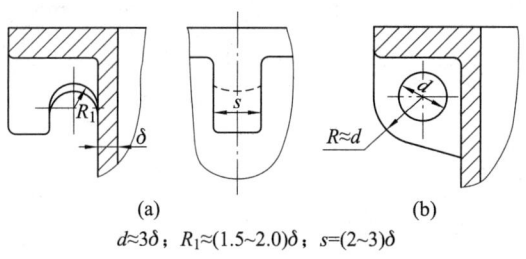

$d\approx3\delta$；$R_1\approx(1.5\sim2.0)\delta$；$s=(2\sim3)\delta$

图 7.43　吊钩和吊环（机座上铸出）

图 7.44~图 7.47 分别为这一阶段设计的一级、二级圆柱齿轮减速器、锥齿轮-圆柱齿轮减速器和蜗杆减速器的装配草图。

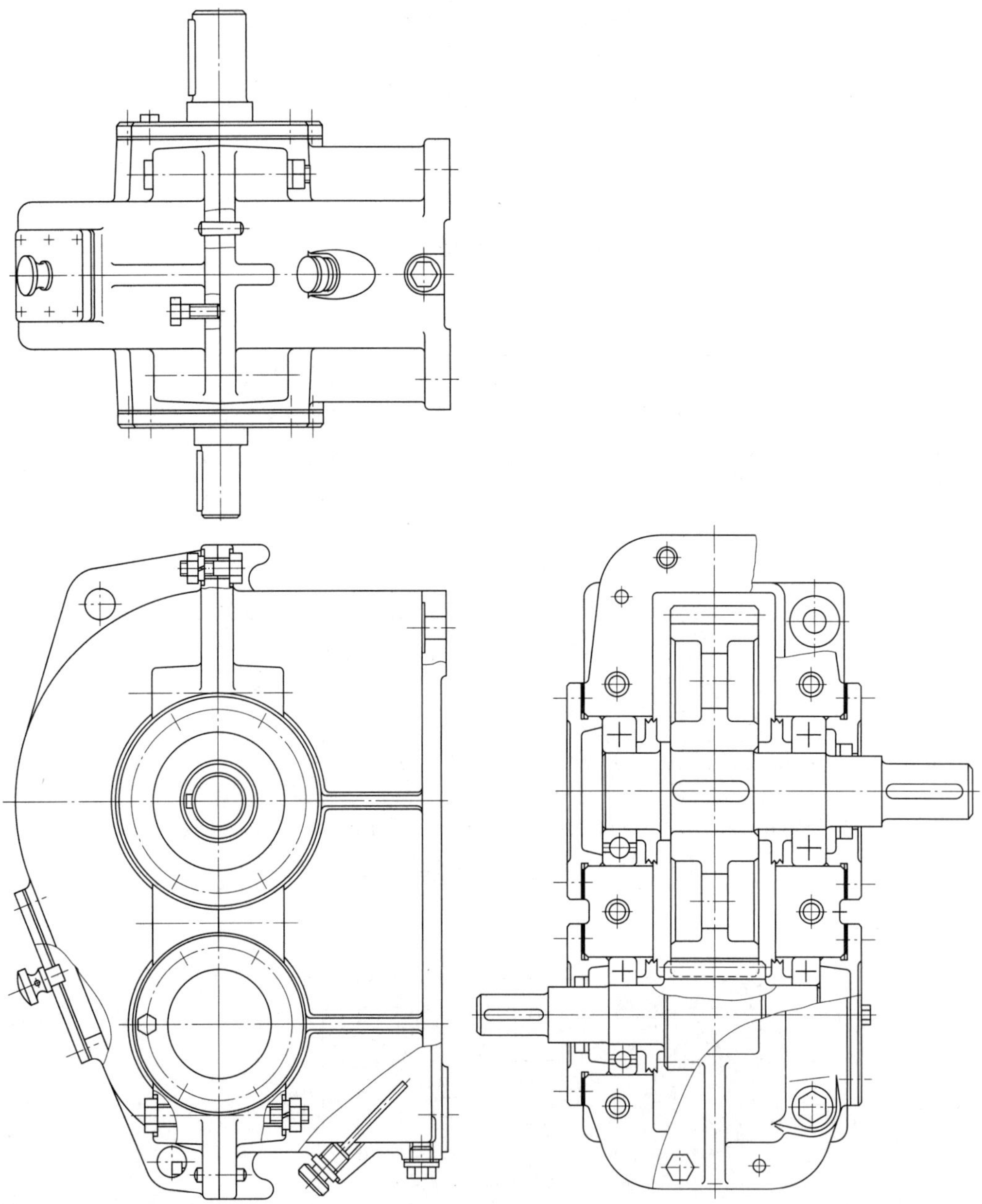

第 7 章 装配图设计第三阶段

图 7.44 一级圆柱齿轮减速器装配草图

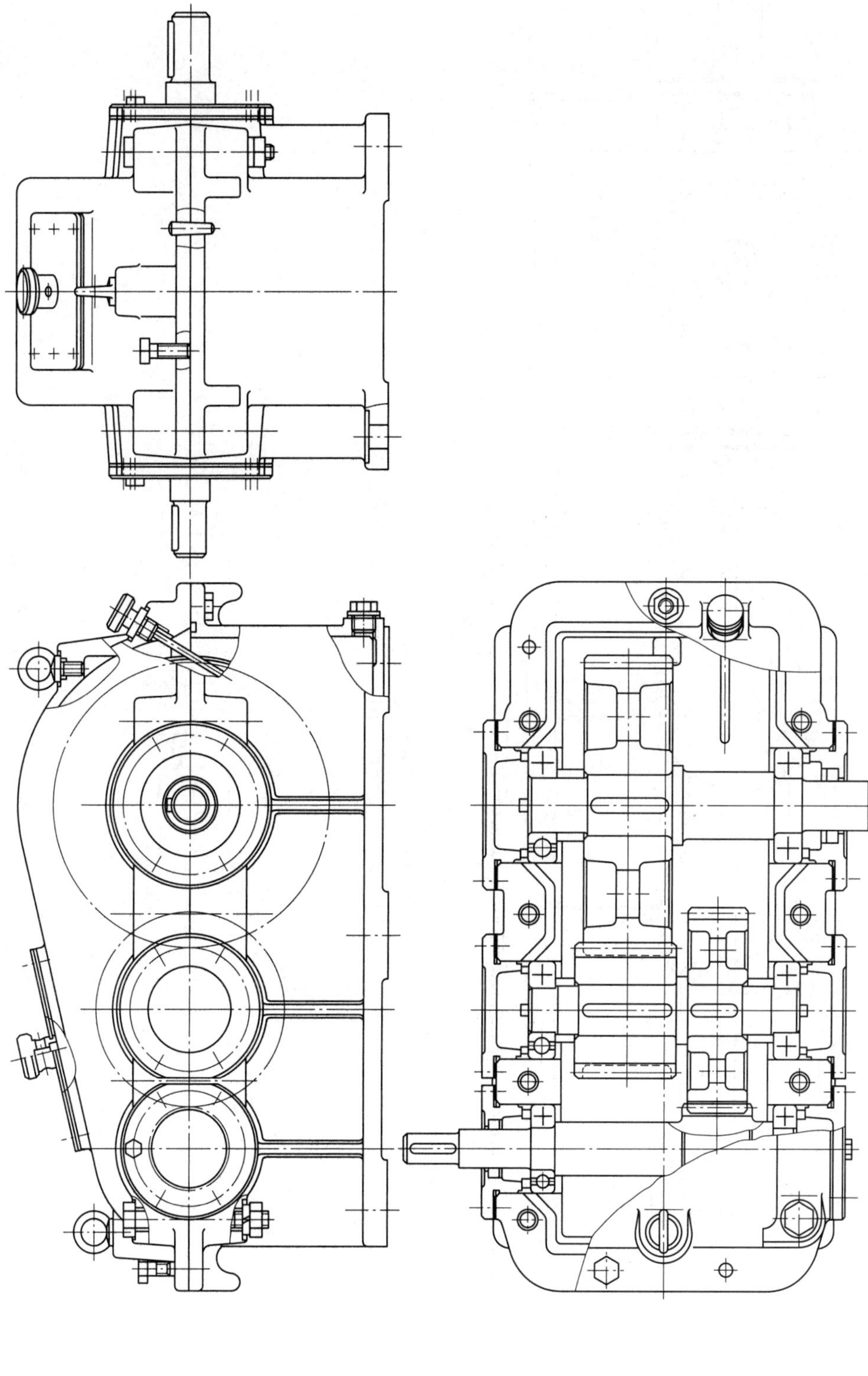

7.2 减速器附件设计

图 7.45 二级展开式圆柱齿轮减速器装配草图

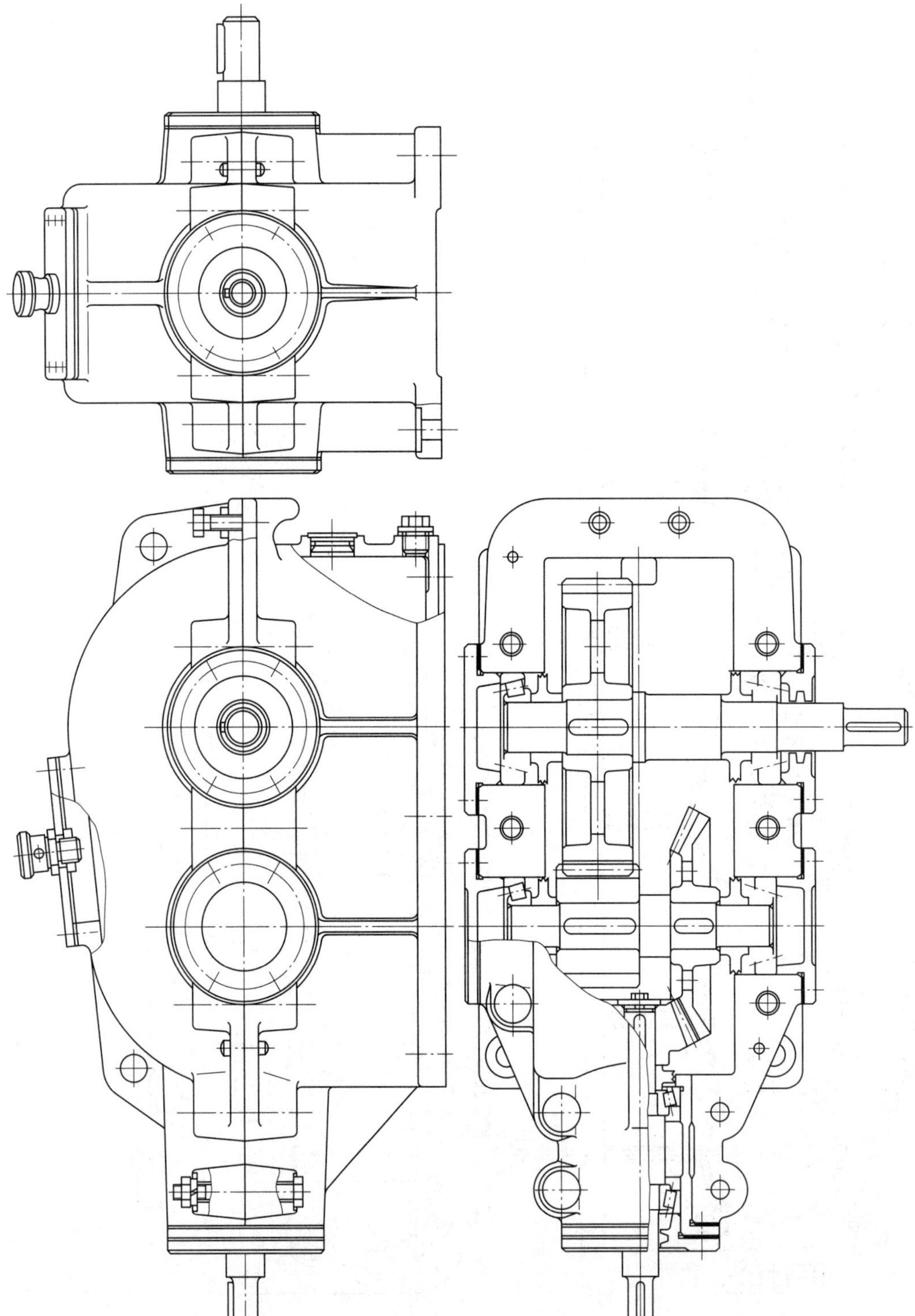

图 7.46 锥齿轮-圆柱齿轮减速器装配草图

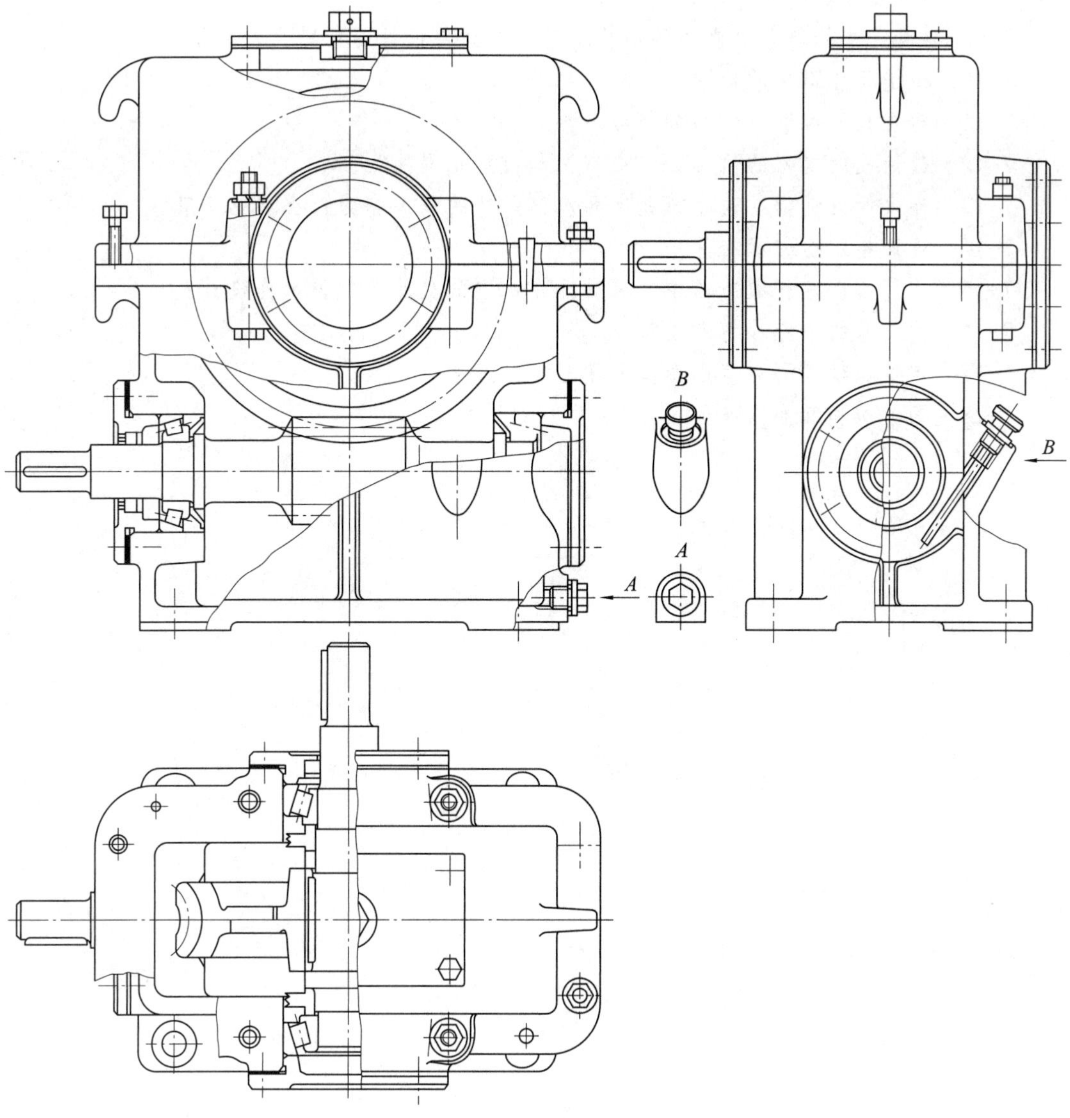

图 7.47 蜗杆减速器装配草图

思考题

7-1 减速器机体的作用是什么？

7-2 分析剖分式和整体式、铸造和焊接机体的特点？

7-3 机体的刚度为什么在设计中特别重要？可采取哪些措施保证机体的刚度？

7-4 机体加肋的作用如何？比较内、外肋的特点？

7-5 设计轴承座孔附近的连接螺栓凸台结构需考虑哪些问题？

7-6 采取哪些措施以保证机体的密封？

7-7 传动件的浸油深度及机座的高度如何确定？它和保证良好的润滑和散热有何关系？

7-8　蜗杆减速器的机体设计有何特点？

7-9　在设计中如何考虑机体的结构工艺性？铸件设计有何特点？

7-10　减速器各附件的作用如何？

7-11　窥视孔的位置及大小如何考虑？

7-12　放油孔的螺塞的位置如何决定？如何防止漏油？

7-13　油尺的设计需要注意哪些问题？油尺外的隔离套为什么要钻小孔？

7-14　油面指示螺钉如何使用？

7-15　为什么在蜗杆减速器中安置溅油盘？它的尺寸及位置如何设计？

7-16　通气器的位置如何考虑？

7-17　定位销设计需要考虑哪些问题？

7-18　输油沟和回油沟有何区别？

第 8 章 完成减速器装配图

在完成前述三个阶段的设计任务后，接下来的任务是完成传动装置装配图的所有内容。

装配图内容包括减速器结构的各个视图、尺寸、技术要求、技术特性表、零件编号、明细栏和标题栏等。经过前面几个阶段的设计，已将减速器的各零部件结构确定下来，但作为完整的装配图，还要完成上述的其他内容。

在完成装配图时，应尽量把减速器的工作原理和主要装配关系集中表达在一个基本视图上。对于齿轮减速器，尽量集中在俯视图上；对于蜗杆减速器，则可在主视图上表示。装配图上避免用虚线表示零件结构，必须表达的内部结构（如附件结构）可采用局部剖视图或局部视图表达清楚。

画剖视图时，对于相邻的不同零件，其剖面线的方向或间隔应该不同，以示区别，但一个零件在各剖视图中的剖面线方向和间隔应一致。对于很薄的零件（如垫片），其剖面可以涂黑。

根据教学要求，装配图某些结构可以采用简化画法。例如，对于相同类型、尺寸、规格的螺栓连接，可以只画一个，其他用中心线表示。螺栓、螺母、滚动轴承可以采用制图标准中规定的简化画法。

若采用尺规作图，手绘装配图先不要加深，因设计零件工作图时可能还要修改装配图中的某些局部结构或尺寸。

这一阶段应完成的内容分述于下。

8.1 尺寸标注

装配图上应标注以下尺寸。

（1）特性尺寸　传动件中心距及其偏差。

（2）配合尺寸　主要零件的配合处都应标出尺寸、配合性质和精度等级。配合性质和精度的选择对减速器工作性能、加工工艺及制造成本等有很大影响，应根据手册中有关资料认真确定。配合性质和精度也是选择装配方法的依据。

表 8.1 给出了减速器主要零件的荐用公差带与配合，供设计时参考。

（3）安装尺寸　主要包括机体底面尺寸（包括长、宽、厚），地脚螺栓孔中心的定位尺寸，地脚螺栓孔直径及其之间的中心距，减速器中心高，主动轴与从动轴外伸端的配合长度和直径以及轴外伸端面与减速器某基准轴线的距离等。

表 8.1　减速器主要零件的荐用公差带与配合

配合零件	荐用配合	装拆方法
大中型减速器的低速级齿轮（蜗轮）与轴的配合，轮缘与轮芯的配合	$\dfrac{H7}{r6}$，$\dfrac{H7}{s6}$	用压力机或温差法（中等压力的配合，小过盈配合）
一般齿轮、蜗轮、带轮、联轴器与轴的配合	$\dfrac{H7}{r6}$	用压力机（中等压力的配合）
要求对中性良好及很少装拆的齿轮、蜗轮、联轴器与轴的配合	$\dfrac{H7}{n6}$	用压力机（较紧的过渡配合）
小锥齿轮及较常装拆的齿轮、联轴器与轴的配合	$\dfrac{H7}{m6}$，$\dfrac{H7}{k6}$	手锤打入（过渡配合）
与滚动轴承内孔配合轴的公差带（内圈旋转）	j6（轻负荷），k6、m6（中等负荷）	用压力机（实际为过盈配合）
与滚动轴承外圈配合机体孔的公差带（外圈不转）	H7，H6（精度高时要求）	木锤或徒手装拆
轴承套杯与机体孔的配合	$\dfrac{H7}{h6}$	木锤或徒手装拆

（4）外形尺寸　主要包括减速器总长、总宽、总高等。它是表示减速器大小的尺寸，以便考虑所需空间大小及工作范围等，供车间布置及装箱运输时参考。

标注尺寸时，应使尺寸的布置整齐清晰，多数尺寸应布置在视图外面，并尽量集中在反映主要结构的视图上。

8.2　减速器的技术特性

应在装配图上适当位置写出减速器的技术特性，包括输入功率和转速、传动效率、总传动比及各级传动比、传动特性（如各级传动件的主要几何参数、精度等级）等。也可在装配图上列表表示。下面给出了二级圆柱斜齿轮减速器技术特性的示范表，见表 8.2。

表 8.2　二级圆柱斜齿轮减速器技术特性

输入功率 /kW	输入转速 /(r/min)	效率 η	总传动比 i	传动特性							
				第一级				第二级			
				m_n	z_2/z_1	β	精度等级	m_n	z_2/z_1	β	精度等级

8.3 技术要求

装配图上都要标注一些在视图上无法表示的关于装配、调整、检验、维护等方面的技术要求。正确制订这些技术要求将保证减速器的各种性能。技术要求通常包括下面几方面的内容。

(1) 对零件的要求

在装配前,应按图样检验零件的配合尺寸,合格零件才能装配。所有零件要用煤油或汽油清洗,机体内不许有任何杂物存在,机体内壁应涂上防侵蚀的涂料。

(2) 对润滑剂的要求

润滑剂对传动性能有很大影响,起着减少摩擦、降低磨损和散热冷却的作用,同时也有助于减振、防锈及冲洗杂质,所以在技术要求中应标明传动件及轴承所用润滑剂牌号、用量、补充及更换时间。

选择润滑剂时,应考虑传动类型、载荷性质及运转速度。一般对重载、高速、频繁起动、反复运转等情况,由于形成油膜条件差,温升高,所以应选用黏度高、油性和极压性好的润滑油。例如蜗杆减速器、低速重载齿轮传动就属于这种情况。对轻载、间歇工作的传动件可取黏度较低的润滑油。

当传动件与轴承采用同一润滑剂时(两者对润滑剂的要求不同),应优先满足传动件的要求并适当兼顾轴承的要求。

一般齿轮减速器可选用全损耗系统用油(如牌号为 L-AN22、L-AN32 等,见 GB/T 443—1989)或工业闭式齿轮油(如牌号为 L-CKC32、L-CKC46 等,见 GB 5903—2011)等润滑。中、重型齿轮减速器对润滑剂的要求更为严苛,需要润滑剂具备卓越的抗极压性能和抗磨损性能,可用工业齿轮油(L-CKC68、L-CKD100 等)等润滑。对蜗杆减速器可用工业齿轮油及复合型润滑油润滑。根据减速器的安装方式和工作条件,选择合适的润滑方式,如油池润滑、循环润滑等。

传动件和轴承所用润滑剂的具体选择方法可参考相关教材及手册。机体内装油量的计算如前所述。换油时间取决于油中杂质多少及氧化与被污染的程度,一般为半年左右。当轴承采用润滑脂润滑时,轴承空隙内润滑脂的填入量与速度有关,若轴承转速 $n<1\,500$ r/min,润滑脂填入量不得超过轴承空隙体积的 2/3;若轴承转速 $n>1\,500$ r/min,则不得超过轴承空隙体积的 1/3~1/2。润滑脂用量过多会使阻力增大,温升提高,影响润滑效果。

(3) 对密封的要求

在试运转过程中,所有连接面及轴伸密封处都不允许漏油。剖分面允许涂以密封胶或水玻璃,不允许使用任何垫片。轴伸处密封应涂上润滑脂。对橡胶油封应注意按图样所示位置安装。

(4) 对安装调整的要求

在安装调整滚动轴承时,必须保证一定的轴向游隙。应在技术要求中提出游隙的大小,因为游隙大小将影响轴承的正常工作。游隙过大会使滚动体受载不均、轴系窜动;游隙过小则会妨碍轴系因发热而伸长,增加轴承阻力,严重时会将轴承卡死。当轴承支点跨度大、运转温升高时,应取较大的游隙。

当两端固定的轴承结构中采用不可调间隙的轴承(如向心球轴承)时,可在端盖与轴承外圈端面间留有适当的轴向间隙 Δ($\Delta=0.25\sim0.4$ mm)(图 8.1),以容许轴承的热伸长,间隙大小可用垫片调整。

图 8.1 所示的结构是用垫片调整轴承的轴向间隙。其调整方法是,先用端盖将轴承顶紧,以轴能够勉强转动为度,这时基本消除了轴承的轴向间隙,而端盖与轴承座之间有间隙 δ,再用厚度为 $\delta+\Delta$ 的调整垫片置于端盖与轴承座之间,拧紧螺钉,即可得到需要的间隙 Δ。垫片可采用一组厚度不同的软钢薄片所组成(例如 3 片 0.127 mm、3 片 0.179 mm 和 1 片 0.508 mm 的软钢片),其总厚度为 1.2~2 mm。

对可调间隙的轴承(如角接触球轴承和圆锥滚子轴承),由于其内、外圈是分离的或可以互相窜动(图 8.2),所以应仔细调整其游隙。这种游隙一般都较小,以保证轴承刚性和减少噪声、振动。当运转温升小于 20~30 ℃时,游隙 Δ 的推荐值见表 8.3,亦可从手册中查出。

图 8.2b、c 是用圆螺母或调节螺钉调整轴承的游隙,调整时先把螺钉或螺母拧紧至基本消除轴向间隙,然后再退转至留有需要的轴向游隙为止,最后锁紧螺母即可。端盖与轴承座之间的垫片不起调整作用,只起密封作用。

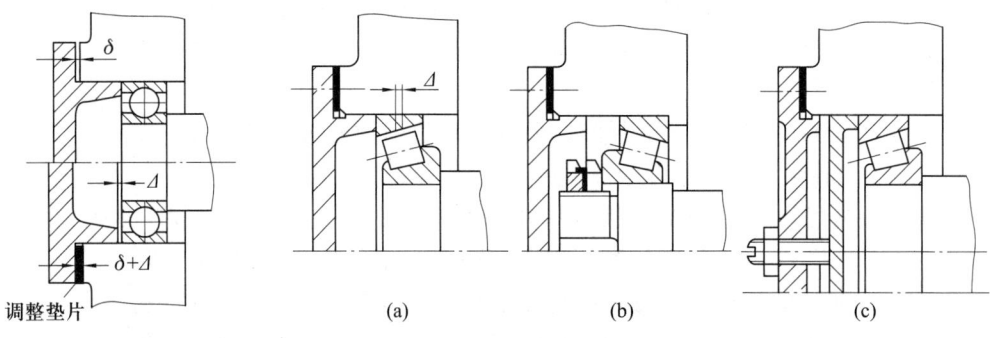

图 8.1 滚动轴承的轴向间隙　　　　图 8.2 圆锥滚子轴承的轴向间隙调整

表 8.3　角接触轴承的轴向游隙　　　　　　　　　　　　　　　　μm

轴承内径 d/mm	轴承固定的结构形式				两端固定结构的轴承支点间允许距离/mm	
	一端固定一端游动		两端固定			
	球轴承	圆锥滚子轴承	球轴承	圆锥滚子轴承	球轴承	圆锥滚子轴承
<30	20~40	20~40	30~50	40~70	8d	14d
30~50	30~50	40~70	40~70	50~100	7d	12d
50~80	40~70	50~100	50~100	80~150	6d	11d
80~120	50~100	80~150	60~150	120~200	5d	10d

在安装齿轮或蜗杆蜗轮后,必须保证需要的侧隙及齿面接触斑点,所以技术要求必须提出这方面的具体数值,供安装后检验用。侧隙和接触斑点是由传动精度确定的,可由手册查出。

传动侧隙的检查可以用塞尺或铅片塞进相互啮合的两齿间,然后测量塞尺厚度或铅片变形后的厚度。

接触斑点的检查是在主动轮齿面上涂色,当主动轮转动 2~3 周后,观察从动轮齿面的着色情况,由此分析接触区位置及接触面积大小。表 8.4 为圆柱齿轮、锥齿轮及蜗轮接触斑点部位及调整方法。

表 8.4　接触斑点部位及调整方法

接触部位	原因分析	调整、改进方法
	正常接触	
	齿形误差超差或齿轮的齿圈径向跳动超差	对轮齿进行返修
	两齿轮轴线歪斜等	对轮齿或轴承座孔进行返修
	正常接触(两齿轮锥顶重合)	
	两齿轮锥顶不重合,a 轮小端接触	调整大、小齿轮位置使锥顶重合

续表

接触部位	原因分析	调整、改进方法
a轮	两齿轮锥顶不重合，a轮大端接触	同上
	两齿轮过分分离、侧隙过大	同上
	两齿轮过分靠近，侧隙太小	同上
	正常接触（蜗杆轴心线通过蜗轮中间平面，接触区偏向出口端）	
	蜗杆轴心线不通过蜗轮中间平面	调整蜗轮位置，使蜗杆轴心线通过蜗轮中间平面
	蜗杆轴心线不通过蜗轮中间平面	调整蜗轮位置，使蜗杆轴心线通过蜗轮中间平面

当传动侧隙及接触斑点不符合精度要求时，可对齿面进行刮研、跑合或调整传动件的啮合位置。对于锥齿轮减速器，可通过垫片调整大、小锥齿轮位置，使两锥齿轮锥顶重合。对

于蜗杆减速器可调整蜗轮轴承垫片(一端加垫片,一端减垫片),使蜗杆轴心线通过蜗轮中间平面。

对多级传动,当各级的侧隙和接触斑点要求不同时,应分别在技术要求中写明。

(5) 对试验的要求

作空载试验正反转各一小时,要求运转平稳、噪声小、连接固定处不得松动。负载试验时,油池温升不得超过 35 ℃,轴承温升不得超过 40 ℃。

(6) 对包装、运输和外观的要求

对外伸轴及其零件需涂油包装严密,机体表面应涂漆,运输和装卸时不可倒置等。

8.4 零件编号

零件编号方法,可以采用不区分标准件和非标准件,统一编号,也可把标准件和非标准件分开,分别编号,编号引线及写法如图 8.3。图上相同零件应只有一个编号,编号线不能相互相交,并且不与剖面线平行。对于装配关系清楚的零件组(如螺栓、垫圈、螺母)可以利用公共编号引线,如图 8.4 所示。编号可按顺时针方向或逆时针方向顺序排列整齐,字高要比尺寸数字高度大一号或两号。字体高度(mm)规定为 2.5、3.5、5、7、10、14、20 七种。

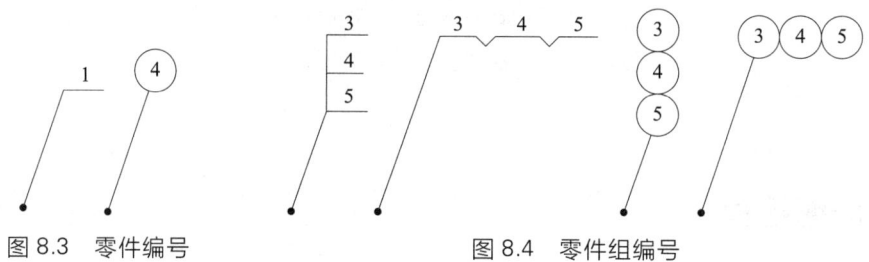

图 8.3　零件编号　　　　图 8.4　零件组编号

8.5 标题栏与明细栏

明细栏是减速器所有零部件的详细目录。国家标准《技术制图　明细栏》(GB/T 10609.2—2009)规定了明细栏的基本要求、内容、格式和尺寸。填写明细栏的过程也是最后确定材料及标准件的过程。应尽量减少材料和标准件的品种和规格。明细栏由下向上填写。标准件必须按照规定的标记,完整地写出零件名称、材料、主要尺寸及标准代号。材料应注明牌号。对各独立部件(如轴承、通气器)可作为一个零件标注。齿轮、蜗轮等传动件必须说明主要参数,如模数 m、齿数 z、螺旋角 β 等。

机械设计课程设计装配图的标题栏、明细栏建议采用图 8.5 所示的格式(非国家标准)。

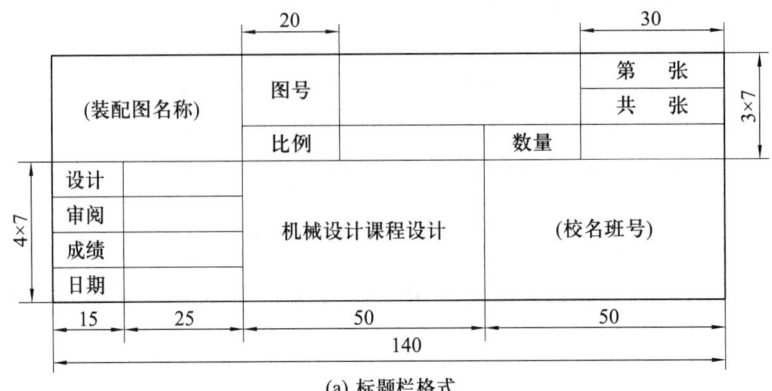

图 8.5 装配图的标题栏、明细栏格式

8.6 装配图检查

画好装配图后,应仔细检查图样的设计质量,检查的主要内容如下。

(1) 视图的数量是否足够,是否能清楚地表达减速器的工作原理和装配关系。
(2) 各零件的结构是否合理,加工、装拆、调整、维修、润滑是否可能和方便。
(3) 尺寸是否符合标准系列或圆整,标注是否正确,重要零件的位置及尺寸(如齿轮、轴、支点距离等)是否符合设计计算要求,是否与零件图一致,相关零件的尺寸是否协调,配合和精度的选择是否适当,等等。
(4) 技术要求和技术性能是否完善正确。
(5) 零件编号是否齐全,标题栏及明细栏各项是否正确,有无遗漏。
(6) 是否符合国家制图标准。

图样检查并修改后,待画完零件图再对手绘图样加深描粗。所有文字和数字应按制图规定的格式、字体清晰地写出,图样应保持整洁。

思考题

8-1 装配图应标注的尺寸有哪几类？起何作用？

8-2 如何选择减速器主要零件的配合与精度？滚动轴承与轴和座孔的配合如何考虑？

8-3 为什么在装配图设计中要写出技术要求？有哪些内容？

8-4 对传动件及轴承进行润滑的作用是什么？如何选择润滑剂？如何进行润滑？

8-5 为什么在机体剖分面处不允许使用垫片？

8-6 轴承为什么要调整间隙？如何调整间隙？

8-7 传动件的接触斑点在什么情况下进行检查？如何检查？接触斑点和传动件精度的关系如何？当不合要求时如何调整？

8-8 减速器各零件的材料如何选择？

8-9 检查装配图应包括哪些内容？

8-10 齿轮(蜗轮)在装配后,其位置是否需要调整？如何调整？

第9章 零件图设计

零件图是用于表示零件的结构形状、大小和技术要求的图样,是在生产过程中,加工制造、检验测量零件和制定工艺规程的基本技术文件。它既要反映设计意图,又要考虑制造的可能性和合理性。因此,零件图应包括制造和检验测量零件所需的全部内容,包括:一组视图(基本视图、剖视图、断面图等),用于表达零件的结构形状;一组尺寸用于确定零件各部分的形状大小及其相对位置;技术要求,说明零件要达到的技术指标,如零件的表面粗糙度、尺寸极限偏差、几何公差、材料及热处理等;标题栏,说明零件的名称、材料、绘图比例和必要的签字等。

9.1 基本要求

每个零件必须单独绘制在一个标准图幅内,合理安排视图。零件的视图选择,就是要选择一组视图(基本视图、剖视图、断面图等),将零件的结构形状表达完整、正确和清楚。零件图尽量采用1∶1比例尺,对于细部结构(如环形槽、圆角等)如有必要可用放大的比例尺另行表示。

零件的基本结构及主要尺寸应与装配图完全一致,不应随意更改。如必须更改,应对装配图进行相应的修改。

标注尺寸时,应正确地选择尺寸基准,包括设计基准和工艺基准。设计基准通常是确定零件在机器或部件中位置的面、线或点。工艺基准通常是加工时用作零件定位和对刀起点及测量起点的面、线或点。

标注尺寸时,对重要的尺寸要直接注出。重要尺寸是指与其他零部件相配合的尺寸、重要的相对位置尺寸、影响零件使用性能的其他尺寸,这些尺寸都应从设计基准出发直接标注。标注时,需避免出现封闭的尺寸链。同时,尺寸标注应符合加工顺序,便于测量,避免在加工时作任何计算。在标注尺寸时,大部分尺寸最好集中标注在最能反映零件特征的视图上。对配合尺寸及要求精确的几何尺寸,应注出尺寸的极限偏差,如配合的孔、机体孔中心距等。

零件的所有表面都应标注表面粗糙度。国家标准《产品几何技术规范(GPS)技术产品文件中表面结构的表示法》(GB/T 131—2006)规定了表面粗糙度的图形符号、代号及在图样上的标注方法。粗糙度的选择,在满足功能要求的前提下,尽量选取较大的粗糙度数值。

零件图上要标注必要的几何公差。为了保证零件的使用性能,应在零件图上对其精度要求较高的部位规定几何公差,以限制其几何要素的几何误差。国家标准(GB/T 1182—

2018 等)对几何公差的定义、术语、符号、标注等都做了详细规定,供设计者在零件设计中参考。

对传动件,除了要表示出传动件的形状、尺寸和技术要求外,还要在图样右上角的参数列表中,列出制造尺寸所需要的参数及检测项目等。

此外,在零件图中应提出必要的技术要求。零件的技术要求是零件在设计、加工和使用中应达到的技术性指标,通常以符号、代号、标记及文字说明,其主要内容包括表面粗糙度、极限与配合、几何公差、热处理及表面处理等。

国家标准 GB/T 10609.1—2008 中规定了技术图样中标题栏的基本要求、内容、尺寸与格式。标题栏一般由更改区、签字区、其他区、名称及代号区组成。在进行课程设计时,零件图标题栏的条目可按实际需要增加或减少,其格式参考图 9.1。

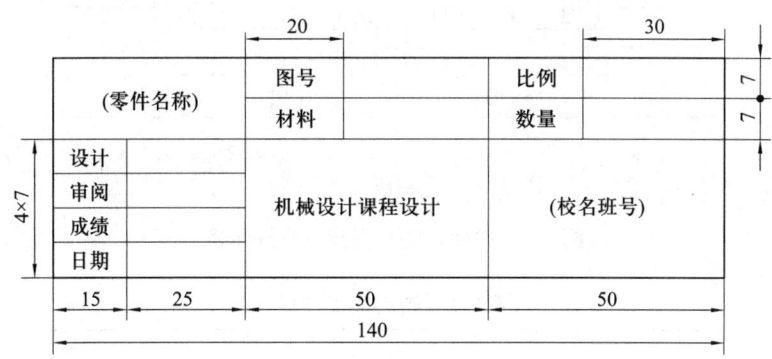

图 9.1 零件图标题栏

在对手绘图样加深前应对零件图仔细检查。

对不同类型的零件,其零件图的具体内容也各有特点,现就各类零件分述如下。

9.2 轴类零件图的设计要点

这类零件系指圆柱体形状的零件,如轴、套筒等。

(1) 视图

一般只需一个视图,在有键槽和孔的地方,增加必要的剖视图或断面图。对于不易表达清楚的局部,例如退刀槽、中心孔等,必要时应绘制局部放大图。

(2) 标注尺寸

标注径向尺寸时,凡有配合处的直径,都应标出尺寸偏差。

标注轴向尺寸时,首先应选好基准面,并尽量使尺寸的标注反映加工工艺的要求,不允许出现封闭的尺寸链(但必要时可以标注带有括号的参考尺寸)。

图 9.2 所示是轴向尺寸标注示例,它反映了如表 9.1 所示的加工工艺过程。图中齿轮用轴用弹性挡圈固定其轴向位置,所以轴向尺寸 $30_{-0.2}^{-0.1}$ 及 $25_{-0.2}^{-0.1}$ 要求精确,应从基准面一次标出,加工时一次测量,以减少误差。$\phi 32$ 轴段长度是次要尺寸,误差大小不影响装配精度,取

它作为封闭环,在图上不注尺寸,使加工时的误差积累在该轴段上,避免出现封闭的尺寸链。由于该轴在加工时要调头,所以取①为主要基准面,②为辅助基准面。

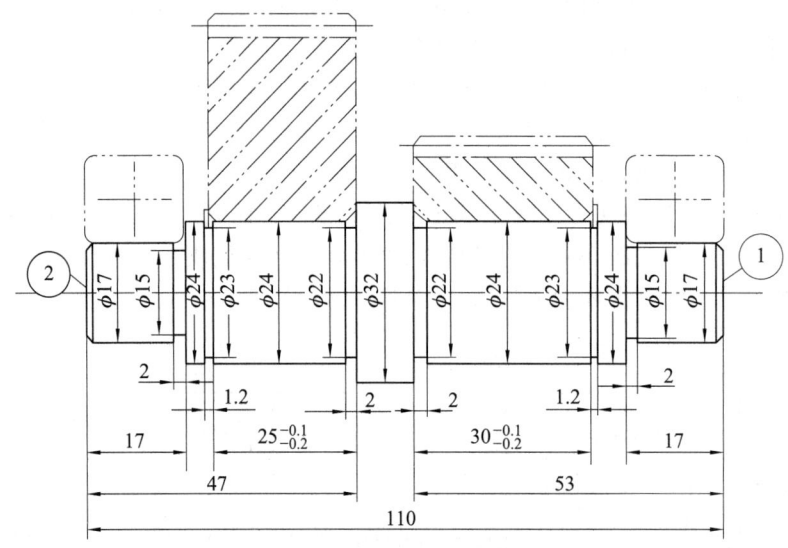

图 9.2　阶梯轴的轴向尺寸标注示例

表 9.1　轴的加工过程

序号	说明	简图	序号	说明	简图
1	车两端面;打中心孔		4	切槽;倒角	
2	中心孔定位;车 $\phi24$,长 53		5	掉头;车 $\phi32$	
3	车 $\phi17$,长 17（留磨量）		6	车 $\phi24$,长 47	

续表

序号	说明	简图	序号	说明	简图
7	车 $\phi17$，长17（留磨量）		10	淬火后磨外圆 $\phi17$、$\phi24$	
8	切槽；倒角		11	掉头；磨外圆 $\phi17$、$\phi24$	
9	铣键槽				

键槽的尺寸偏差及标注方法可查手册。

在零件图上对尺寸及偏差相同的直径应逐一标注，不得省略；对所有倒角、圆角都应标注，或在技术要求中说明。

图9.3所示是同一根轴的另一种尺寸标注方法，这种标注方法没有考虑加工工艺，不利于保证零件的精度。例如轴段30(53与23之差)的长度偏差为 $30_{-0.2}^{-0.1}$，但按如图9.3的标注方法，该轴段的误差是由尺寸53和23的误差积累起来的，难以保证。此外，在调头车削或测量时，还需要进行一些运算才能确定各段长度，极为不便，因此这种标注方法是不正确的。

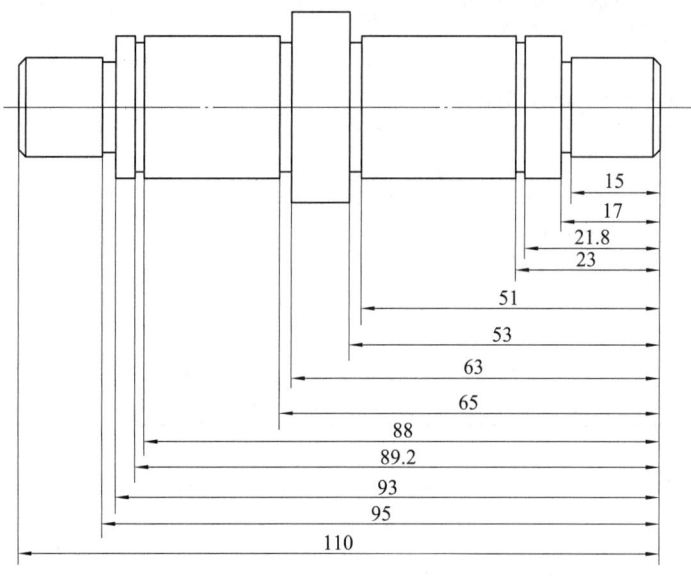

图9.3 阶梯轴的轴向尺寸错误标注示例

(3) 表面粗糙度

轴的所有表面都要加工,其表面粗糙度可查手册或按表 9.2 选择。应尽量选取数值较大者,以利于加工。

表 9.2 轴的表面粗糙度 Ra 荐用值

加工表面	表面粗糙度 Ra
与传动件及联轴器等轮毂相配合的表面	$\sqrt{Ra\,3.2}$ ~ $\sqrt{Ra\,1.6}$
与普通级滚动轴承配合的表面	$\sqrt{Ra\,1}$ ($d\leq 80$) $\sqrt{Ra\,1.6}$ ($d>80$)
与传动件及联轴器相配合的轴肩端面	$\sqrt{Ra\,6.3}$ ~ $\sqrt{Ra\,3.2}$
与滚动轴承相配合的轴肩端面	$\sqrt{Ra\,2}$ ($d\leq 80$) $\sqrt{Ra\,2.5}$ ($d>80$)
平键键槽	$\sqrt{Ra\,6.3}$ ~ $\sqrt{Ra\,3.2}$ (工作表面) $\sqrt{Ra\,12.5}$ (非工作表面)

(4) 几何公差

表 9.3 列出了在轴上应标注的几何公差项目,供设计时参考。

表 9.3 轴的几何公差推荐项目

内容	项目	符号	荐用公差等级	对工作性能的影响
形状公差	与传动件轴孔、轴承孔相配合的圆柱面的圆柱度	⌭	7~8	影响传动件、轴承与轴的配合松紧及对中性
跳动公差	与传动件及轴承相配合的圆柱面相对于轴心线的径向全跳动	∠	6~8	影响传动件和轴承的运转偏心
跳动公差	与齿轮、轴承定位的端面相对于轴心线的端面圆跳动	⌁	6~7	影响齿轮和轴承的定位及受载均匀性
位置公差	键槽对轴中心线的对称度	⌯	8~9	影响键受载的均匀性及装拆的难易

轴的几何公差标注方法及公差值可参考手册,标注示例见图 9.4。

(5) 技术要求

轴类零件图的技术要求包括以下几个方面。

1) 对材料的力学性能和化学成分的要求,允许的代用材料等。

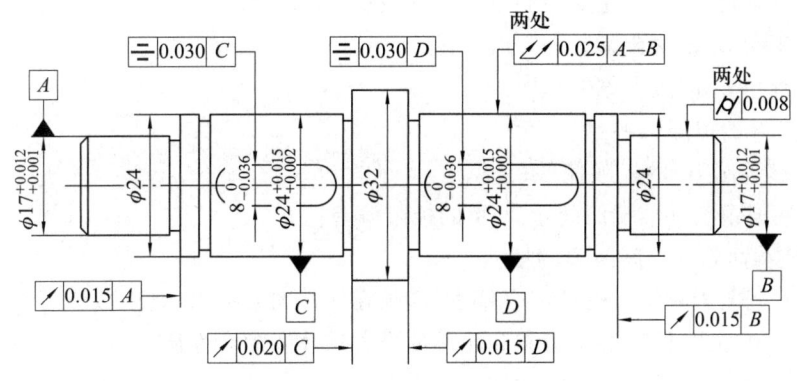

图9.4 轴的几何公差标注示例

2）对材料表面力学性能的要求，如热处理方法、热处理后的硬度、渗碳深度及淬火深度等。

3）对加工的要求，如是否要保留中心孔，若要保留中心孔，应在零件图上画出或按国家标准加以说明。与其他零件一起配合加工的（如配钻或配铰等）也应说明。

4）对于未注明的圆角、倒角的说明，个别部位的修饰加工要求，以及对较长的轴要求毛坯矫直等。

9.3 齿轮类零件图的设计要点

（1）视图

这类零件图一般用两个视图表示。

对于组合式的蜗轮结构，则需分别画出齿圈、轮芯的零件图及蜗轮的组件图。齿轮轴与蜗杆的视图则与轴类零件图相似。为了表达齿形的有关特征及参数（如蜗杆的轴向齿距等），必要时应画出局部剖视图。

（2）标注尺寸

各径向尺寸以轴的中心线为基准标出，齿宽方向的尺寸以端面为基准标出。齿轮类零件的分度圆直径虽不能直接测量，但它是设计的基本尺寸，应该标注（一般在啮合特性表中注出）。这类零件的轴孔是加工、测量和装配时的重要基准，尺寸精度要求高，应标出尺寸偏差。齿顶圆的偏差值与该直径是否作为测量基准有关，可查手册标出。齿根圆是根据其他参数加工的结果，在图样上不标注。

锥齿轮的锥距和锥角是保证啮合的重要尺寸。标注时，对锥距应精确到 0.01 mm；对锥角应精确到分。为了控制锥顶的位置，还应注出基准端面到锥顶的距离 L（图 9.5）。

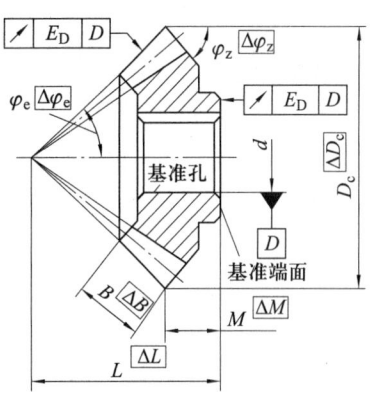

图 9.5 锥齿轮尺寸标注

在加工锥齿轮毛坯时,还要控制以下尺寸偏差(图9.5)。

$\Delta \varphi_e$:顶锥角 φ_e 的极限偏差;

$\Delta \varphi_z$:背锥角 φ_z 的极限偏差;

ΔB:齿宽 B 的极限偏差;

ΔD_e:大端顶圆 D_e 的极限偏差;

ΔM:大端齿顶到基准端面间距离 M 的极限偏差;

ΔL:基准端面到锥顶间距离的偏差。

上述尺寸偏差影响锥齿轮的啮合精度,必须在零件图上标出,具体数值可查手册。

对蜗轮的组件图,还应注出齿圈和轮芯的配合尺寸和配合性质。

所有轴、孔的键槽尺寸按规定标注。

(3)表面粗糙度

可参考手册或从表9.4中选用。

表9.4 齿轮(蜗轮)轮齿表面粗糙度 Ra 推荐值

加工表面		表面粗糙度公差等级			
		6	7	8	9
轮齿工作面	圆柱齿轮	√Ra 1.6 ~ √Ra 0.8	√Ra 3.2 ~ √Ra 0.8	√Ra 3.2 ~ √Ra 1.6	√Ra 6.3 ~ √Ra 3.2
	锥齿轮				
	蜗杆及蜗轮		√Ra 1.6 ~ √Ra 0.8		
齿顶圆		√Ra 12.5 ~ √Ra 3.2			
轴孔		√Ra 3.2 ~ √Ra 1.6			
与轴肩配合的端面		√Ra 6.3 ~ √Ra 3.2			
平键键槽		√Ra 6.3 ~ √Ra 3.2 (工作面) √Ra 12.5 (非工作面)			
轮圈与轮芯的配合面		√Ra 3.2 ~ √Ra 1.6			
其他加工表面		√Ra 12.5 ~ √Ra 6.3			
非加工表面		√Ra 100 ~ √Ra 50			

(4) 齿坯几何公差的推荐项目

齿坯几何公差的推荐项目见表9.5。

表9.5 齿坯几何公差的推荐项目

内容	项目	符号	推荐精度等级	对工作性能影响
跳动公差	圆柱齿轮以齿顶圆作为测量基准时齿顶圆的径向圆跳动	⌱	按齿轮及蜗轮(蜗杆)的公差等级	影响齿厚的测量精度并在切齿时产生相应的齿圈径向跳动误差。使传动件的加工中心与使用中心不一致,引起分齿不均。同时会使轴心线与机床垂直导轨不平行而引起齿向误差。影响齿面载荷分布及齿轮副间隙的均匀性
	锥齿轮的齿顶圆锥的径向圆跳动			
	蜗轮顶圆的径向圆跳动 蜗杆顶圆的径向圆跳动			
	基准端面对轴线的端面圆跳动			
位置公差	键槽侧面对孔中心线的对称度	⌯	8~9	影响键侧面受载的均匀性及装拆难易
形状公差	轴孔的圆柱度	⌭	7~8	影响传动件与轴配合的松紧及对中性

(5) 啮合特性表

啮合特性表的内容包括齿轮的主要参数及测量项目。表9.6为圆柱齿轮啮合特性表具体内容,仅供参考。误差检验项目和具体数值,查齿轮公差标准或有关手册。

表9.6 啮合特性表

模数	$m(m_n)$		精度等级	
齿数	z		相啮合齿轮图号	
压力角	α		变位系数	x
分度圆直径	d		误差检验项目	
齿顶高系数	h_a^*			
齿根高系数	$h_a^* + c^*$			
齿全高	h			
螺旋角	β			
轮齿倾斜方向	左或右			

注:1. 误差检验项目包括:传递运动的准确性,传动的平稳性,载荷分布的均匀性及齿轮副侧隙的检查测量项目、代号和极限偏差或公差的数值。

2. 由于加工蜗轮齿所用滚刀相当于与蜗轮相啮合的蜗杆,因此在蜗轮零件图中的啮合特性表中要列出蜗杆的有关参数。

3. 一般圆柱齿轮应注公法线平均长度及其极限偏差,若必须标注固定弦齿厚或分度圆弦齿厚时,应画出齿形剖面图,并标注有关尺寸及偏差数值。标注方法可参考有关图册及手册。

(6）技术要求

技术要求包括下列内容。

1）对铸件、锻件或其他类型坯件的要求。

2）对材料的力学性能和化学成分的要求及允许代用的材料。

3）对材料表面力学性能的要求，如热处理方法、处理后的硬度、渗碳深度及淬火深度等。

4）对未注倒角、圆角半径的说明。

5）对大型或高速齿轮的平衡试验要求。

9.4 机体零件图的设计要点

（1）视图

一般用三个基本视图表示。为表示机体内部和外部结构尺寸，常需增加一些局部剖视图或局部视图。当两孔不在一条轴线上时，可采用阶梯剖表示。

对于油尺孔、螺栓孔、销钉孔、放油孔等细部结构，可采用局部剖视图表示。

（2）标注尺寸

机体的尺寸标注远较轴类零件和齿轮类零件复杂，形状多样，尺寸繁多。标注尺寸时，既要考虑铸造、加工工艺及测量的要求，又要多而不乱，一目了然，为此，必须注意以下几点。

1）机体尺寸可分为形状尺寸和定位尺寸。形状尺寸是机体各部位形状大小的尺寸，如壁厚、各种孔径及其深度、圆角半径、槽的深宽、螺纹尺寸及机体长高宽等。这类尺寸应直接标出，而不应有任何运算，如图 9.6a 中的壁厚和图 9.6b 中轴承座孔尺寸的标注。图中方框内标注方法是不正确的（图 9.6a~f）。

定位尺寸是确定机体各部位相对于基准的位置尺寸。如孔的中心线、曲线的中心位置及其他有关部位的平面等与基准的距离。定位尺寸都应从基准（或辅助基准）直接标注，如图 9.6b 中以轴承孔中心线作为基准。

2）要选好基准。最好采用加工基准作为标注尺寸的基准，这样便于加工和测量。如机座或机盖的高度方向尺寸最好以剖分面（加工基准面）为基准。如不能用此加工面作为设计基准时，应采用计算上比较方便的基准，例如机体的宽度尺寸可以采用宽度的对称中心线作为基准，如图 9.6c 所示。对机体长度方向尺寸可取轴承孔中心线作为基准，如图 9.6d 所示为地脚螺栓孔长度方向孔距的尺寸标注。

3）对于影响机器工作性能的尺寸应直接标出，以保证加工准确性。如机体孔的中心距及其偏差按齿轮中心距极限偏差 $\pm f_a$ 注出。又如采用嵌入式端盖结构时，机体上沟槽位置尺寸影响轴承轴向固定，应如图 9.6e 所示标注尺寸。如果尺寸 B 是控制轴承间隙的尺寸链的组成环之一，则还应标注出尺寸偏差 ΔB。

4）标注尺寸要考虑铸造工艺特点。机体大多为铸件，因此标注尺寸要便于木模制作。木模常由许多基本形体拼接而成，在基本形体的定位尺寸标出后，其形状尺寸则以自己的基准标注，如图 9.6f 所示窥视孔的尺寸标注。其他油尺孔、放油孔等以此类似。

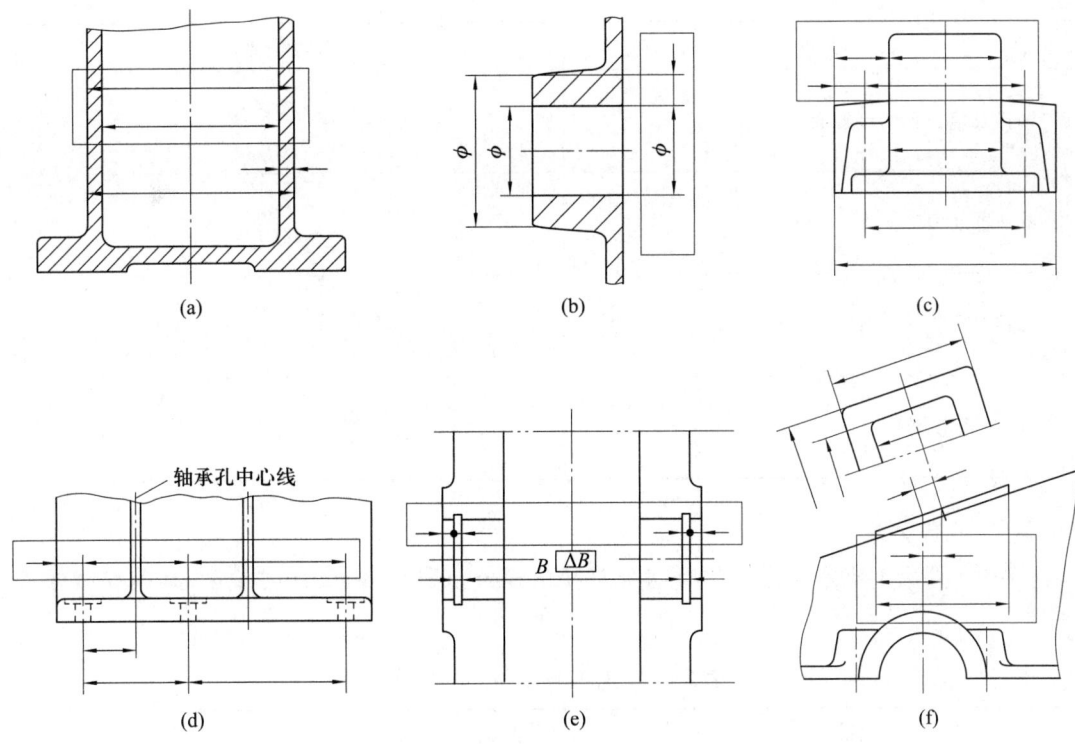

图 9.6　机体零件的尺寸标注(图中方框内均为不正确的标注)

5) 配合尺寸都应标出其偏差。标注尺寸时应避免出现封闭尺寸链。
6) 所有圆角、倒角、起模斜度等都必须标注或在技术要求中说明。

(3) 表面粗糙度

机体的表面粗糙度 Ra 荐用值见表 9.7 或从手册中查出。

表 9.7　减速器机体表面粗糙度 Ra 荐用值

表面	表面粗糙度 Ra
减速器剖分面	$\sqrt{Ra\ 3.2}$ ~ $\sqrt{Ra\ 1.6}$
与滚动轴承(普通级)配合的轴承座孔(5级)	$\sqrt{Ra\ 1.6}$ ($D \leq 80\text{mm}$)　$\sqrt{Ra\ 3.2}$ ($D > 80\text{mm}$)
轴承座外端面	$\sqrt{Ra\ 6.3}$ ~ $\sqrt{Ra\ 3.2}$
螺栓孔沉头座	$\sqrt{Ra\ 12.5}$
与轴承端盖及套杯配合的孔	$\sqrt{Ra\ 3.2}$

续表

表面	表面粗糙度 Ra
油沟及窥视孔的接触面	$Ra\ 12.5$
减速器底面	$Ra\ 12.5$
圆锥销孔	$Ra\ 3.2$ ~ $Ra\ 1.6$
铸、焊毛坯表面	$Ra\ 100$ ~ $Ra\ 50$

（4）几何公差

表 9.8 列出了机体应标注的形状公差和位置公差项目，供设计时参考，具体数值可查手册。

表9.8　机体几何公差的推荐项目

内容	项目	符号	推荐公差等级	对工作性能的影响
形状公差	轴承座孔圆柱度	⌭	普通级轴承选 6~7 级	影响机体与轴承的配合性能及对中性
	机体剖分面的平面度	▱	7~8	
位置公差	轴承座孔的中心线对其端面的垂直度	⊥	对普通级轴承选 7 级	影响轴承固定及轴向受载的均匀性
	轴承座孔中心线对机体剖分面在垂直平面上的位置度	⌖	公差值≤0.3 mm	影响镗孔精度和轴系装配。影响传动件的传动平稳性及载荷分布的均匀性
	轴承座孔中心线相互间的平行度	∥	以轴承支点跨距代替齿轮宽度，根据轴线平行度公差及齿向公差数值查出	影响传动件的传动平稳性及载荷分布的均匀性
	锥齿轮减速器及蜗轮减速器的轴承孔中心线相互间的垂直度	⊥	根据齿轮和蜗轮精度确定	
	两轴承座孔中心线的同轴度	◎	7~8	影响减速器的装配及传动件的载荷分布均匀性

(5) 技术要求

技术要求有下列内容。

1) 机盖与机座的轴承孔应用螺栓连接并装入定位销后镗孔。

2) 剖分面上的定位销孔加工,应将机盖和机座固定后配钻、配铰。

3) 时效处理及清砂。

4) 机体内表面需用煤油清洗,并涂防腐漆。

5) 铸造斜度及圆角半径。

6) 机体应进行消除内应力的处理。

思考题

9-1　零件图设计包括哪些内容?

9-2　标注尺寸时,如何选取基准?

9-3　轴的标注尺寸和加工工艺有何关系?

9-4　为什么尺寸链不能封闭?

9-5　分析轴表面粗糙度和工作性能及加工的关系。

9-6　分析轴的几何公差对工作性能的影响。

9-7　如何选择齿轮类零件的误差检验项目?它和齿轮精度的关系如何?

9-8　如何标注机体零件的尺寸?

9-9　机体孔的中心距及其偏差如何标注?

9-10　分析机体的几何公差对减速器工作性能的影响。

9-11　零件图中哪些尺寸需要圆整?

第 10 章　编写设计计算说明书

设计计算说明书是本次课程设计过程中设计计算的整理和总结,是图样设计的基础和理论依据,也是对设计进行审核的技术依据。因此,编写设计计算说明书是设计工作的重要环节之一。

设计计算说明书的主要内容和编写注意事项分别论述如下。

10.1 设计计算说明书主要内容

设计计算说明书的主要内容建议包括以下方面。

(1) 概述

本部分内容主要对设计背景、设计目的和意义进行论述。(此部分内容可选)

(2) 目录

(3) 正文

正文主要对设计依据和设计过程进行叙述,主要包括以下内容。

1) 设计任务书。一般包括设计题目、设计目标、使用条件、主要技术参数等。设计总体方案可以由指导教师给定,也可以由设计者根据调研、分析等拟定。在设计任务书中,还应给出设计任务起止时间、设计者及指导教师信息等。

2) 机械装置总体方案设计。针对运动和动力要求,选择传动方案类型、对其结构和性能进行分析,开展多种方案的可行性比较分析,择优选择并形成初步方案。主要内容包括:原动机类型的选择;传动装置的确定;运动及动力参数的计算(电动机所需功率、传动比分配、各轴转速、功率及转矩等);等等。

3) 主要零部件的设计计算。主要内容包括:传动零件(带传动、齿轮传动、链传动、蜗杆传动等)的设计计算;轴的设计及校核计算等;滚动轴承的选择及寿命计算;键连接设计及校核计算;联轴器选择及其他标准件的选择计算;等等。

4) 减速器机体及附件的设计。

5) 减速器的润滑与密封。

6) 其他需要说明的内容。主要包括减速器运输、安装、调试和使用维护要求等。

7) 参考资料。对设计计算过程中使用的参考书、手册、图册等资料,按照序号、作者、书名(版次)、出版单位和出版时间的顺序列出。

10.2 编写要求和注意事项

计算说明书可手写或打印,一般用 A4 纸并加上封面装订成册(封面的格式见图 10.1),要求计算正确,论述清楚,文字精练,插图简明,书写整洁。

(1) 计算部分的书写,首先列出必要的计算公式,再代入各变量对应的数值(不作任何运算和简化),最后写下计算结果(标明单位,注意单位的统一)。

(2) 对所引用的计算公式和数据,应注明来源——参考资料的编号和页码。

(3) 对计算结果,应有简短的结论。例如,关于强度计算中应力计算的结论:"低于许用应力""在规定范围内"等,也可用不等式表示。如计算结果与实际所取之值相差较大,应做简短的解释,说明原因。

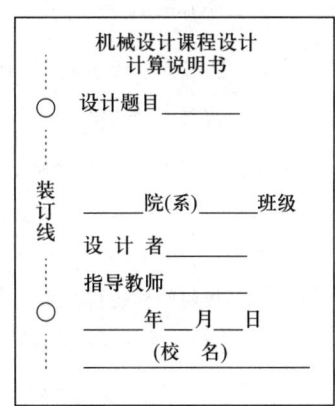

图 10.1　设计计算说明书封面样例

(4) 计算部分可用校核形式书写。

(5) 为了清楚说明计算内容,应附有必要的插图,例如:传动方案简图;轴的结构简图、受力图、弯矩和扭矩图;键连接受力图;等等。在传动方案简图中,对齿轮、轴等零件应统一编号,以便在计算中称呼或作脚注之用(注意在全部计算中所使用的符号和脚注,必须前后一致,不要混乱)。

(6) 对每一自成单元的内容,都应有大小标题,使其逻辑清晰。

(7) 所选主要参数、尺寸和规格以及主要的计算结果等,可写在每页右侧留出的约 25 mm 宽的长框内,或集中写于相应的计算之中,也可采用表格形式,例如各轴的运动和动力参数等一类数据,可列表写出。

10.3 设计计算说明书书写范例

设计计算说明书书写范例见表 10.1。

表 10.1　设计计算说明书书写范例

计算及说明	结果
四、齿轮传动计算 　1. 高速级齿轮传动的校验计算 　　(1) 齿轮的主要参数和几何尺寸 　　　模数 $m = 2$ mm,齿数 $z_1 = 29$;$z_2 = 101$;	齿轮计算公式和有关数据皆引自[×]第××~××页 主要参数:

续表

计算及说明	结果

………
 ………
 ………
 中心距 $a = \dfrac{m(z_1+z_2)}{2} = \dfrac{2 \text{ mm} \times (29+101)}{2} = 130$ mm
 齿宽 $b_1 = 40$ mm；$b_2 = 35$ mm
 齿数比 $i = 3.48$,
 ………
 ………
 ………
 （2）齿轮的材料和硬度
 ………
 ………
 （3）许用应力
 ………
 ………
 （4）小齿轮转矩 T_1
 ………
 ………
 （5）载荷系数 K
 ………
 ………
 （6）齿面接触疲劳强度计算
     接触应力 $\sigma_H = \cdots = \cdots = \cdots < [\sigma_H]$
 （7）齿根弯曲疲劳强度计算
     弯曲应力 $\sigma_F = \cdots = \cdots = \cdots \ll [\sigma]_F$
	$m = 2$ mm
	 $z_1 = 29$
	 $z_2 = 101$
	 ………
	 ………
	 ………
	 $a = 130$ mm
	 $b_1 = 40$ mm
	 $b_2 = 35$ mm
	 $u = 3.48$
	
	 公式引自［×］
	 $\sigma_H < [\sigma_H]$
	
	 公式引自［×］
	 $\sigma_F \ll [\sigma]_F$

    校验结果，轮齿弯曲强度裕度较大，但因模数不宜再取小，故齿轮的参数和尺寸维持原结果不变。

    2. 低速级齿轮传动的校核计算

………………………………………………………………………………

………………………………………………………………………………

计算及说明	结果
五、轴的计算 　　1. 高速轴的计算 　　…………………… 　　…………………… 　　2. 中间轴的计算 　　轴的跨度和齿轮在轴上的位置及轴的受力如图×。 　（1）…………… 　　…………………… 　　…………………… 　（2）轴的弯矩 　　　XAY 平面 　　C 断面 　　　$M_{CZ} = F_{RAY} \times 50$ mm 　　　　　$= 1\,490$ N$\times 50$ mm 　　　　　$= 7.45 \times 10^4$ N·mm 　　D 断面 　　　$M_{DZ} = F_{RBY} \times 65$ mm 　　　　　$= 1\,740$ N$\times 65$ mm 　　　　　$= 1.13 \times 10^5$ N·mm XAZ 平面 　　C 断面 $M_{CY} = F_{RAZ} \times 50 = 76$ N$\times 50$ mm $= 3.8 \times 10^3$ N·mm 　　D 断面 $M_{DY} = F_{RBZ} \times 65 = 460$ N$\times 65$ mm $= 2.99 \times 10^4$ N·mm 合成弯矩 　　C 断面 $M_C = \sqrt{M_{CZ}^2 + M_{CY}^2} = \sqrt{(74.5 \times 10^3 \text{ N·mm})^2 + (3.8 \times 10^3 \text{ N·mm})^2} =$ 74.6×10^3 N·mm 　　D 断面 $M_D = \sqrt{M_{DZ}^2 + M_{DY}^2} = \sqrt{(113 \times 10^3 \text{ N·mm})^2 + (29.9 \times 10^3 \text{ N·mm})^2} =$ 116×10^3 N·mm 　（3）轴的扭矩，由前已知 　　　$T_{\text{II}} = 88 \times 10^3$ N·mm 　　轴的弯矩和扭矩图见图×d、e。	轴的计算公式和有关数据皆引自[×]第××~××页 $M_C = 74.6 \times 10^3$ N·mm $M_D = 116 \times 10^3$ N·mm $T_{\text{II}} = 88 \times 10^3$ N·mm

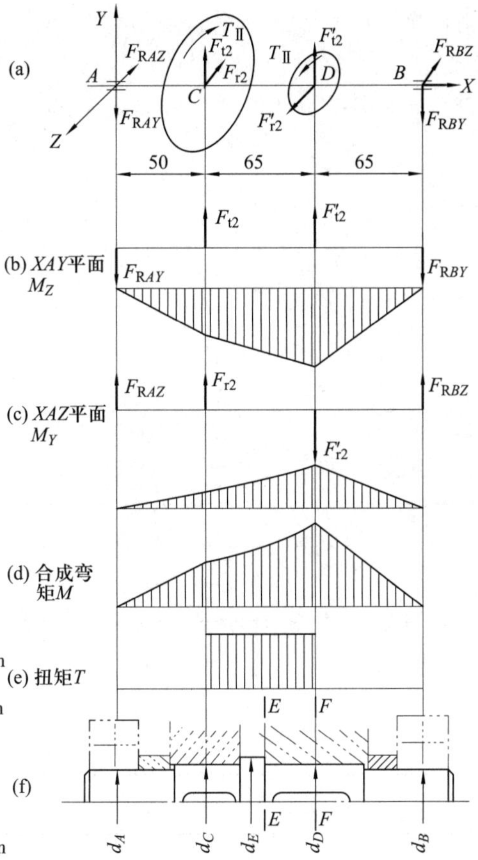

续表

计算及说明	结果
（4）校验轴的安全系数 　　轴的材料为 45 钢调质。$\sigma_B = 650 \text{ N/mm}^2$；$\sigma_S = 360 \text{ N/mm}^2$；$\sigma_{-1} = 250 \text{ N/mm}^2$ 　　E—E 断面：$K_\sigma = 2.28$，$\varepsilon_\sigma = 0.84$，$\beta = 0.92$；$K_\tau = 2.14$，$\varepsilon_\tau = 0.78$，$[S] = 1.5 \sim 1.8$。 $$S_\sigma = \frac{\sigma_{-1}}{\dfrac{K_\sigma}{\varepsilon_\sigma \beta}\sigma_a} = \cdots = \cdots$$ $$S_\tau = \frac{\tau_{-1}}{\dfrac{K_\tau}{\varepsilon_\tau \beta}\tau_a + \psi_\tau \tau_m} = \cdots = \cdots$$ $$S = \frac{S_\sigma S_\tau}{\sqrt{S_\sigma^2 S_\tau^2}} = \cdots = \cdots > [S]$$ F—F 断面：K_σ …… ……………………………………………………… ……………………………………………………… 校验结果 E—E 和 F—F 断面均安全。根据结构要求，轴的各段直径如图×f。 六、滚动轴承寿命计算 ……………………………………………………… ……………………………………………………… ………………………………………………………	材料：45 钢调质 $d_A = d_B = \cdots$ $d_C = d_D = \cdots$ $d_E = \cdots$

第 11 章 答辩准备和设计总结

11.1 答辩准备

完成设计后,应及时做好答辩的准备。

答辩是课程设计最后一个重要环节。通过答辩准备和答辩,可以系统地分析所作设计的优缺点,发现今后在设计工作中应注意的问题,总结初步掌握的设计方法和步骤,巩固分析和解决工程实际问题的能力。

在答辩前,应做好以下两方面的工作。

(1) 按要求完成规定的设计任务并经教师签字,然后把图纸叠好(参看图 11.1),连同装订好的说明书一同放在档案袋内,供答辩和存档使用。档案袋封面参看图 11.2。

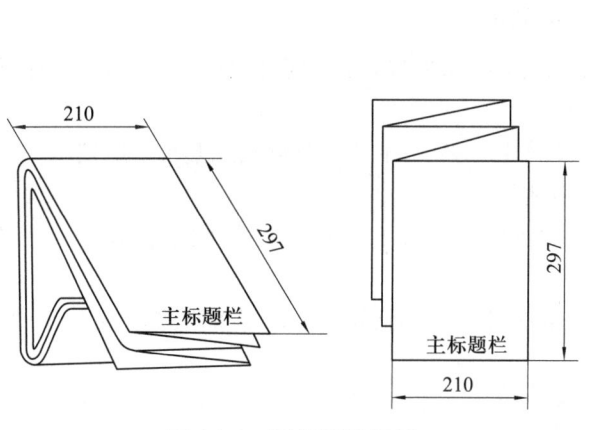

图 11.1　图纸折叠示例

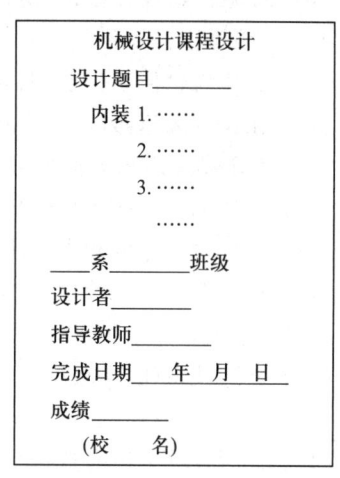

图 11.2　档案袋标签示例

(2) 做好总结,巩固和提高收获。平时的认真努力固然是首要的,但最后的总结也是非常重要的。从确定方案直至结构设计中各方面的具体问题,例如,各零(部)件的构造形状和作用,各零(部)件间的相互关系,受力分析,承载能力计算,主要参数尺寸的确定,材料选择,资料、手册和标准的应用,工艺性,使用、维护等,做一个比较系统、全面的回顾和总结,进一步把还不懂的、不甚懂的或尚未考虑到的问题弄懂、弄透,以取得更大的收获,更好地达到在"概述"中提出的这次课程设计的目的和要求。

11.2 设计总结思考题

以下的思考题供同学们进行本次课程设计的总结和答辩准备之用。

（1）简述一般的机械主要组成部分。

（2）机械零部件的主要失效形式有哪些？防止发生这些失效而采取的设计计算准则各是什么？

（3）根据减速器的设计过程，简述一般机械的设计过程。

（4）试述在减速器设计中，在哪些方面考虑了设计任务书中给出的"设计数据与要求"。

（5）试根据工作机的工作要求，再拟定出两个传动方案，并分析其特点。

（6）联轴器的常用类型有哪些？在设计中，电动机与减速器、减速器与带式运输机之间各应采用哪种类型的联轴器？为什么？

（7）在机械设计中，采用标准零部件的意义是什么？

（8）以齿轮传动设计为例，试述选择机械零件材料的一般原则。

（9）什么是名义载荷和计算载荷？试举例说明。

（10）在减速器设计中，你所设计的传动件哪些参数是标准的？哪些参数应该圆整？哪些参数不应该圆整？为什么？

（11）试述齿轮传动（或蜗杆传动）的特点。

（12）在齿轮减速器设计中，齿轮的模数 m 和齿数 z 是如何确定的？为什么低速级齿轮的模数 m_2 大于高速级齿轮的模数 m_1？

（13）试述你所设计的齿轮传动（或蜗杆传动）的主要失效形式及其设计准则。

（14）试述对齿轮传动中心距进行圆整的方法。

（15）在齿轮传动设计中，什么情况下做成齿轮轴？在什么情况下齿轮与轴分开？你所设计的齿轮轮齿是如何加工的？

（16）试述获得软（或硬）齿面齿轮的热处理方式及软（或硬）齿面闭式齿轮传动的设计准则。

（17）你所设计的齿轮选用什么材料？为什么软齿面齿轮的大、小齿轮齿面硬度要有硬度差？如何保证这个硬度差？

（18）如何确定轮齿宽度 b？为什么通常大、小齿轮的宽度不同，且 $b_1 > b_2$？

（19）在齿轮传动设计时，如何选择齿宽系数 ψ_a 或 ψ_d？

（20）在设计齿轮结构时，如何确定轮毂的结构形式和尺寸？若齿轮与轴采用键连接，轮毂上的键槽如何加工？

（21）齿轮传动设计中，采用哪些措施可以减小齿向载荷分布不均对其传动性能的影响？

（22）减速器设计中，若采用展开式二级圆柱齿轮传动，如何保证传动零件间不发生干涉？

（23）举例说明传动件啮合点受力方向如何确定，并说明传动件上的力是如何传递到箱体上的。

（24）什么是变应力的循环特性 r？以一对外啮合齿轮为例，分别说明在轮齿啮合过程中，齿面接触应力和齿根弯曲应力的变化情况。

（25）试述生产批量对选择齿轮（或蜗轮）结构形式的影响，并简述这些结构各自的特点。

（26）影响齿轮齿面接触疲劳强度的主要几何参数是什么？为什么？影响齿根弯曲疲劳强度的主要几何参数是什么？为什么？

（27）一对圆柱齿轮传动，大齿轮和小齿轮在啮合处的接触应力是否相等？如大、小齿轮的材料和热处理情况均相同，则其接触疲劳许用应力是否相等？若其接触疲劳许用应力相等，则大、小齿轮的接触疲劳强度是否相等？

（28）在设计二级直齿圆柱齿轮减速器时，如发现低速级的大齿轮直径比高速级大齿轮直径大很多时，为了使两级齿轮传动均能浸油润滑，在不改变齿轮材料的前提下，试问两级传动比及齿宽系数如何调整？

（29）对比直齿圆柱变位齿轮和标准齿轮传动，其弯曲疲劳强度计算有何不同点？欲提高其弯曲疲劳强度，应如何选择变位系数？

（30）开式齿轮传动强度计算的准则是什么？

（31）在两级齿轮传动中，如其中一级用斜齿圆柱齿轮传动，它一般是布置在高速级还是低速级？为什么？

（32）齿轮的结构一般包括哪几种？为什么说齿轮的结构设计与其几何尺寸有关？

（33）你设计的大齿轮（或蜗轮）的毛坯是如何加工出来的？为什么选用这类毛坯？

（34）减速器中传动件是怎样润滑的？油面如何确定？轴承是怎样润滑的？为保证轴承的润滑，在结构设计上要考虑哪些问题？

（35）如何保证多级闭式齿轮传动的全润滑问题？

（36）与齿轮传动相比，蜗杆传动有何优点？在什么情况下宜采用蜗杆传动？为何传递大功率时，很少采用蜗杆传动？

（37）普通蜗杆传动的正确啮合条件是什么？蜗轮滚刀和蜗杆形状和尺寸有何关系？

（38）与斜齿圆柱齿轮相比，蜗杆传动为什么以蜗杆的轴面模数为标准模数，而斜齿轮以法面模数为标准模数？

（39）在蜗杆传动设计中，如何选择蜗杆头数 z_1？在蜗杆传动中，为什么要对应于每个模数 m 规定一定的蜗杆分度圆直径 d_1？为什么蜗轮的齿数 z_2 不应小于 $z_{2\min}$，最好不大于 80？

（40）蜗杆传动设计时，如何选择蜗杆、蜗轮的材料？

（41）在普通圆柱蜗杆传动强度计算中，蜗轮齿面许用接触应力 $[\sigma_H]$ 是如何确定的？

（42）蜗杆轴的强度计算中，如何处理蜗杆螺旋部分的轴段？

（43）试述蜗杆传动变位的特点和目的。

（44）在蜗杆减速器设计中，如何确定蜗杆螺旋部分的长度？若采用整体式机体，在确定蜗轮轴系两侧大轴承端盖的结构和尺寸时，应注意哪些事项？

（45）为什么蜗杆传动效率比齿轮传动低？蜗杆传动的效率包括几部分？

（46）为什么闭式蜗杆传动必须要进行热平衡计算？可以采用哪些措施来改善蜗杆传动的散热条件？

(47) 常用的蜗轮结构形式有哪些？你所设计的蜗轮的轮缘、轮毂和轮辐部分结构尺寸是如何确定的？

(48) 如何选择闭式蜗杆传动的润滑方式和润滑剂？

(49) 螺栓组连接的典型受力情况有哪几种？你所设计的减速器轴承座旁连接螺栓受何种载荷作用？

(50) 试述螺栓连接的防松方法。在设计中，你采用了哪些防松方法？

(51) 螺栓连接预紧力的大小如何选择？怎样控制？

(52) 在受预紧力和工作拉力的螺栓连接中，螺栓和被连接件的刚度对螺栓的受力各有什么影响？

(53) 试述转轴的设计步骤与设计特点。

(54) 为什么转轴多设计成阶梯轴？以减速器的输入轴为例，说明轴的各段直径和长度如何确定。

(55) 按照受载情况，轴分哪几类？你设计的减速器中各轴属于哪类？

(56) 以输出轴为例，说明轴与轴上零件采用配合的类型。

(57) 以你所设计的减速器中输出轴为例，说明设计轴的结构时要考虑哪些问题。

(58) 以减速器输出轴为例，试述在其工作状态下，轴向不同截面处的应力变化情况。

(59) 对同时承受弯矩和转矩的转轴进行强度校核，按弯扭合成强度计算，如何考虑弯曲应力与扭转切应力的循环特征不同对其强度的影响？

(60) 轴上零件的轴向固定方法有哪些？各有什么特点？轴上零件的周向固定有哪些方法？各有什么特点？

(61) 齿轮减速器设计中，为什么低速轴的直径要比高速轴的直径粗很多？

(62) 在同样受载情况下，为什么轴上有键槽或有紧配合零件的阶梯轴，其最大直径要比等径光轴直径大？

(63) 在阶梯轴的设计中，采取哪些措施可以减少应力集中？

(64) 单向受载与双向受载，对于减速器的轴和传动件的强度计算有何影响？

(65) 如何提高轴的疲劳强度？如何提高轴的刚度？

(66) 轴上中心孔的功用是什么？如何选择和标注？

(67) 减速器外伸轴的最小直径如何确定？伸出长度如何确定？

(68) 轴、毂连接有哪些类型？你所设计的减速器中的轴与传动件轮毂间采用了哪种连接？

(69) 平键的工作面是什么？普通平键连接的主要失效形式是什么？平键的剖面尺寸 $b×h$ 如何确定？键长 L 如何确定？

(70) 轴上键槽的长度和位置如何确定？你所设计的轴及轮毂上的键槽是如何加工的？

(71) 设计轴时，对轴肩（或轴环）高度及圆角半径有什么要求？为什么？

(72) 轴承在轴上如何安装和拆卸？为便于轴承的装拆，在设计轴的结构时要考虑哪些问题？

(73) 试述你在减速器设计中选择的轴承类型和型号，并说明选择依据。

(74) 什么是滚动轴承的基本额定动载荷？为什么在计算轴承寿命时，要用当量动载荷？

(75) 滚动轴承的额定寿命 L_h 如何计算？若 L_h 与预期寿命 L_h' 相差很大，如何处理？

(76) 滚动轴承内圈和轴、外圈和轴承座孔的配合采用基轴制还是基孔制？回转圈和不回转圈所取的配合性质相同吗？

(77) 在轴承部件设计中，如何保证轴既不产生轴向窜动，又不因发热而卡死轴承？

(78) 试述你所设计减速器的低速轴上零件的拆装顺序，并说明其对轴的结构设计的影响。

(79) 为什么在轴承部件设计时要留有轴向游隙？轴向游隙如何确定？如何保证在装配图中提出的轴向游隙值？

(80) 滚动轴承在轴承座孔中的位置如何确定？

(81) 蜗轮轴上滚动轴承的润滑方式有几种？你所设计的减速器上采用了哪种？蜗杆轴上滚动轴承是怎样润滑的？蜗杆轴上装挡油板的目的是什么？

(82) 轴承部件支承结构形式有哪几种？你在设计中采用了哪种支承结构形式？为什么采用这种支承结构？

(83) 在蜗杆轴轴承部件设计中，采用"两端固定式"和"一端固定、一端游动式"支承结构的条件有何不同？在结构设计上有何不同？

(84) 在蜗杆减速器设计中，为了缩短蜗杆轴支点距离，可以采用哪些措施？

(85) 在减速器设计中，传动件的浸油深度如何确定？如何测量？

(86) 试述你所设计的蜗杆减速器的机体外形尺寸是如何确定的。

(87) 整体式蜗杆减速器有何特点？设计其机体时要注意哪些问题？

(88) 设计铸造机体时，如何考虑减少加工面？

(89) 你在设计中采取了哪些措施来保证机体的刚度和机体的密封？

(90) 如何加强轴承座和机体的刚度？机体上轴承座孔如何加工？

(91) 机体上螺栓孔、沉头座孔如何加工？为什么要加工出沉头座孔？

(92) 在减速器工作时，地脚螺栓组连接受哪些载荷作用？怎样布置地脚螺栓？

(93) 为了保证轴承的润滑与密封，你在减速器结构设计中采取了哪些措施？

(94) 在设计中如何考虑机体的结构工艺性？试举例说明之。

(95) 在二级展开式圆柱齿轮减速器的设计中，如何确定高速级小齿轮与机体内壁的径向间距尺寸？

(96) 在减速器设计中，若采用铸造机体，应考虑哪些问题？何种情况下可采用焊接机体？

(97) 为什么减速器机体壁厚 δ 的大小与传动中心距 a 有关？为什么铸造机体壁厚 $\delta \geqslant 8$ mm？

(98) 在设计机体时如何确定其中心高 H？若传动装置由带传动和齿轮减速器组成，大带轮的外圆半径大于齿轮减速器中心高，应如何处理？

(99) 如何确定剖分面凸缘和机座凸缘的宽度和厚度？为什么？

(100) 对于剖分式机体，设计轴承座孔附近的连接螺栓凸台结构时，要考虑哪些问题？

(101) 密封的作用是什么？减速器的哪些部位需要密封？你在设计中采取了什么措施来保证密封？

(102) 为什么在减速器机体剖分面处不允许使用垫片？如何保证该剖分面处的密封

效果？

（103）轴承端盖起什么作用？有哪些形式？各有什么特点？轴承端盖各部分尺寸如何确定？

（104）调整垫片的作用是什么？它的材料为什么多采用 08F？当采用嵌入式轴承端盖时，轴承的轴向游隙如何调整？

（105）减速器的伸出轴与透盖之间的密封件有哪几种？各有何特点？你在设计中选择了哪几种密封件？选择的依据是什么？如选用唇形密封圈，其唇向如何确定？

（106）减速器上一般有哪些附件？它们各自的功用是什么？

（107）对于剖分式机体，为什么要设置启盖螺钉？其尺寸和位置如何确定？

（108）减速器机盖与机座凸缘连接处的定位销的作用是什么？销孔的位置如何确定？如何加工？在何时加工？

（109）试述油标的用途、种类、安装位置的确定及如何测量油面高度。

（110）放油螺塞的作用是什么？放油孔应开在机体的哪个部位？放油孔凸台采用什么形状较好？

（111）通气器的作用是什么？应安装在机体的哪个部位？通气器有哪几种类型？各有什么特点？各适用于什么场合？

（112）在减速器机体上设置窥视孔的目的是什么？其位置和几何尺寸如何确定？

（113）吊环螺钉（或吊耳）及吊钩的作用是什么？它们的主要几何尺寸如何确定？

（114）什么是装配图？装配图包括哪些主要内容？

（115）为什么要在减速器装配图中写出技术要求？技术要求一般包括哪些内容？

（116）在装配图的技术要求中，一般有哪些安装调整的要求？如何调整？

（117）在装配图的技术要求中，为什么要对传动件提出接触斑点的要求？如何检验？

（118）在装配图的技术要求中，为什么要对传动件提出侧隙要求？齿侧间隙应如何保证？如何检验？

（119）零件图的功用是什么？零件图中主要包含哪些内容？

（120）如何选择齿轮类零件的误差检验项目？它们和齿轮精度的关系如何？

附录1 机械设计课程设计参考图例

附录1.1 减速器常用零部件结构设计

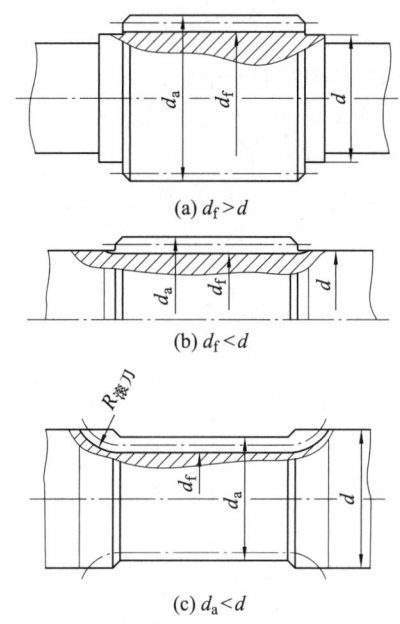

附图1.1 圆柱齿轮轴

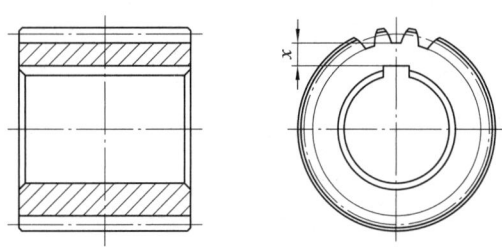

$x \geq 2.5m_n$(调质齿轮)；$x=(3\sim3.8)m_n$(渗碳淬火)

附图1.2 锻造小圆柱齿轮

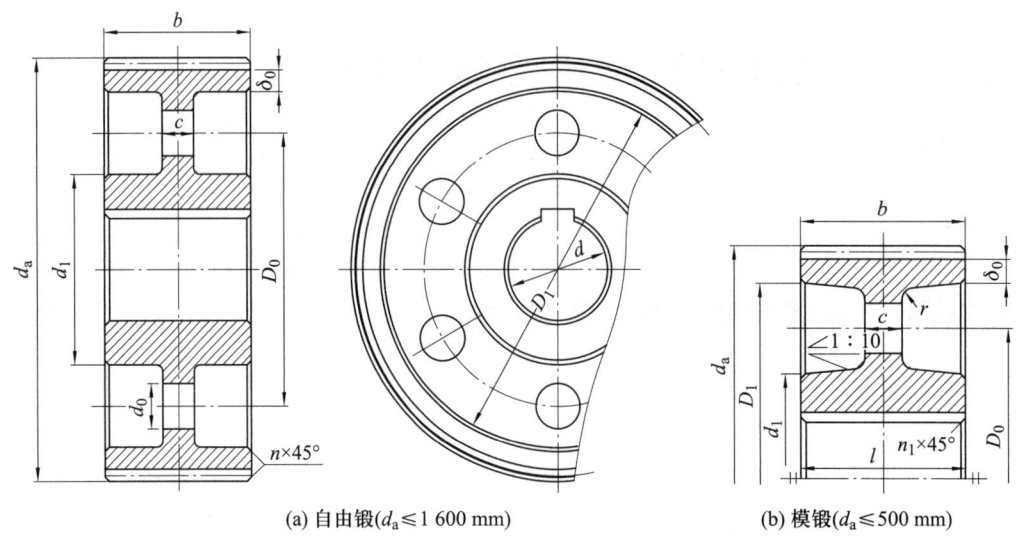

(a) 自由锻($d_a \leqslant 1\,600$ mm)　　　(b) 模锻($d_a \leqslant 500$ mm)

$d_1 = (1.5 \sim 1.6)d$；$D_0 = 0.5(D_1 + d_1)$；$d_0 = 0.25(D_1 - d_1)$；$l = (1.2 \sim 1.5)d \geqslant b$；$\delta_0 = (3.6 \sim 4)m_n \geqslant 8 \sim 10$ mm；$c = 0.3b$；$n = 0.5m_n$；$r = 5$ mm；n_1 根据轴过渡圆角确定

附图 1.3　锻造大圆柱齿轮

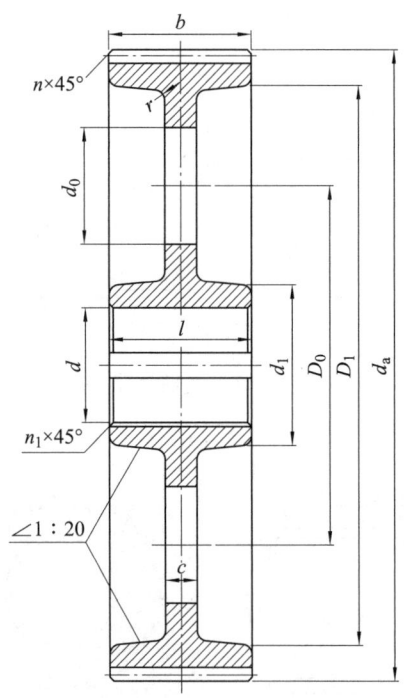

($d_a = 500 \sim 1\,000$ mm；$b \geqslant 200$ mm)

$d_1 = 1.6d$（铸钢），$d_1 = 1.8d$（铸铁）；$n = 0.5m_n$；$l = (1.2 \sim 1.5)d \geqslant b$；$c = 0.2b$；$D_0 = 0.5(D_1 + d_1)$；$d_0 = 0.25(D_1 - d_1)$；$D_1 = d_a - 10m_n$；$r$、$n_1$ 按照结构确定

附图 1.4　铸造大圆柱齿轮

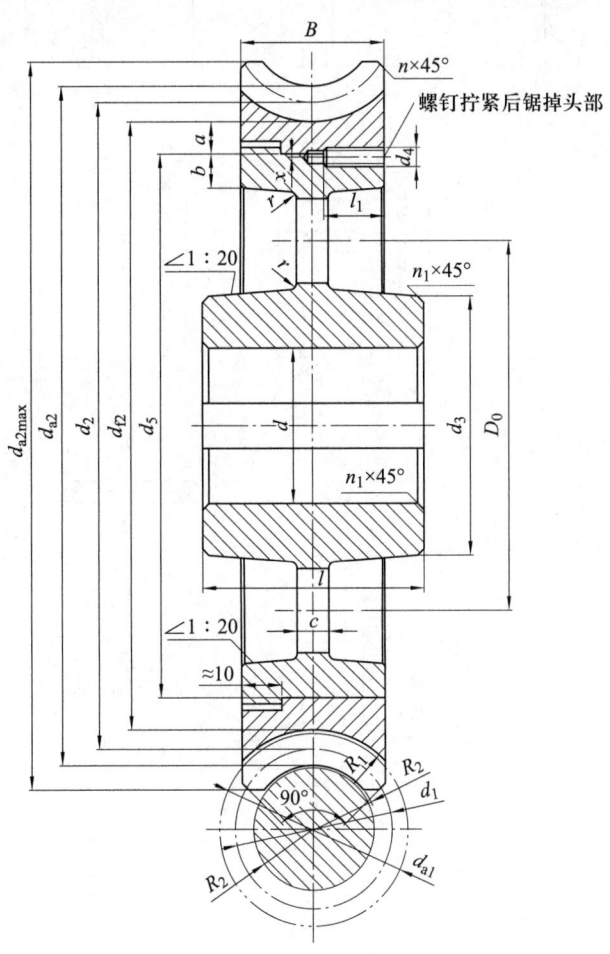

d_1 由标准查得;$d_2 = mz_2$;$d_3 = (1.6 \sim 1.8)d$;$d_4 = (1.2 \sim 1.5)m \geq 6$ mm;$l = (1.2 \sim 1.8)d$;$l_1 = 3d_4$;$c = 1.5m \geq 10$ mm;$x = 1 \sim 3$ mm;$a = b = 2m \geq 10$ mm;$R_1 = 0.5(d_1 + 2.4m)$;$R_2 = 0.5(d_1 - 2m)$;$n = 2 \sim 3$ mm;$r = 4 \sim 5$ mm;$d_{a2} = d_2 + 2m$;$d_{f2} = d_2 - 2.4m$;$D_0 = 0.5(d_5 - 2b + d_3)$。

d_{a2max} 取值:$z_1 = 1$ 时,$d_{a2max} = d_{a2} + 2m$;$z_1 = 2 \sim 3$ 时,$d_{a2max} = d_{a2} + 1.5m$;$z_1 = 4$ 时,$d_{a2max} = d_{a2} + m$。

B 取值:$z_1 = 1 \sim 3$ 时,$B \leq 0.75 d_{a1}$;$z_1 = 4$ 时,$B \leq 0.67 d_{a1}$。

轮芯与轮缘常用配合:H7/s6 或 H7/r6。

附图 1.5 齿圈压配式蜗轮

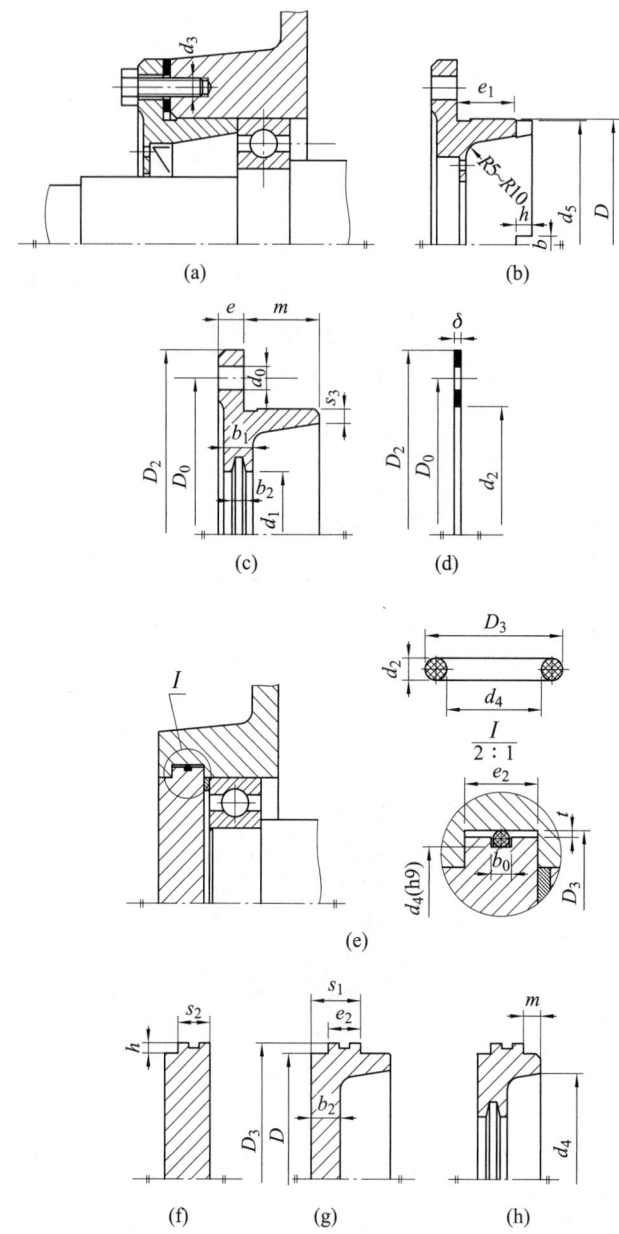

$e = 1.2d_3$，d_3 为螺钉直径；$s_3 = 6 \sim 8$ mm；$D_0 = 0.5(D_2+D)$，D 为轴承外径；$m \geqslant 10$ mm；

d_1、b_1、b_2 由密封尺寸确定；$\delta = 0.1,0.2,0.5$ mm；d_0 由螺钉 d_3 直径确定；

$D_2 = D+(5 \sim 5.5)d_3$；$d_2 = D+(1 \sim 2)$ mm；$b = 8 \sim 10$ mm；$h = (0.8 \sim 1)b$；

$d_5 = D-(2 \sim 4)$ mm；$e_1 \geqslant 8$ mm；$s_1 = (15 \sim 20)$ mm；$s_2 = (10 \sim 15)$ mm；

采用 O 形密封圈时：$e_2 = 8 \sim 12$ mm，$D_3 = D+(10 \sim 15)$ mm。

说明：图 b、图 c 为凸缘式轴承端盖，其中 $b \times h$ 方槽用以引导润滑油进入轴承；图 d 为调整垫片的结构尺寸，调整垫片由厚度不同的软钢 08F 薄片组成，可实现根据需要组成不同的厚度以调整轴承间隙；图 f、图 g、图 h 为嵌入式轴承端盖。轴承端盖的形状应根据轴承部件的具体结构确定，图中所列尺寸仅供参考。O 形密封圈及沟槽尺寸（b_0 和 t）见 GB/T 3452.3—2005。

附图 1.6　轴承端盖结构

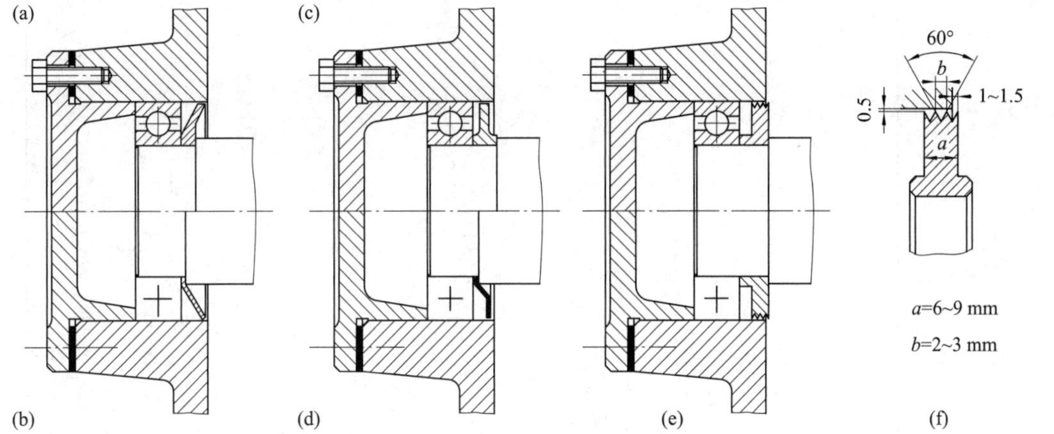

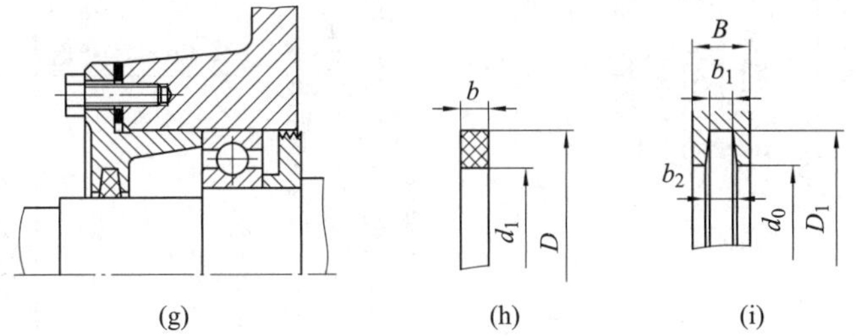

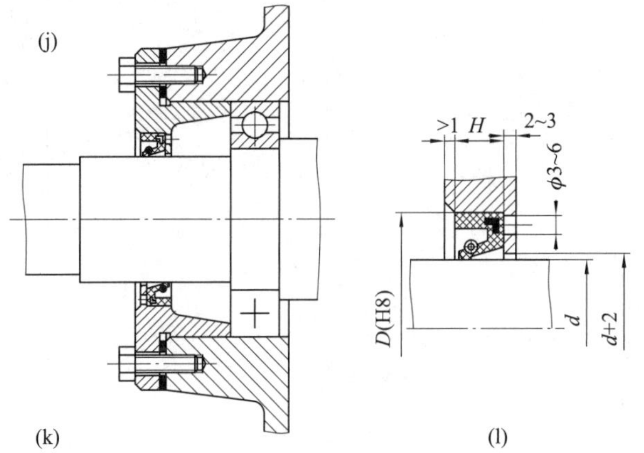

附录1.1 减速器常用零部件结构设计

a=6~9 mm
b=2~3 mm

内包骨架旋转轴唇形油封圈(摘自GB/T 13871.1—2007)

d	D	H	d	D	H
15	26, 30, 35		38	52, 58, 62	
16	30, (35)		40	55, (60), 62	
18	30, 35		42	55, 62	8
20	35, 40, 45		45	62, 65	
22	35, 40, 47	7	50	70, 72, 80	
25	40, 47, 52		55	72, (75), 80	
28	40, 47, 52		60	80, 85	
30	42, 47, (50)		65	90, 95	
30	52		70	90, 95, 100	10
32	45, 47, 52	8	75	95, 100, 105	
35	50, 52, 55		80	100, 110	

$d_0 = 12$ ~ 30 mm 时: $B_{min} = 10$ mm(钢), $B_{min} = 12$ mm(铸铁);

$d_0 = 32$ ~ 75 mm 时: $B_{min} = 12$ mm(钢), $B_{min} = 15$ mm(铸铁)。

说明:当轴承采用脂润滑时,在轴承与机体内侧安装挡油板,见图a~图e所示。挡油板带有V形槽(图f)时,可以甩掉油及杂质,密封效果较好。轴伸出机体外时,轴承端盖上通孔处须考虑密封措施,可以利用毡圈密封件(图g~图i)或唇形密封圈(图j~图k)实现密封,以防止润滑剂泄漏及灰尘等进入轴承。使用唇形密封圈时,须考虑密封唇方向及安装拆卸方式。毡圈密封适用于密封处速度小于3~5 m/s的脂润滑中,也可以用于低速稀油润滑的场合。毡圈密封件及沟槽尺寸可参考 FZ/T 92010—1991。

附图1.7 轴承部件密封装置

附录 1.2 零件图示例

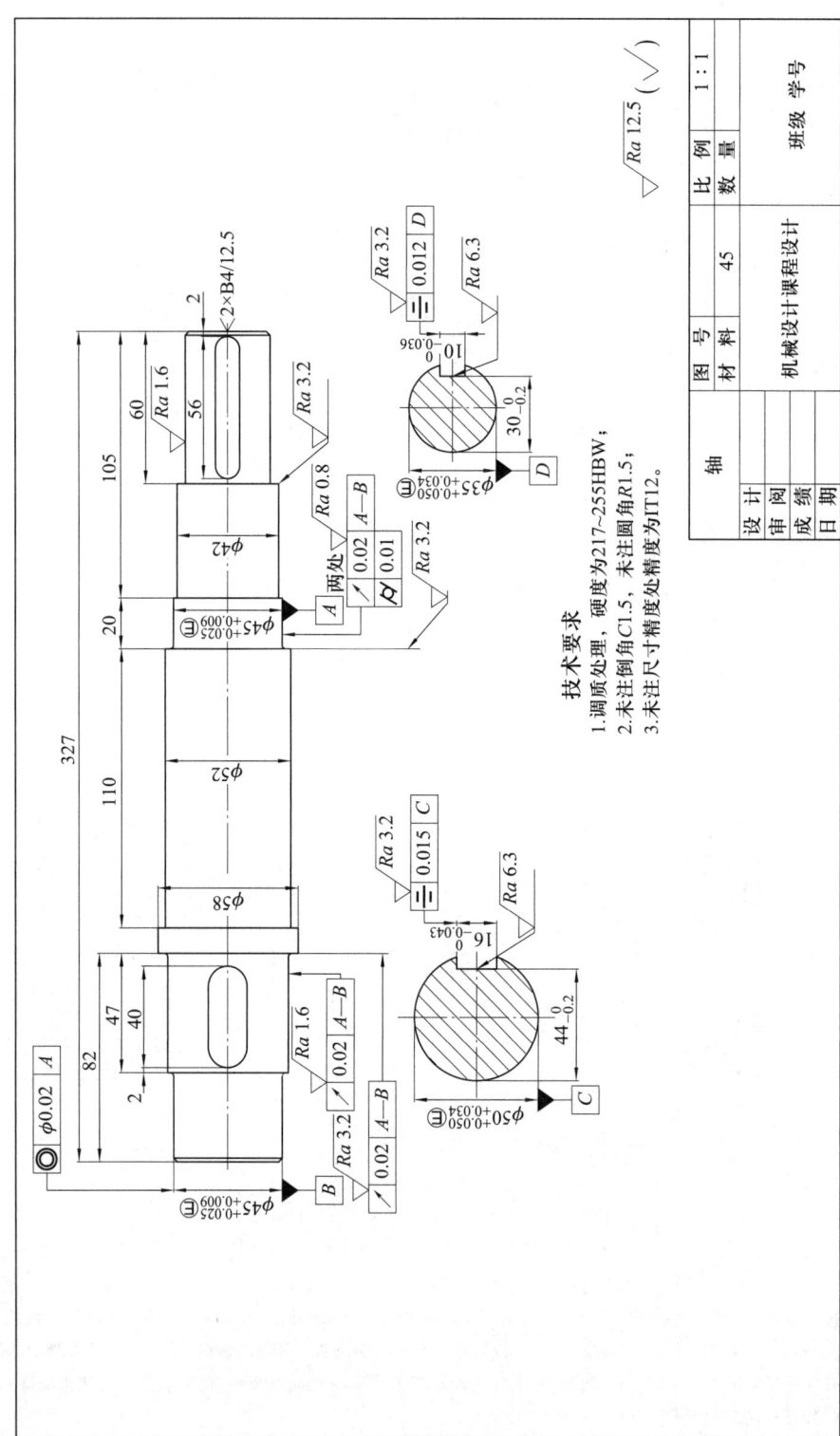

附图 1.8 阶梯轴

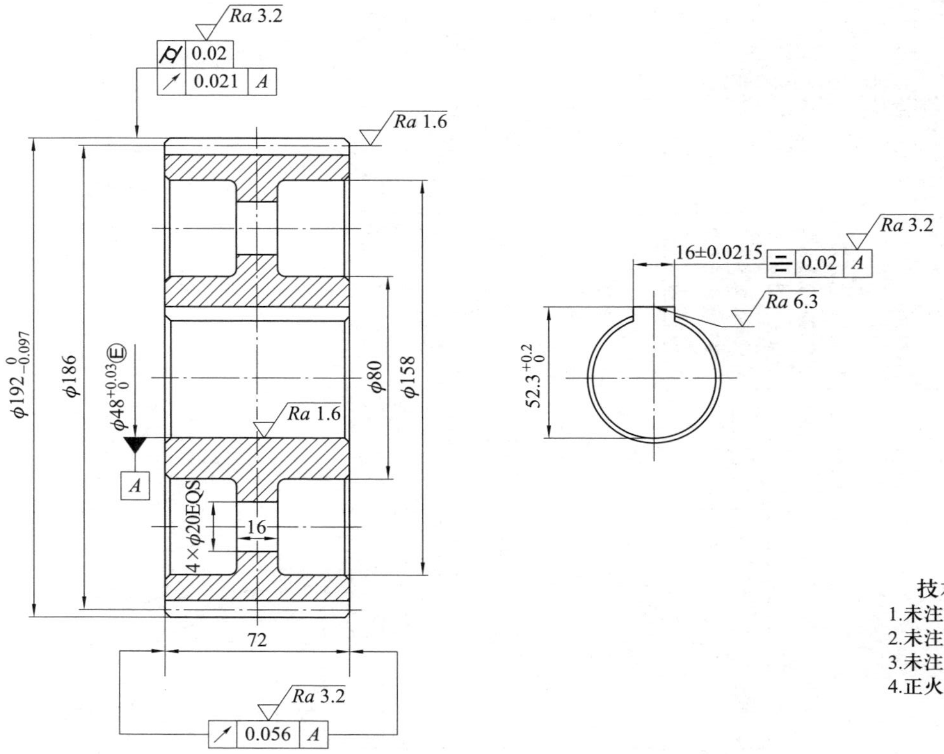

法向模数	m_n	3
齿数	z_2	62
压力角	α	20°
螺旋角	β	0°
顶隙系数	c^*	0.25
变位系数	x	0
精度等级	8GB/T 10095.1	
齿轮径向跳动	F_r	0.056
齿距螺积总偏差	F_p	0.07
单个齿距偏差	$\pm f_{pt}$	±0.018
齿廓总偏差	F_α	0.025
螺旋线总偏差	F_β	0.029
公法线公称值及其极限偏差	$W_{k E_{bni}}^{E_{bns}}=77.75_{-0.184}^{-0.128}$	
跨齿数	9	

技术要求

1.未注圆角$R2$；未注倒角$C2$；
2.未注尺寸公差按GB/T 1804-m；
3.未注几何公差按GB/T 1184-K；
4.正火处理，硬度达到162～217HBW。

$\sqrt{Ra\ 12.5}$ ($\sqrt{}$)

齿轮		图号		比例	
		材料	45	数量	
设计		机械设计课程设计		(学校) (专业 班级)	
审阅					
成绩					
日期					

附图 1.9 圆柱齿轮

齿制	GB/T 12369-1990	
大端端面模数	m_e	3.5
齿数	z	60
中点螺旋角	β	0°
螺旋方向		
刀具的齿形角	α	20°
刀具的齿顶高系数	h_a^*	1
切向变位系数	x_t	0
径向变位系数	x	0
大端齿高	h_e	3.5
配对齿轮	图号	
	齿数	22
精度等级	8-7-7cB GB/T 11365	
公差组	检验项目	数值
切向综合总公差	F_{iST}	0.100
一齿切向综合公差	f_{iST}	0.021
沿齿长接触率	55%	
沿齿高接触率	60%	
大端分度圆弦齿厚	$\overline{S}$	$4.854^{-0.03}_{-0.15}$
大端分度圆弦齿高	$\overline{h}_{ae}$	2.616

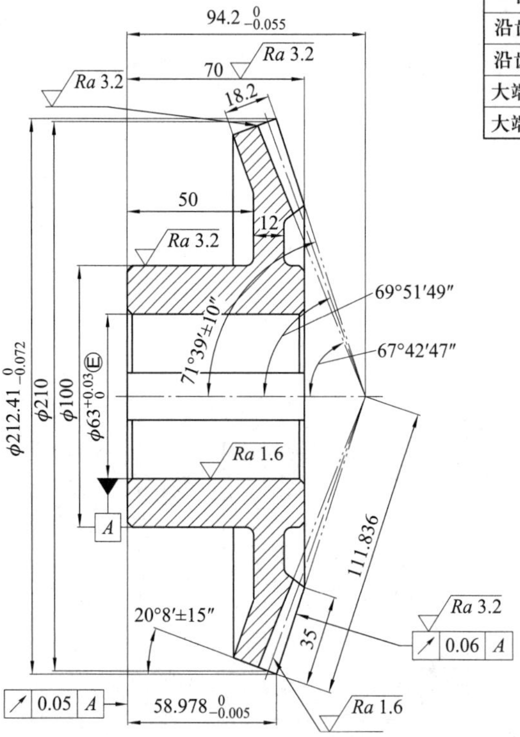

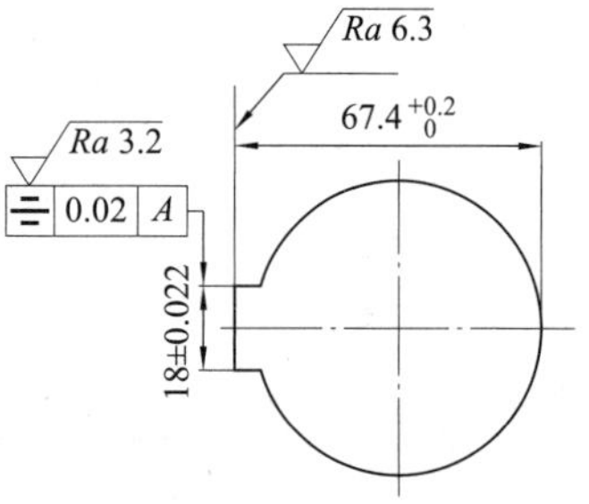

技术要求

1.正火处理后齿面硬度为170~190HBW；

2.未注圆角$R1.5$；

3.未注倒角$C2$。

$\sqrt{Ra\ 12.5}$ ($\sqrt{}$)

齿 轮		图 号		比 例	
		材 料	45	数 量	
设 计		机械设计课程设计		(学校) (专业 班级)	
审 阅					
成 绩					
日 期					

附图 1.10　锥齿轮

模数	m	5
头数	z_1	2
齿形角	α	20°
齿顶高系数	h_a^*	1
径向间隙系数	c^*	0.2
导程角	γ	11°18′36″
轮齿螺旋线方向		左旋
分度圆直径	d_1	50
中心距及其偏差	$a\pm f_a$	125±0.050
相啮合蜗轮	图号	
	齿数	z_2	40
精度等级	7c GB/T10089—2018
齿距极限偏差	$\pm f_{px1}$	±0.011
轴向齿距累计公差	$f_{p x l}$	0.018
齿形公差	f_{f1}	0.016
蜗杆轴向、法向齿厚	s_x	$7.854_{-0.211}^{-0.155}$
s_x, s_n	s_n	$7.703_{-0.211}^{-0.155}$

附图 1.11 蜗杆轴

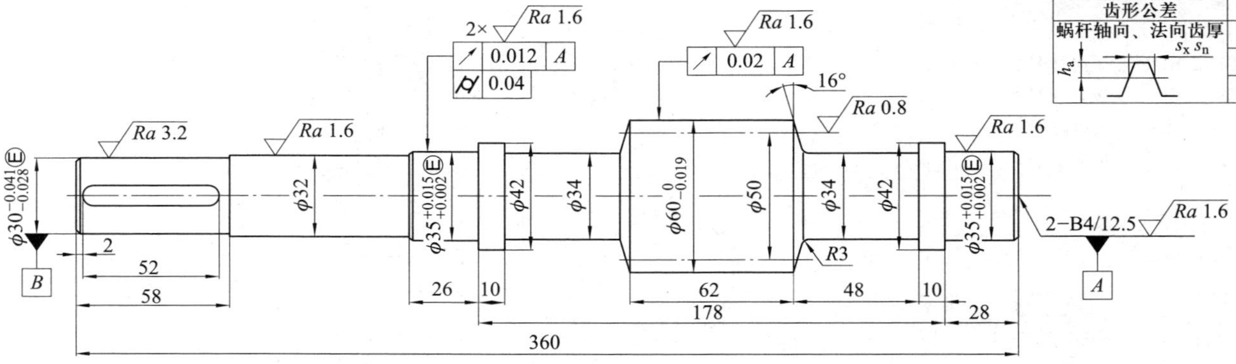

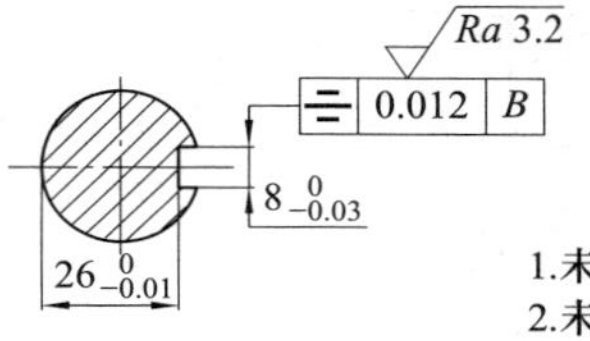

技术要求
1. 未注倒角C1；
2. 未注圆角R1；
3. 未注尺寸公差按GB/T1804-m；
4. 未注几何公差按GB/T 1184-K；
5. 调质处理，硬度为217~255HBW。

$\sqrt{Ra\ 3.2}\ (\sqrt{\ })$

蜗杆轴				图号		机械设计课程设计		比例	1:1
				材料	45			数量	
设计						学校 班级			
审阅									
成绩									
日期									

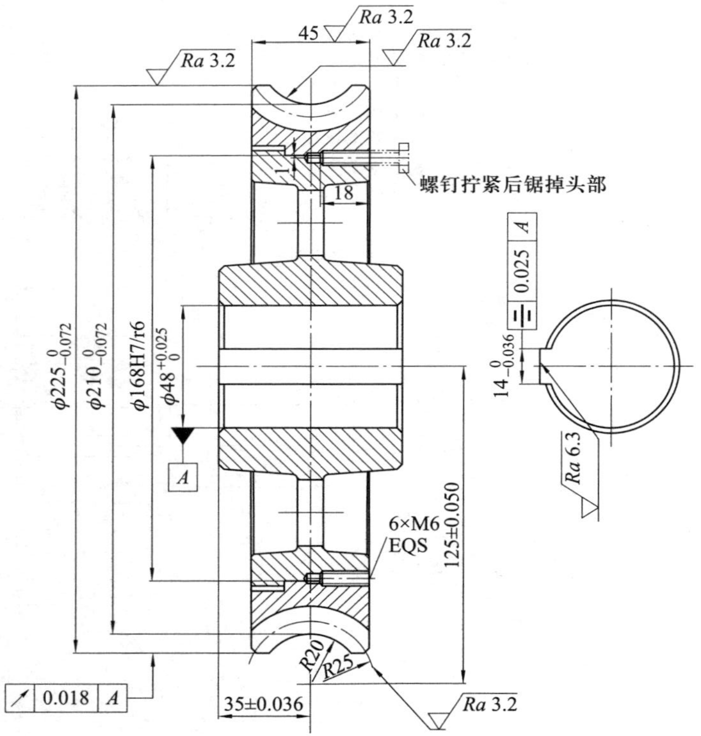

模数	m	5
齿数	z	40
齿形角	α	20°
齿顶高系数	h_a^*	1
径向间隙系数	h^*	0.2
轮齿螺旋角	β	11°18′36″
轮齿螺旋线方向	右旋	
变位系数	x	−0.5
配对蜗杆 蜗杆形式	ZA	
配对蜗杆 图号		
配对蜗杆 头数	z_1	2
精度等级	7c GB/T 10089—2018	
齿距极限偏差	$\pm f_{pt}$	±0.02
齿形公差	f_{f2}	0.017

技术要求

1.未注倒角C2；未注圆角$R2$

2.未注尺寸公差按GB/T 1804-m；

3.未注几何公差按GB/T 1184-K。

$\sqrt{Ra\ 12.5}$ (√)

序号	名称	数量	材料	标准	备注
3	螺栓M6×30	6		GB/T5782—2016	
2	轮缘	1	ZCuSn10P1		
1	轮芯	1	HT200		

蜗轮	图号		比例	
	材料		数量	
设计		机械设计课程设计	(学校) (专业 班级)	
审阅				
成绩				
日期				

附图 1.12　齿圈压配式蜗轮

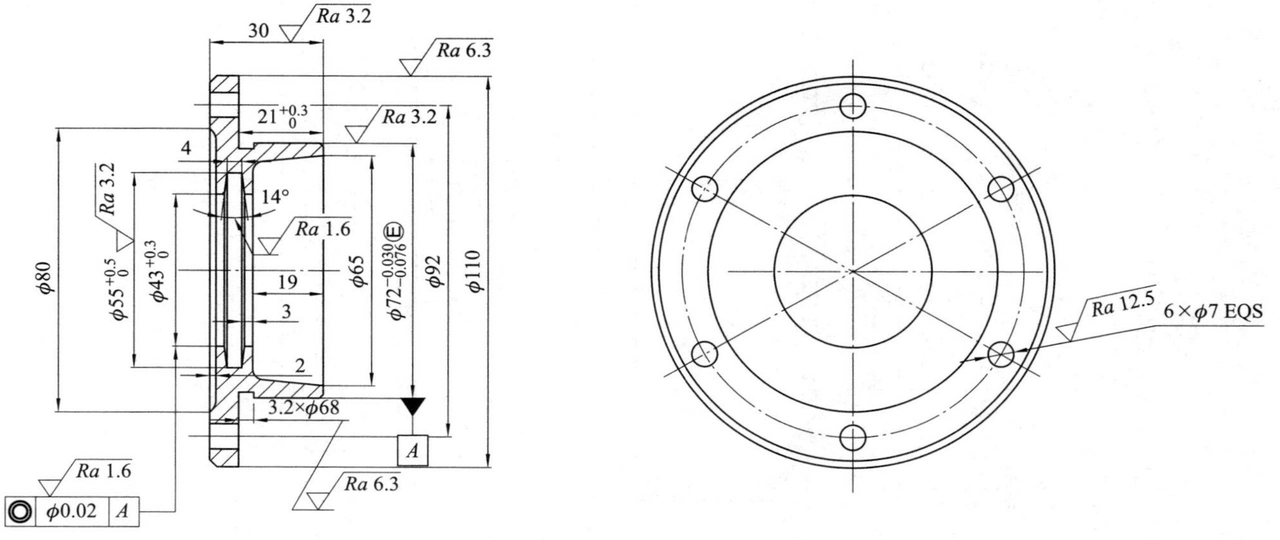

附图 1.13 轴承端盖

附录 1 机械设计课程设计参考图例

附录 1.3 减速器装配图常见错误示例及错误修正

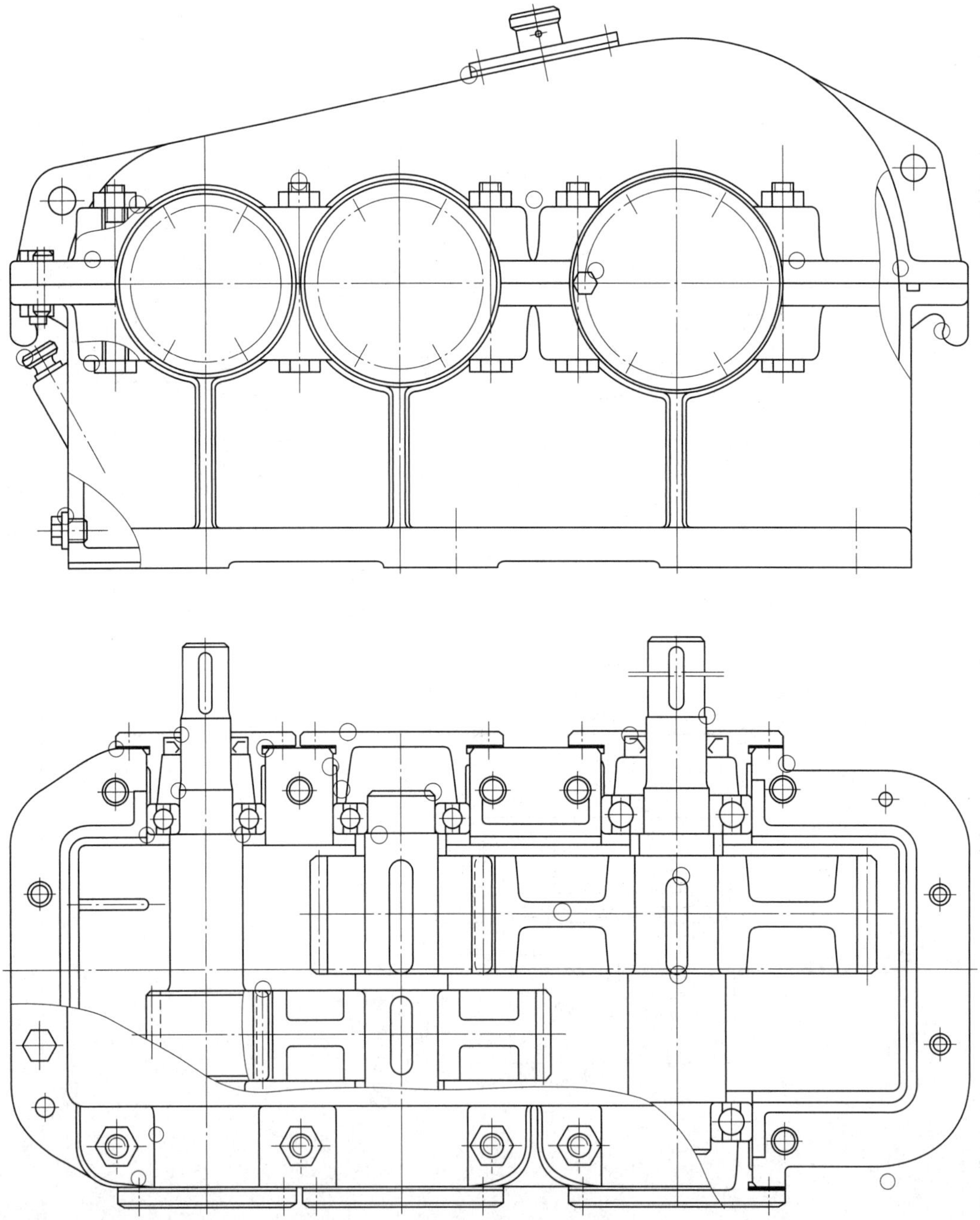

注：○表示错误结构或不好的工艺性和装配性。

附图 1.14 减速器装配图常见错误

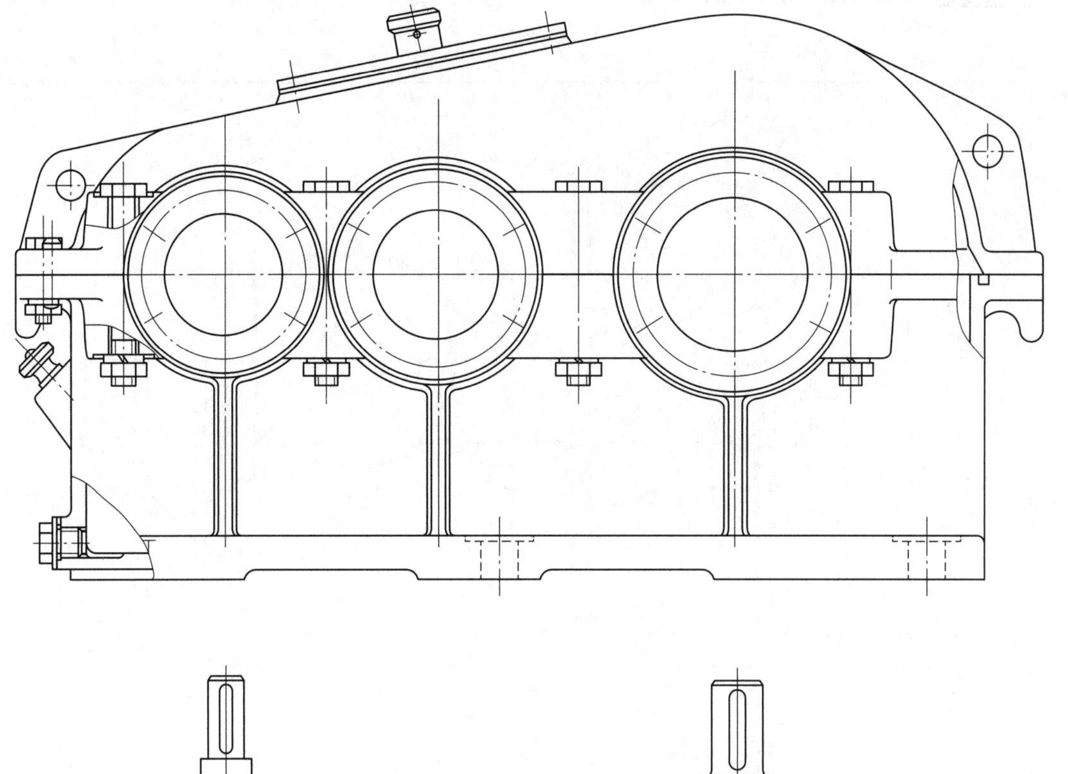

《《《《《《 附录 1.3 　减速器装配图常见错误示例及错误修正

附图 1.15　减速器装配图常见错误修正

附录 1.4 减速器装配图示例

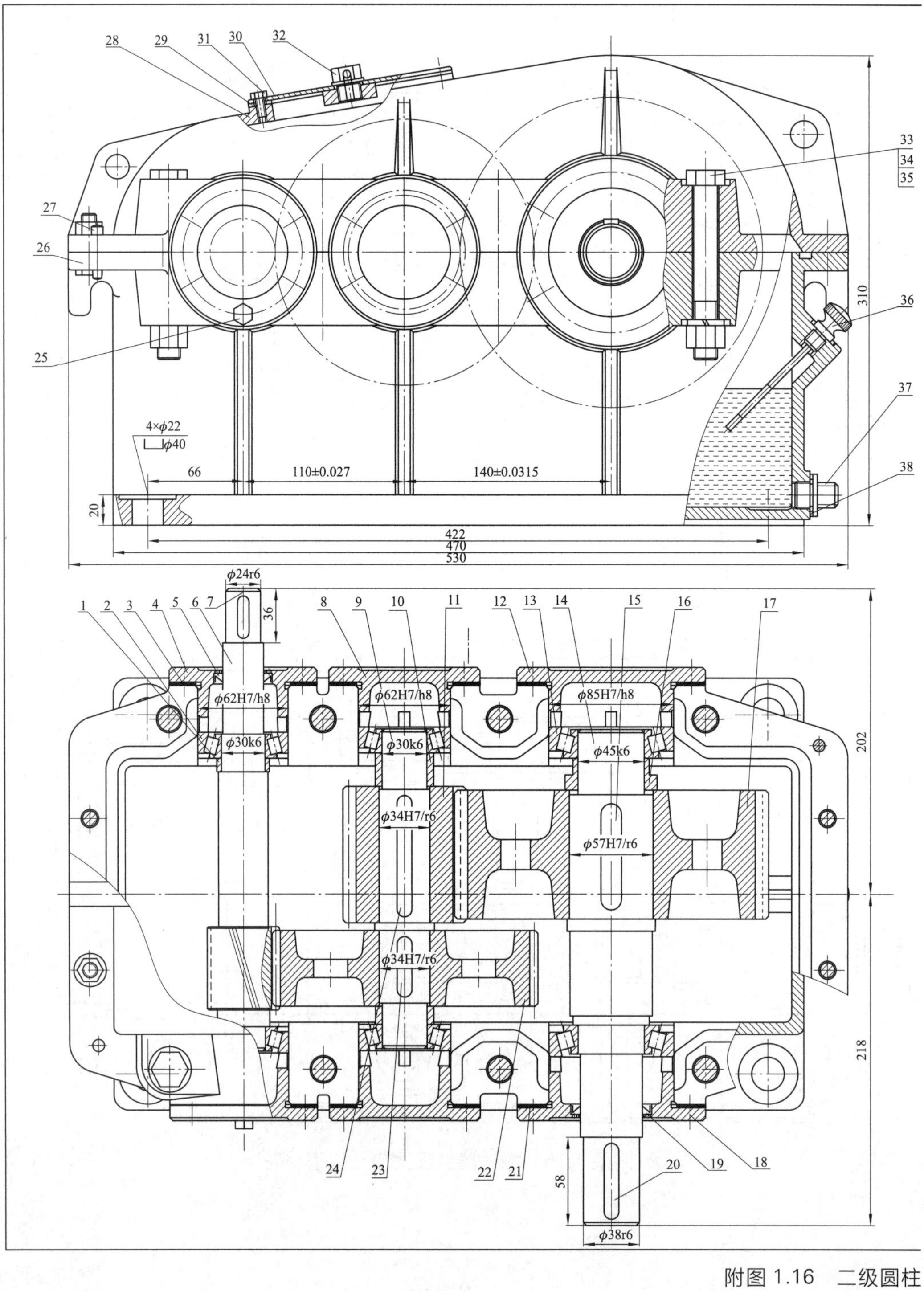

附图 1.16 二级圆柱

附录1.4 减速器装配图示例

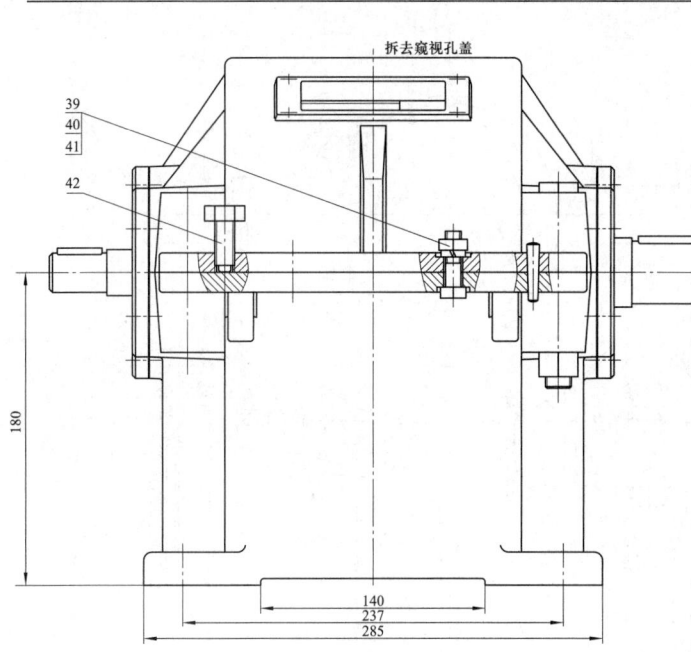

技术特性

输入功率/kW	输入转速/(r/min)	效率/%	传动比	传动特性 传动级	m_n	z_1	z_2	β	精度等级
3.39	960	80.8	10.91	高速级	2.5	17	67	17°20′30″	8
				低速级	4	18	49	16°50′6″	8

技术要求

1. 装配前,应将所有零件清洗干净,机体内壁涂防锈油漆。
2. 装配后,应检查斜齿轮齿侧间隙,高速级斜齿轮齿侧间隙δ_{bmin}=0.127mm,低速级斜齿轮齿侧间隙δ_{bmin}=0.167mm。
3. 检验齿面接触斑点,对高速级和低速级斜齿轮,在齿高方向,较宽的接触区h_{c1}不少于40%,较窄的接触区h_{c2}不少于20%;在齿宽方向,较宽、较窄的接触区b_{c1}、b_{c2}均不少于35%。必要时可用研磨或刮后研磨以改善接触情况。
4. 固定调整圆锥滚子轴承时,应使高速齿轮轴和中间齿轮轴分别留有0.04~0.07mm轴向游隙,低速齿轮轴留有0.05~0.10mm轴向游隙。
5. 空载试验要求正反转各1h,要求运转平稳,噪声小,连接固定处不得松动。负载试验按25%、50%、75%、100%、125%逐级加载,各运转1~2h,油温升不得超过35~40℃,轴承温升不得超过40~50℃。
6. 减速器的机体、密封处及剖分面不得漏油。剖分面可以涂密封漆或水玻璃,但不得使用垫片。
7. 减速器内注入L-CKC150号工业齿轮油(GB 5903—2011)至油标杆刻度中间位置。
8. 机体表面涂灰色油漆。

序号	名称	数量	材料	标准	备注
42	启盖螺栓M10×35	2		GB/T 5782	
41	六角螺母M10	4		GB/T 41	
40	弹簧垫圈10	4	65Mn	GB/T 93	
39	六角头螺栓M10×35	4		GB/T 5782	
38	油封垫圈	1	石棉橡胶纸		
37	放油螺塞M18×15	1	Q235A		
36	油标尺M12	1	Q235A		
35	六角头螺栓M16×115	8		GB/T 5782	
34	弹簧垫圈16	8	65Mn	GB/T 93	
33	六角螺母M16	8		GB/T 41	
32	通气器	1	Q235A		
31	六角头螺栓M6×16	4		GB/T 5782	
30	窥视孔盖	1	Q235A		
29	垫片	1	石棉橡胶纸		
28	机盖	1	HT200		
27	销8×35	2	35	GB/T 117	
26	机座	1	HT200		
25	六角头螺栓M8×16	36		GB/T 5782	
24	键10×8×80	1	45	GB/T 1096	
23	键10×8×40	1	45	GB/T 1096	
22	齿轮	1	45		$m=2.5, z=67$
21	调整垫片	2组	08F		成组
20	键10×8×50	1	45	GB/T 1096	
19	唇形密封圈42	1		GB/T 13871.1	
18	轴承端盖	1	HT200		
17	齿轮	1	45		$m=4, z=49$
16	套筒	1	Q235A		
15	键14×9×70	1	45	GB/T 1096	
14	轴	1	45		
13	轴承3209E	2		GB/T 297	
12	轴承端盖	1	HT200		
11	齿轮	1	45		$m=4, z=18$
10	套筒	1	Q235A		
9	轴	1	45		
8	轴承端盖	1	HT200		
7	键8×7×28	1	45	GB/T 1096	
6	齿轮轴	1	45		$m=2.5, z=17$
5	唇形密封圈28	1		GB/T 13871.1	
4	轴承端盖	1	HT200		
3	调整垫片	4组	08F		成组
2	轴承3206	4		GB/T 297	
1	套筒	1	Q235A		

带式运输机传动装置 机械设计课程设计 比例 1:1

齿轮减速器

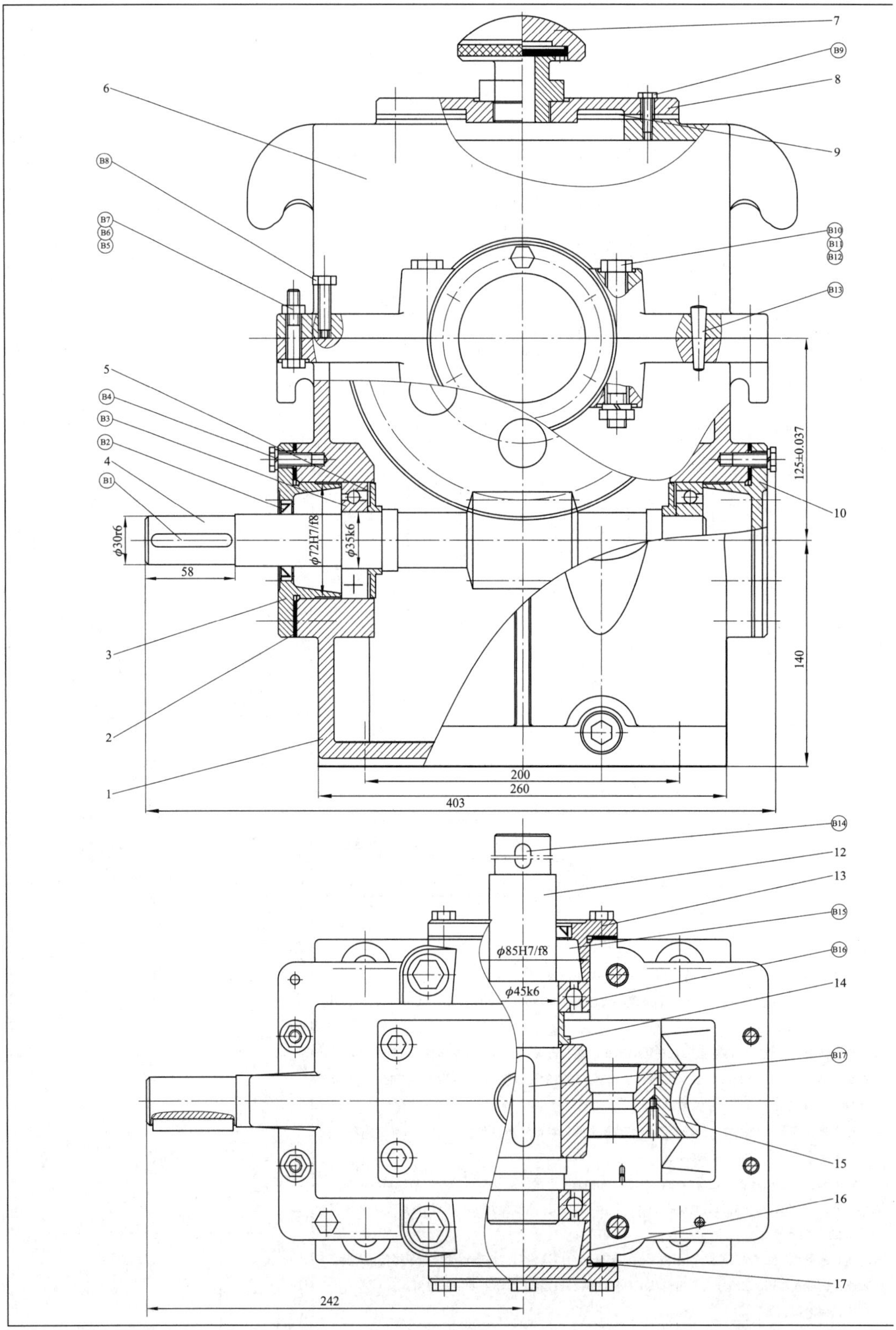

附录1 机械设计课程设计参考图例

附图 1.17 一级蜗

附录1.4 减速器装配图示例

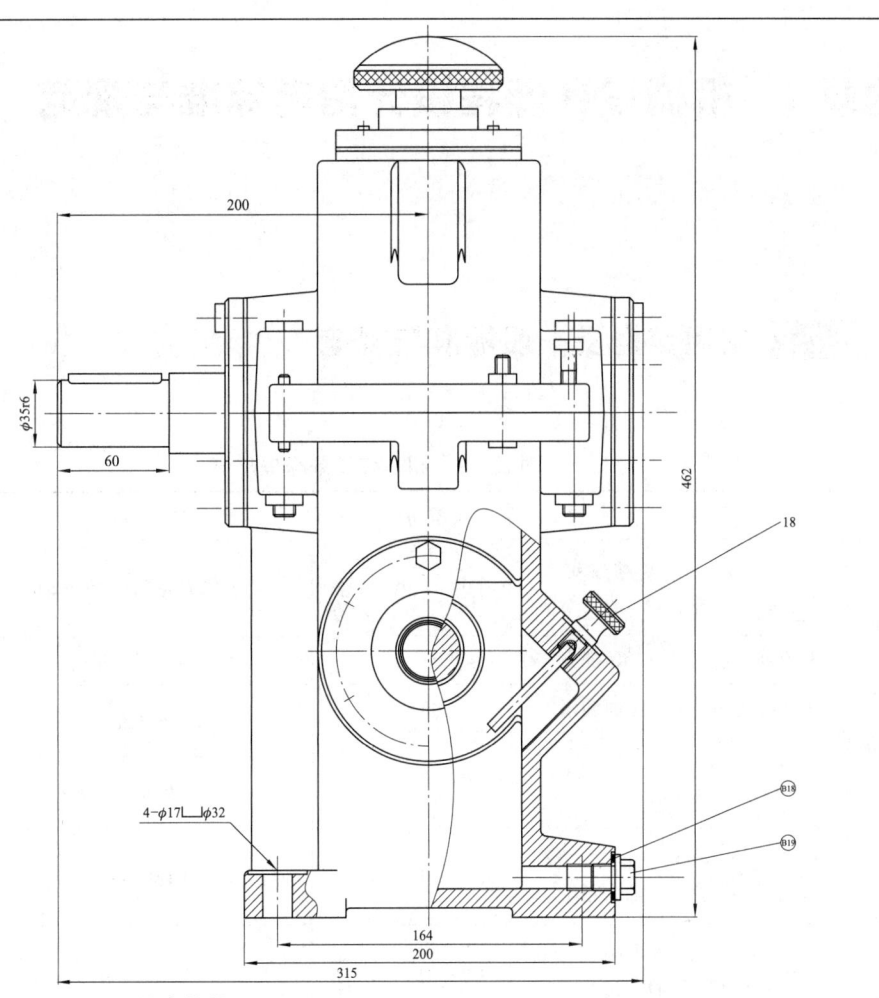

技术特性

输入功率 /kW	输入转速 /(r/min)	效率/%	传动比 i	传动特性				精度等级
				m_n	z_1	z_2	β	
1.76	960	72	20	5	2	40	11°18′36″	8c GB/T 10089—2018

技术要求

1. 装配前滚动轴承用汽油清洗,其余所有零件用煤油清洗。
2. 各配合、密封、螺纹连接处涂润滑油；
3. 保证传动最小法向侧隙δ_{bnmin}=0.074mm；
4. 检验齿面接触斑点,在齿高方向较宽接触区不得小于55%,在齿宽方向较宽、较窄接触区均不得小于50%；
5. 滚动轴承的轴向间隙为0.04~0.1mm；
6. 装配成后进行空负荷试验,条件为：高速轴转速为940r/min；
7. 未加工表面涂天蓝色油漆,内表面涂红色耐油油漆。

序号	名称	数量	材料	标准	备注
18	油面指示器	1	Q235A		组合件
17	调整垫片	2组	08F		
16	轴承端盖	1	HT200		
15	蜗轮	1	ZCuAl10Fe3		z_2=40, m=5, 组合件
14	套筒	1	Q235A		
13	轴承端盖	1	HT200		
12	轴	1	45		
11	蜗杆	1	45		d_1=50, z_1=2, 组合件
10	轴承端盖	1	HT200		
9	垫片	1	石棉橡胶纸		
8	窥视孔盖	1	HT200		
7	通气器	1			带滤网的通气器组合件
6	机盖	1	HT200		
5	挡油板	2	Q235A		
4	蜗杆轴		45		
3	轴承端盖		HT200		
2	调整垫片	2组	08F		
1	机座		HT200		
B19	螺塞M12×1.25	1	皮革	GB/T 4450	
B18	封油圈	1	皮革	GB/T 4450	
B17	A型平键14×9×56	1	45	GB/T 1096	
B16	轴承7209C	2	GCr15	GB/T 292	
B15	唇形密封圈	1	橡胶	GB/T 13871.1	
B14	A型平键10×8×50	1	45	GB/T 1096	
B13	销φ6	2	45	GB/T 119.2	
B12	六角螺栓M12	4	Q235	GB/T 5783	
B11	弹簧垫圈12	4	65Mn	GB/T 93	
B10	六角螺母M12	4	Q235	GB/T 6170	
B9	螺钉M8	4	Q235	GB/T 70.1	
B8	螺钉M12	1	Q235	GB/T 70.1	
B7	六角螺栓M8	4	Q235	GB/T 5783	
B6	六角螺母M8	4	Q235	GB/T 6170	
B5	弹簧垫圈8	4	65Mn	GB/T 93	
B4	六角螺栓M8	24	Q235	GB/T 5783	
B3	轴承7207C	2	GCr15	GB/T 292	
B2	唇形密封圈	1		GB/T 13871.1	
B1	A型平键8×7×50	1	45	GB/T 1096	
序号	名称	数量	材料	标准	备注

一级蜗杆减速器		图号		第 张 共 张	
		比例	1:1	数量	1
		设计		机械设计课程设计	(学校)(专业)
		审阅			
		成绩			
		日期			

附录 2 机械设计课程设计常用标准与规范

附录 2.1 常用数据及一般标准与规范

附表 2.1 机械传动效率概略值

种类		效率 η	种类		效率 η
圆柱齿轮传动	经过跑合的 6 级精度和 7 级精度齿轮传动（油润滑）	0.98~0.99	带传动	平带无张紧轮的传动	0.98
	8 级精度一般齿轮传动（油润滑）	0.97		V 带传动	0.96
	9 级精度齿轮传动（油润滑）	0.96	链传动	滚子链	0.96
	加工齿的开式齿轮传动（脂润滑）	0.94~0.96		齿形链	0.97
锥齿轮传动	经过跑合的 6 级精度和 7 级精度齿轮传动（油润滑）	0.97~0.98	滑动轴承	润滑不良	0.94（一对）
	8 级精度的一般齿轮传动（油润滑）	0.94~0.97		润滑正常	0.97（一对）
	加工齿的开式齿轮传动（脂润滑）	0.92~0.95		润滑很好（压力润滑）	0.98（一对）
蜗杆传动	自锁蜗杆（油润滑）	0.40~0.45		液体摩擦润滑	0.99（一对）
	单头蜗杆（油润滑）	0.70~0.75	滚动轴承	球轴承	0.99（一对）
	双头蜗杆（油润滑）	0.75~0.82			
	三头和四头蜗杆（油润滑）	0.80~0.92		滚子轴承	0.98（一对）
联轴器	弹性联轴器	0.99~0.995			
	金属滑块联轴器	0.97~0.99	丝杠传动	滑动丝杠	0.30~0.60
	齿轮联轴器	0.99		滚动丝杠	0.85~0.95
	万向联轴器	0.95~0.98		卷筒	0.94~0.97

附录 2.1 常用数据及一般标准与规范

附表 2.2　机械传动的传动比范围

传动类型	传动比	传动类型	传动比
带传动		锥齿轮传动	
平带传动	≤5	1) 开式	≤5
V 带传动	≤7	2) 单级减速器	≤3
圆柱齿动传动		蜗杆传动	
1) 开式	≤8	1) 开式	15～60
2) 单级减速器	≤4～9	2) 单级减速器	10～40
3) 单级外啮合和内啮合	3～9	滚子链传动	≤6
行星减速器		摩擦轮传动	≤5

附表 2.3　中心孔（GB/T 145—2001 摘录）　　　　mm

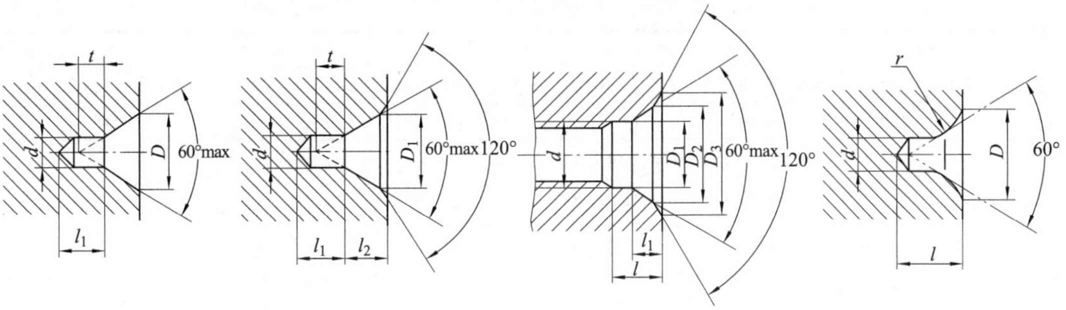

A 型	B 型	C 型	R 型
不带护锥中心孔	带护锥中心孔	带螺纹的中心孔	弧形中心孔

d	D、D_1	D_2	l_2（参考）	t（参考）	l_{min}	r_{max}	r_{min}	d	D_1	D_3	l	l_1（参考）	选择中心孔的参考数据		
A、B、R 型	A、B、R 型	B 型	A 型	B 型	A、B 型	R 型		C 型					原料端部最小直径 D_0	轴状原料最大直径 D_c	工件最大质量 /t
1.00	2.12	3.15	0.97	1.27	0.9	2.3	3.15	2.50	M3	3.2	5.8	2.6	1.8			
1.60	3.35	5.00	1.52	1.99	1.4	3.5	5.0	4.0	M4	4	7.4	3.2	2.1			
2.00	4.25	6.30	1.95	2.54	1.8	4.4	6.3	5.0	M5	5.3	8.8	4.0	2.4	8	>10～18	0.12
2.50	5.30	8.00	2.42	3.20	2.2	5.5	8.0	6.3	M6	6.4	10.5	5.0	2.8	10	>18～30	0.2
3.15	6.70	10.00	3.07	4.03	2.8	7.0	10.0	8.0	M8	8.4	13.2	6.0	3.3	12	>30～50	0.5
4.00	8.50	12.50	3.90	5.05	3.5	8.9	12.5	10.0	M10	10.5	16.3	7.5	3.8	15	>50～80	0.8
(5.00)	10.60	16.00	4.85	6.41	4.4	11.2	16.0	12.5	M12	13.0	19.8	9.5	4.4	20	>80～120	1
6.30	13.20	18.00	5.98	7.36	5.5	14.0	20.0	16.0	M16	17.0	25.3	12.0	5.2	25	>120～180	1.5
(8.00)	17.00	22.40	7.79	9.36	7.0	17.9	25.0	20.0	M20	21.0	31.3	15.0	6.4	30	>180～220	2
10.00	21.20	28.00	9.70	11.66	8.7	22.5	31.5	25.0	M24	26.0	38.0	18.0	8.0	35	>180～220	2.5

注：1. A 型和 B 型中心孔的尺寸 l 取决于中心钻的长度，此值不应小于 t 值。

2. 括号内的尺寸尽量不采用。

3. 选择中心孔的参考数据不属于 GB/T 145 的内容，仅供参考。

附表 2.4　标准中心孔在图样上的标注（GB/T 4459.5—1999 摘录）

要求	符号	表示法示例	说明
在完工的零件上要求保留中心孔		GB/T 4459.5-B2.5/8	采用 B 型中心孔 $D = 2.5$ mm，$D_1 = 8$ mm 在完工的零件上要求保留中心孔
在完工的零件上保留中心孔与否均可		GB/T 4459.5-A4/8.5	采用 A 型中心孔 $D = 4$ mm，$D_1 = 8.5$ mm 在完工的零件上保留中心孔与否均可
在完工的零件上不允许保留中心孔		GB/T 4459.5-A1.6/3.35	采用 A 型中心孔 $D = 1.6$ mm，$D_1 = 3.35$ mm 在完工的零件上不允许保留中心孔

附表 2.5　齿轮滚刀外径尺寸（GB/T 6083—2016 摘录）　　mm

模数 m		1	1.5	2	2.5	3	4	5	6	7	8	9	10
滚刀外径 d_e	Ⅰ 型	63	63	71	80	90	112	125	140	140	160	180	200
	Ⅱ 型	50	63	71	71	80	90	100	112	118	125	140	150

注：Ⅰ 型适用于 JB/T 3227 规定的高精度齿轮滚刀及 GB/T 6084—2001 中的 AA 级齿轮滚刀。
　　Ⅱ 型适用于技术条件按 GB/T 6084—2001 的齿轮滚刀。

附表 2.6　三面刃铣刀尺寸（GB/T 6119—2012 摘录）　　mm

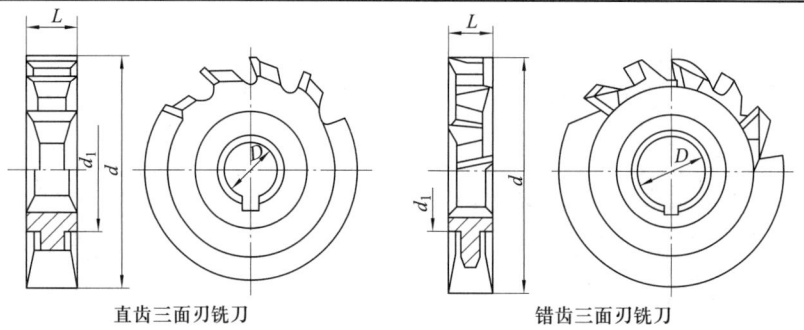

直齿三面刃铣刀　　　错齿三面刃铣刀

标记示例：
　示例 1　外圆直径 $d = 63$ mm，厚度 $L = 12$ mm 的直齿三面刃铣刀标记为
　　　　直齿三面刃铣刀 63×12　GB/T 6119—2012
　示例 2　外圆直径 $d = 63$ mm，厚度 $L = 12$ mm 的错齿三面刃铣刀标记为
　　　　错齿三面刃铣刀 63×12　GB/T 6119—2012

d js16	D H7	d_1 min	L k11												
			4	5	6	8	10	12	14	16	18	20	22	25	28	32	36	40
50	16	27	×	×	×	×	×	—	—	—						
63	22	34	×	×	×	×	×	×	×	—						
80	27	41		×	×	×	×	×	×	×	×	—				
100	32	47			×	×	×	×	×	×	×	×	×	—	—	
125			—			×	×	×	×	×	×	×	×	×	×	
160	40	55		—		×	×	×	×	×	×	×	×	×	×	×
200					—	×	×	×	×	×	×	×	×	×	×	×

注：×表示有此规格

附表2.7 图样比例(GB/T 14690—1993摘录)

与实物相同	缩小的比例	放大的比例
$1:1$	$1:1.5;1:2;1:2.5;1:3;1:4;1:5;1:10^n$ $1:1.5\times10^n;1:2\times10^n;1:2.5\times10^n;1:5\times10^n$	$2:1;2.5:1;4:1;5:1;1\times10^n:1$ $2\times10^n:1;2.5\times10^n:1;4\times10^n:1;5\times10^n:1$

注:n为正整数。

附表2.8 图纸幅面(GB/T 14689—2008摘录)　　mm

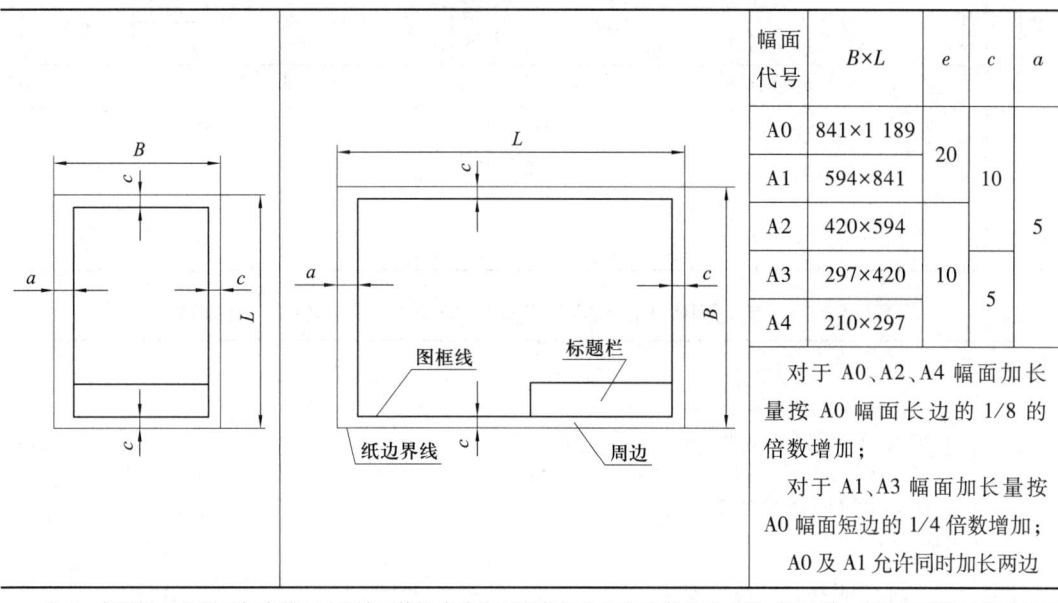

幅面代号	$B\times L$	e	c	a
A0	841×1 189	20	10	5
A1	594×841	20	10	5
A2	420×594		10	5
A3	297×420	10	5	5
A4	210×297	10	5	5

对于A0、A2、A4幅面加长量按A0幅面长边的1/8的倍数增加；

对于A1、A3幅面加长量按A0幅面短边的1/4倍数增加；A0及A1允许同时加长两边

注:1. 在图纸上必须用粗实线画出图框,其格式分为不留装订边和留有装订边两种,但是同一产品的图样只能采用其中一种格式；

2. 留有装订边的图纸,其图框格式见表所示,尺寸规定参见表中的规定。

附表2.9 装配图标题栏格式

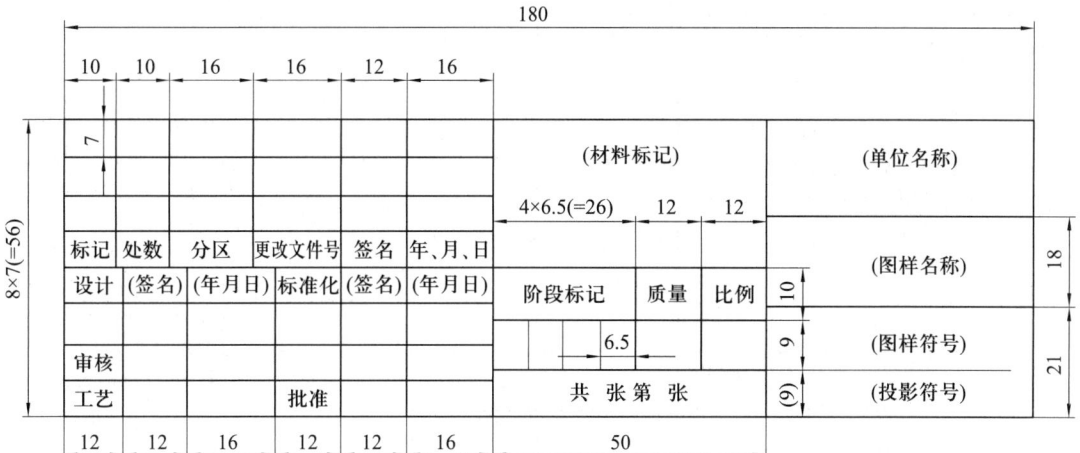

附表 2.10 明细栏格式

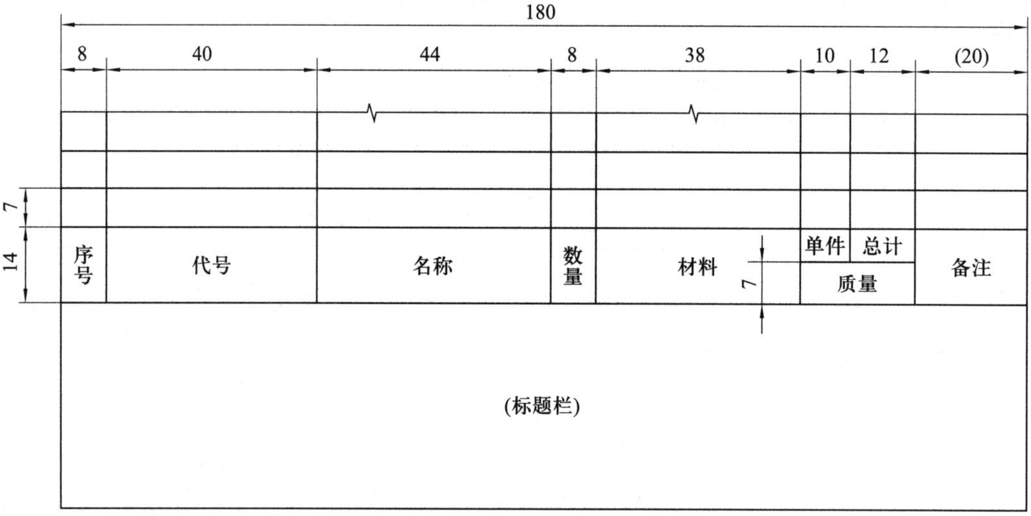

序号	代号	名称	数量	材料	单件	总计	备注
					质量		

(标题栏)

附表 2.11 装配图中零部件序号及编排方法(GB/T 4458.2—2003)

标注内容	表示方法	示例	备注
序号	在指引线的水平线(细实线)上或圆(细实线)内注写序号,序号字高比该装配图中所注尺寸数字高度大一号	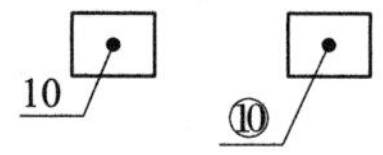	1. 在同一装配图中编注序号的形式应一致; 2. 相同零、部件用一个序号,一般只标注一次; 3. 装配图中序号应按水平或垂直方向,顺时针或逆时针方向顺序排列
	同上,但序号字高比该装配中所注尺寸数字高度大两号	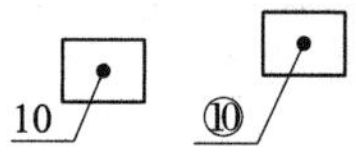	
	在指引线附近注写序号,序号字高比该装配图中所注尺寸数字高度大两号	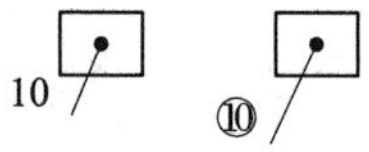	
指引线	一组紧固件以及装配关系清楚的零件组,可以采用公共指引线,如下图所示	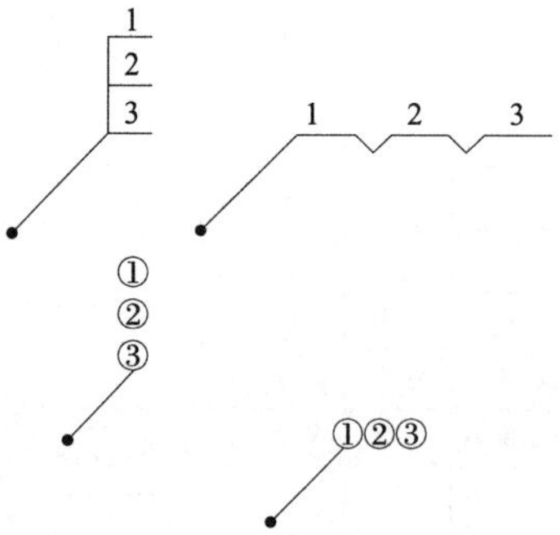	1. 指引线应自所指部分的可见轮廓内引出,并在末端画一圆点; 2. 指引线相互不能相交,当通过有剖面线的区域时,不能与剖面线平行; 3. 批引线可以画成折线,但只可曲折一次
	若指引线所指部分(很薄的零件或涂黑的剖面)内不便画圆点时,可在指引线的末端画箭头,并指向该部分的轮廓,如右图所示	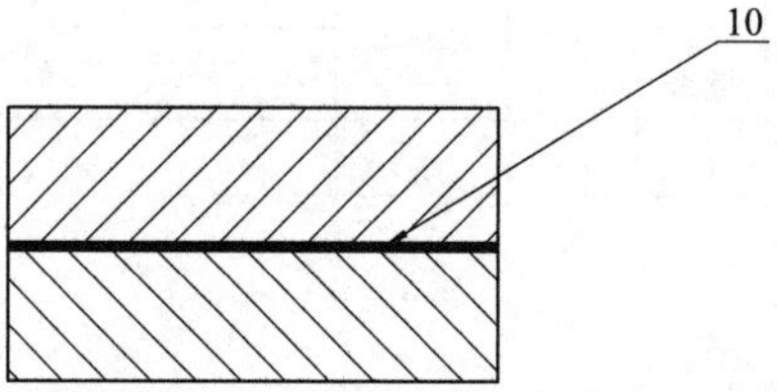	

附表 2.12　尺寸标注的符号和缩写词

名称	直径	半径	球直径	球半径	厚度	正方形	45°倒角	深度	沉孔或锪平	沉头孔	均布
符号或缩写词	φ	R	SØ	SR	t	□	C	▽	⊔	∨	EQS

附表 2.13　铸件最小壁厚（不小于）　　　　　　mm

铸造方法	铸件尺寸	铸钢	灰铸铁	球墨铸铁	可锻铸铁	铝合金	铜合金
砂型	~200×200	8	~6	6	5	3	3~5
	>200×200~500×500	10~12	6~10	12	8	4	6~8
	>500×500	15~20	15~20	—	—	6	—

附表 2.14　铸造外圆角（JB/ZQ 4256—2006）　　　　　　mm

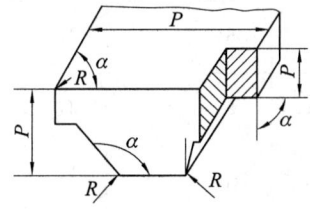

表面的最小边尺寸 P	R 值					
	外圆角 α					
	≤50°	51°~75°	76°~105°	106°~135°	136°~165°	>165°
≤25	2	2	2	4	6	8
>25~60	2	4	4	6	10	16
>60~160	4	4	6	8	16	25
>160~250	4	6	8	12	20	30
>250~400	6	8	10	16	25	40

附表 2.15 铸造内圆角（JB/ZQ 4255—2006）

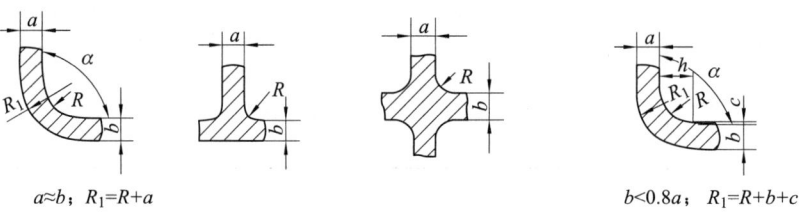

$a≈b$；$R_1=R+a$　　　　　　　　　　　　　　　　$b<0.8a$；$R_1=R+b+c$

R 值　　　　　　　　　　　　　　　　　　　　　　　　　　　　　　　　　　mm

$\dfrac{a+b}{2}$	内圆角 α												
	≤50°		>50°~75°		>76°~105°		>105°~135°		>135°~165°		>165°	
	钢	铁	钢	铁	钢	铁	钢	铁	钢	铁	钢	铁
≤8	4	4	4	4	6	4	8	6	16	10	20	16
9~12	4	4	4	4	6	6	10	8	16	12	25	20
13~16	4	4	6	4	8	6	12	10	20	16	30	25
17~20	6	4	8	6	10	8	16	12	25	20	40	30
21~27	6	6	10	8	12	10	20	16	30	25	50	40
28~35	8	6	12	10	16	12	25	20	40	30	60	50

c 和 h 值　　　　　　　　　　　　　　　　　　　　　　　　　　　　　　　mm

b/a	<0.4	0.5~0.65	0.66~0.8	>0.8
$c≈$	$0.7(a-b)$	$0.8(a-b)$	$a-b$	—
$h≈$ 钢	$8c$			
$h≈$ 铁	$9c$			

附录2.2 连接

附表2.16 普通螺纹基本尺寸（GB/T 196—2003 摘录）　　mm

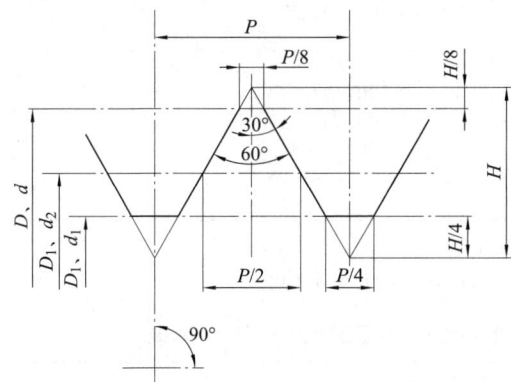

$H = 0.866P$
$d_2 = d - 0.6495P$
$d_1 = d - 1.0825P$
D、d—内、外螺纹基本大径
D_2、d_2—内、外螺纹基本中径
D_1、d_1—内、外螺纹基本小径
P—螺距

标记示例：
　　M20-6H（公称直径20 粗牙右旋内螺纹，中径和大径的公差带均为6H）
　　M20-6g（公称直径20 粗牙右旋外螺纹，中径和大径的公差带均为6g）
　　M20-6H/6g（上述规格的螺纹副）
　　M20×2 左-5g6g-S（公称直径20、螺距2 的细牙左旋外螺纹，中径、大径的公差带分别为5g、6g 短旋合长度）

| 公称直径 D、d | | 螺距 P | 中径 D_2,d_2 | 小径 D_1,d_1 | 公称直径 D、d | | 螺距 P | 中径 D_2,d_2 | 小径 D_1,d_1 | 公称直径 D、d | | 螺距 P | 中径 D_2,d_2 | 小径 D_1,d_1 |
第一系列	第二系列				第一系列	第二系列				第一系列	第二系列			
3		0.5 0.35	2.675 2.773	2.459 2.621	6		1 0.75	5.350 5.513	4.917 5.188	16		2 1.5 1	14.701 15.026 15.350	13.835 14.376 14.917
	3.5	0.6 0.35	3.110 3.273	2.850 3.121	8		1.25 1 0.75	7.188 7.350 7.513	6.647 6.917 7.188		18	2.5 2 1.5 1	16.376 16.701 17.026 17.350	15.294 15.835 16.376 16.917
4		0.7 0.5	3.545 3.675	3.242 3.459	10		1.5 1.25 1 0.75	9.026 9.188 9.350 9.513	8.376 8.647 8.917 9.188	20		2.5 2 1.5 1	18.376 18.701 19.026 19.350	17.294 17.835 18.376 18.917
	4.5	0.75 0.5	4.013 4.175	3.688 3.959	12		1.75 1.5 1.25 1	10.863 11.026 11.188 11.350	10.106 10.376 10.647 10.917		22	2.5 2 1.5 1	20.376 20.701 21.026 21.350	19.294 19.835 20.376 20.917
5		0.8 0.5	4.480 4.675	4.134 4.459		14	2 1.5 1	12.701 13.026 13.350	11.835 12.376 12.917	24		3 2 1.5 1	22.051 22.701 23.026 23.350	20.752 21.835 22.376 22.917

续表

公称直径 D、d		螺距 P	中径 D_2, d_2	小径 D_1, d_1	公称直径 D、d		螺距 P	中径 D_2, d_2	小径 D_1, d_1	公称直径 D、d		螺距 P	中径 D_2, d_2	小径 D_1, d_1
第一系列	第二系列				第一系列	第二系列				第一系列	第二系列			
	27	3 2 1.5 1	25.051 25.701 26.026 26.350	23.752 24.835 25.376 25.917		33	3.5 2 1.5	30.727 31.701 32.026	29.211 30.835 31.376		39	4 3 2 1.5	36.042 37.051 37.701 38.026	34.670 35.572 36.835 37.376
30		3.5 2 1.5 1	27.727 28.701 29.026 29.350	26.211 27.835 28.376 28.917	36		4 3 2 1.5	33.402 34.051 34.701 35.026	31.670 32.752 33.835 34.376	42		4.5 4 3 2 1.5	39.077 39.402 40.051 40.701 41.026	37.129 37.670 38.752 39.835 40.376

注：1. 螺距 P 栏中第一个数值为粗牙螺距，其余为细牙螺距；
　　2. 优先选用第一系列，其次为第二系列，第三系列（表中未列出）尽可能不用。

附表 2.17　梯形螺纹牙型尺寸（GB/T 5796.1—2022 摘录）　　　　　　mm

基本牙型

基本牙型见图中的粗实线。内外螺纹的基本牙型相同。基本牙型尺寸公式：
$H = P/(2\tan 15°) = 1.866\,025\,404P$
$H_2 = 0.5P$
$w = (H - H_2)P/(2H) = 0.366P$

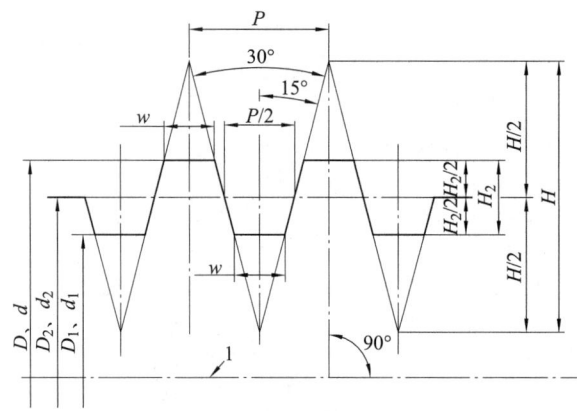

标引序号说明：
1—螺纹轴线。

基本牙型尺寸

螺距 P	H	$H/2$	H_2	w
1.5	2.799	1.400	0.75	0.549
2	3.732	1.866	1	0.732
3	5.598	2.799	1.5	1.098
4	7.464	3.732	2	1.464
5	9.330	4.665	2.5	1.830
6	11.196	5.598	3	2.196

续表

螺距 P	H	H/2	H_2	w
7	13.062	6.531	33.5	2.562
8	14.928	7.464	4	2.928
9	16.794	8.397	4.5	3.294
10	18.660	9.330	5	3.660
12	22.392	11.196	6	4.392
14	26.124	13.062	7	5.124
16	29.856	14.928	8	5.856
18	33.588	16.794	9	6.588
20	37.320	18.660	10	7.320
22	41.052	20.526	11	8.052
24	44.784	22.392	12	8.784
28	52.248	26.124	14	10.248
32	59.712	29.856	16	11.712
26	67.176	33.588	18	13.176
40	74.640	37.320	20	14.640
44	82.104	41.052	22	16.104

附表 2.18 梯形螺纹直径与螺距系列（GB/T 5796.2—2022 摘录） mm

公称直径 d		螺距 P	公称直径 d		螺距 P	公称直径 d		螺距 P
第一系列	第二系列		第一系列	第二系列		第一系列	第二系列	
8		1.5*	28		8,5*,3	52		12,8*,3
	9	2*,1.5		30	10,6*,3		55	14,9*,3
10		2*,1.5	32		10,6*,3	60		14,9*,3
	11	3,2*	34		10,6*,3	65		16,10*,4
12		3*,2	36		10,6*,3	70		16,10*,4
	14	3*,2		38	10,7*,3		75	16,10*,4
16		4*,2	40		10,7*,3	80		16,10*,4
	18	4*,2		42	10,7*,3		85	18,12*,4
20		4*,2	44		12,7*,3	90		18,12*,4
	22	8,5*,3		46	12,8*,3		95	18,12*,4
24		8,5*,3	48		12,8*,3	100		20,12*,4
	26	8,5*,3		50	12,8*,3			

注：优先选用第一系列的直径，带 * 者为对应直径优先选用的螺距。

附表2.19 梯形螺纹基本尺寸（GB/T 5796.3—2022 摘录） mm

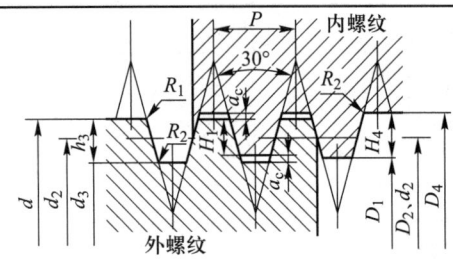

表中所列的数值按下式计算：$d_3=d-2h_3$；$D_2=d_2=d-0.5P$；$D_4=d+2a_c$；$D_1=d-P$

螺距 P	外螺纹小径 d_3	内、外螺纹中径 D_2、d_2	内螺纹大径 D_4	内螺纹小径 D_1	螺距 P	外螺纹小径 d_3	内、外螺纹中径 D_2、d_2	内螺纹大径 D_4	内螺纹小径 D_1
1.5	$d-1.8$	$d-0.75$	$d+0.3$	$d-1.5$	8	$d-9$	$d-4$	$d+1$	$d-8$
2	$d-2.5$	$d-1$	$d+0.5$	$d-2$	9	$d-10$	$d-4.5$	$d+1$	$d-9$
3	$d-3.5$	$d-1.5$	$d+0.5$	$d-3$	10	$d-11$	$d-5$	$d+1$	$d-10$
4	$d-4.5$	$d-2$	$d+0.5$	$d-4$	12	$d-13$	$d-6$	$d+1$	$d-12$
5	$d-5.5$	$d-2.5$	$d+0.5$	$d-5$	14	$d-16$	$d-7$	$d+2$	$d-14$
6	$d-7$	$d-3$	$d+1$	$d-6$	16	$d-18$	$d-8$	$d+2$	$d-16$
7	$d-8$	$d-3.5$	$d+1$	$d-7$	18	$d-20$	$d-9$	$d+2$	$d-18$

附表2.20 梯形内、外螺纹中径选用公差带（GB/T 5796.4—2022 摘录）

精度	内螺纹		外螺纹	
	N	L	N	L
中等	7H	8H	7e	8c
粗糙	8H	9H	8c	9c

注：1. 精度的选用原则为：一般用途选"中等"；精度要求不高时选"粗糙"；
2. 内、外螺纹中径公差等级为7、8、9；
3. 外螺纹大径d公差带为4h；内螺纹小径D_1公差带为4H。

附表2.21 梯形螺纹旋合长度（GB/T 5796.4—2022 摘录） mm

公称直径 d	螺距 P	旋合长度组		公称直径 d	螺距 P	旋合长度组	
		N	L			N	L
>11.2~24.4	2	>8~24	>24	>22.4~45	8	>34~100	>100
	3	>11~32	>32		10	>42~125	>125
	4	>15~43	>43		12	>50~150	>150
	5	>18~53	>53	>45~90	3	>15~45	>45
	8	>30~85	>85		4	>19~56	>56
>22.4~45	3	>12~36	>36		8	>38~118	>118
	5	>21~63	>63		9	>43~132	>132
	6	>25~75	>75		10	>50~140	>140
	7	>30~85	>85		12	>60~170	>170
					14	>67~200	>200

附表 2.22　矩 形 螺 纹　　　　　　　　　　　　　　　　　　　　　　mm

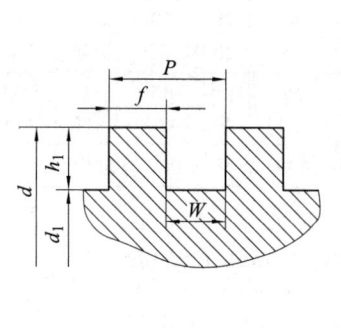

名称	公式
计算小径 d	由强度确定
大径 d（公称）	$d=\dfrac{5}{4}d_1$（取整）
螺距 P	$P=\dfrac{1}{4}d_1$（取整）
实际牙型高度 h	$h_1=0.5P+(0.1\sim0.2)$
小径 d_1	$d_1=d-2h$
牙底宽 W	$W=0.5P+(0.03\sim0.05)$
牙顶宽 f	$f=P-W$

注：矩形螺纹没有标准化，对于公制矩形螺纹的直径与螺距，可按梯形螺纹直径与螺距选择。

附表 2.23　六角头螺栓—A 和 B 级（GB/T 5782—2016）、
　　　　　　六角头螺栓（全螺纹）—A 和 B 级（GB/T 5783—2016）

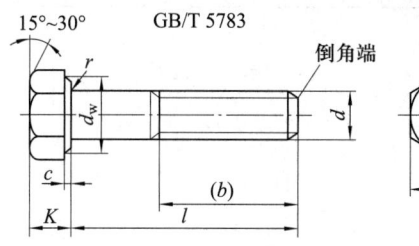 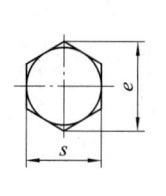 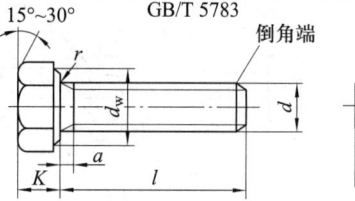 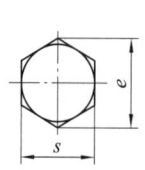

标记示例：

螺纹规格 d＝M12，公称长度 l＝80 mm、性能等级为 9.8 级、表面氧化，A 级的六角头螺栓标记为

螺栓 GB/T 5782　M12×80

标记示例：

螺纹规格 d＝M12，公称长度 l＝80 mm、性能等级为 9.8 级、表面氧化、全螺纹、A 级的六角头螺栓标记为

螺栓 GB/T 5783　M12×80

螺纹规格 d			M3	M4	M5	M6	M8	M10	M12	(M14)	M16	(M18)	M20	(M22)	M24	(M27)	M30
参考	$l\leqslant125$		12	14	16	18	22	26	30	34	38	42	46	50	54	60	66
	$125<l\leqslant200$		—	—	—	—	28	32	36	40	44	48	52	56	60	66	72
	$l>200$		—	—	—	—	—	—	—	53	57	61	65	69	73	79	85
a	max		1.5	2.1	2.4	3	3.75	4.5	5.25	6	6	7.5	7.5	7.5	9	9	10.5
c	max		0.4	0.4	0.5	0.5	0.6	0.6	0.6	0.6	0.8	0.8	0.8	0.8	0.8	0.8	0.8
d_w	min	A	4.57	5.88	6.88	8.88	11.63	14.63	16.63	19.64	22.49	25.34	28.19	31.17	33.61	—	—
		B			6.74	8.74	11.47	14.47	16.47	19.15	22	24.85	27.7	31.35	33.25	38	42.75
e	min	A	6.01	7.66	8.79	11.05	14.38	7.77	20.03	23.36	26.75	30.14	33.53	37.72	39.98	—	—
		B	5.88	7.50	8.63	10.89	14.20	17.59	19.85	22.78	26.17	29.56	32.95	37.29	39.55	45.2	50.85
K	公称		2	2.8	3.5	4	5.3	6.4	7.5	8.8	10	11.5	12.5	14	15	17	18.7
r	min		0.1	0.2	0.2	0.25	0.4	0.4	0.6	0.6	0.6	0.6	0.8	1	0.8	1	1
s	公称		5.5	7	8	10	13	16	18	21	24	27	30	34	36	41	46

续表

螺纹规格 d	M3	M4	M5	M6	M8	M10	M12	(M14)	M16	(M18)	M20	(M22)	M24	(M27)	M30
l 范围	20~30	25~40	25~50	30~60	35~80	40~100	45~120	60~140	55~160	60~180	65~200	70~220	80~240	90~260	90~300
l 范围（全螺纹）	6~30	8~40	10~50	12~60	16~80	20~100	25~100	30~140	35~100	35~200	40~200	45~200	40~100	55~200	60~200
l 系列	6,8,10,12,16,20~70（5 进位），80~160（10 进位），180~360（20 进位）													
技术条件	材料		力学性能等级		螺纹公差		公差产品等级				表面处理				
	钢		5.6、8.8、9.8、10.9		6g		A 级用于 $d\leqslant 24$ 和 $l\leqslant 10d$ 或 $l\leqslant 150$				氧化或电镀、协议简单处理				
	不锈钢		A2-70、A4-70												
	有色金属		Cu2、Cu3、A14 等			B 级用于 $d>24$ 和 $>10d$ 或 >150								

注：1. A、B 为产品等级，C 级产品螺纹公差为 8g，规格为 M5~M64，性能等级为 3.6、4.6 和 4.8 级，详见 GB/T 5780—2016、GB/T 5781—2016。

2. 括号内为第二系列螺纹直径规格，尽量不采用。

附表 2.24　六角头加强杆螺栓—A 和 B 级（GB/T 27—2013 摘录）

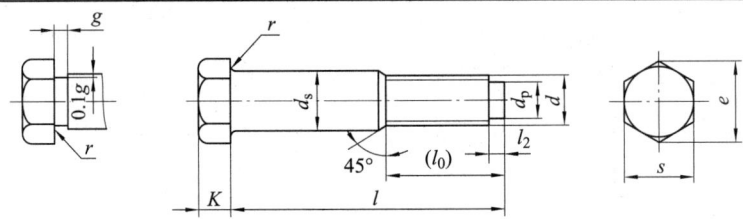

标记示例：

螺纹规格 d = M12，d_s 尺寸按表规定，公称长度 l = 80 mm，性能等级为 8.8 级，表面氧化处理，A 级的六角头加强杆螺栓标记为

螺栓 GB/T 27　M12×80；

当 d_s 按 m6 制造其余条件同上时应标记为　　螺栓 GB/T27 M12×m6×80

螺纹规格 d		M6	M8	M10	M12	(M14)	M16	(M18)	M20	(M22)	M24	(M27)	M30
d_s (h9)	max	7	9	11	13	15	17	19	21	23	25	28	32
s	max	10	13	16	18	21	24	27	30	34	36	41	46
K	公称	4	5	6	7	8	9	10	11	12	13	15	17
r	min	0.25	0.4	0.4	0.6	0.6	0.6	0.6	0.8	0.8	0.8	1	1
d_0		4	5.5	7	8.5	10	12	13	15	17	18	21	23
l_2		1.5		2			3			4		5	
e_{min}	A	11.05	14.38	17.77	20.03	23.35	26.75	30.14	33.53	37.72	39.98	—	
	B	10.89	14.20	17.59	19.85	22.78	26.17	29.56	32.95	37.29	39.55	45.20	50.85
g		2.5				3.5				5			
l_0		12	15	18	22	25	28	30	32	35	38	42	50
l 范围		25~65	25~80	30~120	35~180	40~180	45~200	50~200	55~200	60~200	65~200	75~200	80~230
l 系列		25,(28),30,(32),35,(38),40,45,50,(55),60,(65),70,(75),80,85,90,(95),100~260（10 进位），280,300											

注：尽可能不采用括号内的规格。

附表 2.25　内六角圆柱头螺钉（GB/T 70.1—2008 摘录）　　mm

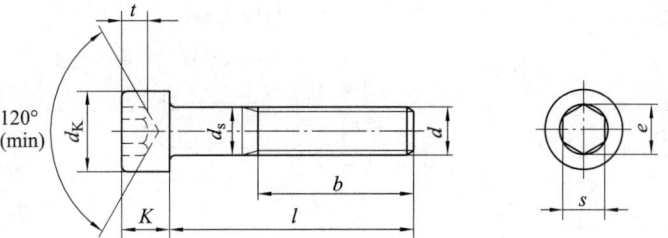

标记示例：

螺纹规格 d＝M8，公称长度 l＝20 mm，性能等级为 8.8 级，表面氧化的内六角圆柱螺钉：螺钉 GB/T 70.1 M8×20

螺纹规格 d	M5	M6	M8	M10	M12	M16	M20	M24	M30	M36
b（参考）	22	24	28	32	36	44	52	60	72	84
d_K（max）	8.5	10	13	16	18	24	30	36	45	54
e（min）	4.58	5.72	6.86	9.15	11.43	16	19.44	21.73	25.15	30.85
K（max）	5	6	8	10	12	16	19.44	21.73	25.15	30.85
s（公称）	4	5	6	8	10	14	17	19	22	27
t（min）	2.5	3	4	5	6	8	10	12	15.5	19
l 范围（公称）	8～50	10～60	12～80	16～100	20～120	25～160	30～200	40～200	45～200	55～200
制成全螺纹时 l≤	25	30	35	40	45	55	65	80	90	110
l 系列（公称）	8,10,12,16,20～70（5 进位），70～160（10 进位），180,200									

附表 2.26　开槽盘头螺钉（GB/T 67—2016 摘录）、开槽沉头螺钉（GB/T 68—2016 摘录）　mm

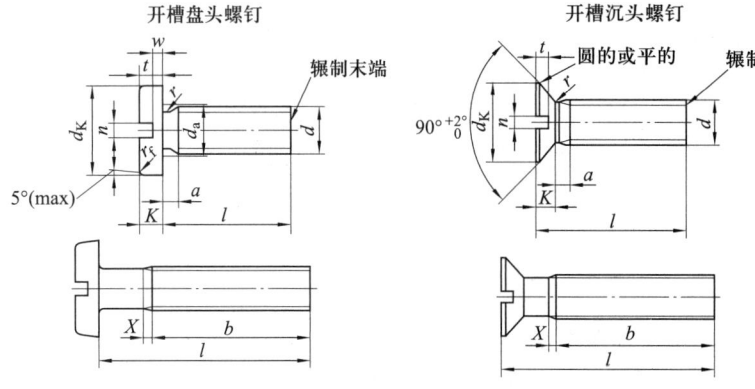

标记示例：

螺纹规格 d＝M5、公称长度 l＝20 mm、性能等级为 4.8 级、不经表面处理的开槽盘头螺钉（或开槽沉头螺钉）的标记为

螺钉 GB/T 67 M5×20

（或 GB/T 68 M5×20）

无螺纹部分杆径≈中径＝螺纹大径

螺纹规格 d			M1.6	M2	M2.5	M3	M4	M5	M6	M8	M10
螺距 P			0.35	0.4	0.45	0.5	0.7	0.8	1	1.25	1.5
a		max	0.7	0.8	0.9	1	1.4	1.6	2	2.5	3
b		min	25	25	25	25	38	38	38	38	38
n		公称	0.4	0.5	0.6	0.8	1.2	1.2	1.6	2	2.5
X		max	0.9	1	1.1	1.25	1.75	2	2.5	3.2	3.8
开槽盘头螺钉	d_K	max	3.2	4	5	5.6	8	9.5	12	16	20
	d_a	max	2.1	2.6	3.1	3.6	4.7	5.7	6.8	9.2	11.2
	K	max	1	1.3	1.5	1.8	2.4	3	3.6	4.8	6
	r	min	0.1	0.1	0.1	0.1	0.2	0.2	0.25	0.4	0.4
	r_f	参考	0.5	0.6	0.8	0.9	1.2	1.5	1.8	2.4	3
	t	min	0.35	0.5	0.6	0.7	1	1.2	1.4	1.9	2.4
	W	min	0.3	0.4	0.5	0.7	1	1.2	1.4	1.9	2.4
	l 商品规格范围		2～16	2.5～20	3～25	4～30	5～40	6～50	8～60	10～80	12～80
开槽沉头螺钉	d_K	max	3	3.8	4.7	5.5	8.4	9.3	11.3	15.8	18.3
	K	max	1	1.2	1.5	1.65	2.7	2.7	3.3	4.65	5
	r	max	0.4	0.5	0.6	0.8	1	1.3	1.5	2	2.5
	t	min	0.32	0.4	0.5	0.63	1	1.1	1.2	1.8	2
	l 商品规格范围		2.5～16	3～20	4～25	5～30	6～40	8～50	8～60	10～80	12～80
公称长度 l 的系列			2,2.5,3,4,6,8,10,12,(14),16,20～80(5 进位)								

注：1. 公称长度 l 中的(14)、(55)、(65)、(75)等规格尽量不采用；

2. 对开槽盘头螺钉，d＜M3、l≤30 mm 或 d≥M4、l≤40 mm，制出全螺纹（$b=l-a$）；对开槽沉头螺钉，d＜M3、l≤30 mm 或 d≥M4、l≤40 mm，制出全螺纹［$b=l-(K+a)$］。

附表 2.27 十字槽盘头螺钉(GB/T 818—2016 摘录)、
十字槽沉头螺钉(GB/T 819.1—2016 摘录)   mm

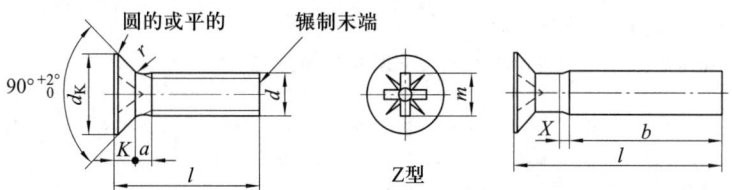

标记示例:
螺纹规格 d =M5、公称长度 l =20 mm,性能等级为 4.8 级、不经表面处理的十字槽盘头螺钉(或十字槽沉头螺钉)的标记为 螺钉 GB/T 818 M5×20(或 GB/T 819.1 M5×20)

螺纹规格 d			M1.6	M2	M2.5	M3	M4	M5	M6	M8	M10
螺距 P			0.35	0.4	0.45	0.5	0.7	0.8	1	1.25	1.5
a		max	0.7	0.8	0.9	1	1.4	1.6	2	2.5	3
b		min	25	25	25	25	38	38	38	38	38
X		max	0.9	1	1.1	1.25	1.75	2	2.5	3.2	3.8
十字槽盘头螺钉	d_a	max	2.1	2.6	3.1	3.6	4.7	5.7	6.8	9.2	11.2
	d_K	max	3.2	4	5	5.6	8	9.5	12	16	20
	K	max	1.3	1.6	2.1	2.4	3.1	3.7	4.6	6	7.5
	r	min	0.1	0.1	0.1	0.1	0.2	0.2	0.25	0.4	0.4
	r_f	≈	2.5	3.2	4	5	6.5	8	10	13	16
	m	参考	1.7	1.9	2.6	2.9	4.4	4.6	6.8	8.8	10
	l 商品规格范围		3~16	3~20	3~25	4~30	5~40	6~45	8~60	10~60	12~60
十字槽沉头螺钉	d_K	max	3	3.8	4.7	5.5	8.4	9.3	11.3	15.8	18.3
	K	max	1	1.2	1.5	1.65	2.7	2.7	3.3	4.65	5
	r	max	0.4	0.5	0.6	0.8	1	1.3	1.5	2	2.5
	m	参考	1.8	2	3	3.2	4.6	5.1	6.8	9	10
	l 商品规格范围		3~16	3~20	3~25	4~30	5~40	6~50	8~60	10~60	12~60
公称长度 l 的系列			3,4,5,6,8,10,12,(14),16,20~60(5 进位)								

注:1. 公称长度 l 中的(14)、(55)等规格尽可能不采用;
2. 对十字槽盘头螺钉,d ≤M3,l ≤25 mm 或 d ≥M4,l ≤40 mm 时,制出全螺纹($b=l-a$);对十字槽沉头螺钉,d ≤M3、l ≤30 mm 或 d ≥M4、l ≤45 mm 时,制出全螺纹[$b=l-(K+a)$]。

附表 2.28　开槽锥端紧定螺钉(GB/T 71—2018 摘录)、开槽平端紧定螺钉(GB/T 73—2017 摘录)、
开槽长圆柱端紧定螺钉(GB/T 75—2018 摘录)　　mm

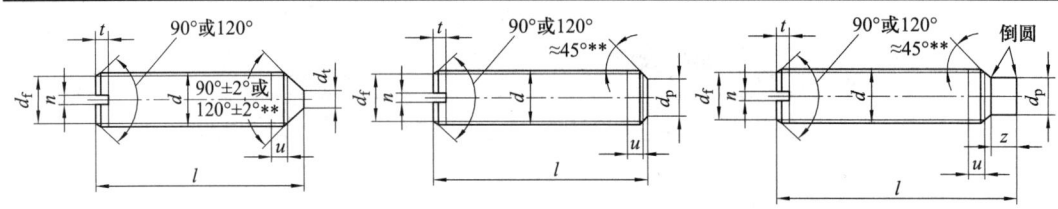

标记示例：

螺纹规格 d=M5、公称长度 l=12 mm、性能等级为 14H 级、表面氧化的开槽锥端紧定螺钉(或开槽平端，或开槽长圆柱端紧定螺钉)的标记为

螺钉 GB/T 71 M5×12(或 GB/T 73 M5×12，或 GB/T 75 M5×12)

螺纹规格 d			M3	M4	M5	M6	M8	M10	M12
螺距 P			0.5	0.7	0.8	1	1.25	1.5	1.75
d_f≈			螺纹小径						
d_t	max		0.3	0.4	0.5	1.5	2	2.5	3
d_p	max		2	2.5	3.5	4	5.5	7	8.5
n	公称		0.4	0.6	0.8	1	1.2	1.6	2
t	min		0.8	1.12	1.28	1.6	2	2.4	2.8
z	max		1.75	2.25	2.75	3.25	4.3	5.3	6.3
不完整螺纹的长度 u			≤2P						
l范围(商品规格)	GB/T 71		4~16	6~20	8~25	8~30	10~40	12~50	14~60
	GB/T 73		3~16	4~20	5~25	6~30	8~40	10~50	12~60
	GB/T 75		5~16	6~20	8~25	8~30	10~40	12~50	14~60
	短螺钉	GB/T 73	3	4	5	6	—	—	—
		GB/T 75	5	6	8	8、10	10、12、14	12、14、16	14、16、20
公称长度 l 的系列			3、4、5、6、8、10、12、(14)、16、20、25、30、35、40、45、50、(55)、60						

注:1. 尽可能不采用括号内的规格；

2. 表图中，*公称长度在表中 l 范围内的短螺钉制成120°；**90°或120°和45°仅适用于螺纹小径以内的末端部分。

附表2.29 双头螺柱 $b_m = 1d$ (GB/T 897—1988)、
$b_m = 1.25d$ (GB/T 898—1988)、$b_m = 1.5d$ (GB/T 899—1988)

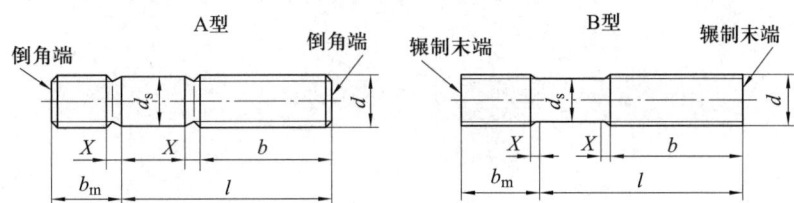

$x \leq 1.5P$；P—粗牙螺纹螺距；$d_s \approx$ 螺纹中径（B型）

标记示例：

两端均为粗牙普通螺纹，$d=10$ mm、$l=50$ mm、性能等级为4.8级、不经表面处理、B型、$b_m=1d$ 的双头螺柱标记为

螺柱 GB/T 897 M10×50

旋入机体一端为粗牙普通螺纹，旋螺母一端为螺距 $P=1$ mm 的细牙普通螺纹，$d=10$ mm、$l=50$ mm、性能等级为4.8级、不经表面处理、A型、$b_m=1.25d$ 的双头螺柱标记为

螺柱 GB/T 898 AM10-M10×1×50

旋入机体一端为过渡配合螺纹的第一种配合，旋螺母一端为粗牙普通螺纹，$d=10$ mm、$l=50$ mm、性能等级为8.8级、镀锌钝化、B型、$b_m=1.25d$ 的双头螺栓标记为

螺柱 GB/T 898 GM10-M10×50-8.8-Zn·D

螺纹规格 d		M5	M6	M8	M10	M12	M16	M20
b_m 公称	GB/T 897	5	6	8	10	12	16	20
	GB/T 898	6	8	10	12	15	20	25
	GB/T 899	8	10	12	15	18	24	30
d_s	max				=d			
	min	4.7	5.7	7.64	9.64	11.57	15.57	19.48
$\dfrac{l}{b}$		$\dfrac{16\sim22}{10}$ $\dfrac{25\sim50}{16}$	$\dfrac{20\sim22}{10}$ $\dfrac{25\sim30}{14}$ $\dfrac{32\sim90}{18}$	$\dfrac{20\sim22}{12}$ $\dfrac{25\sim30}{16}$ $\dfrac{32\sim90}{22}$	$\dfrac{25\sim28}{14}$ $\dfrac{30\sim38}{16}$ $\dfrac{40\sim120}{26}$ $\dfrac{130}{32}$	$\dfrac{25\sim30}{16}$ $\dfrac{32\sim40}{20}$ $\dfrac{45\sim120}{30}$ $\dfrac{130\sim180}{36}$	$\dfrac{30\sim38}{20}$ $\dfrac{40\sim55}{30}$ $\dfrac{60\sim120}{42}$ $\dfrac{130\sim200}{44}$	$\dfrac{35\sim40}{25}$ $\dfrac{45\sim65}{35}$ $\dfrac{70\sim120}{46}$ $\dfrac{130\sim200}{52}$
范围		16~50	20~75	20~90	25~130	25~180	30~200	35~200
l 系列		16,20,25,30,35,40~100(5进位),110~260(10进位),280,300						

注：1. 旋入机体一端过渡配合螺纹代号为 GM、G2M，A型螺纹代号为 AM，B型不写；

2. GB/T 898 中，$d=(5\sim20)$ mm 为商品规格，其余均为通用规格；

3. 末端按 GB/T 2—2001 的规定；

4. $b_m=1d$ 一般用于钢对钢，$b_m=(1.25\sim1.5)d$ 一般用于钢对铸铁。

附表 2.30　A 级和 B 级粗牙 1 型六角螺母（GB/T 6170—2015 摘录）　mm

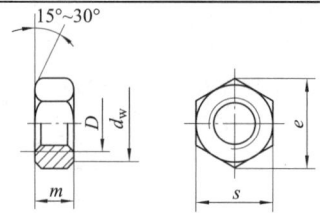

标记示例：
螺纹规格 D=M12、性能等级为 10 级、不经表面处理、A 级的 1 型六角螺母标记为
螺母 GB/T 6170 M12

螺纹规格 D		M5	M6	M8	M10	M12	M16	M20	M24	M30
d_w	min	6.9	8.9	11.6	14.6	16.6	22.5	27.7	33.2	42.7
e	min	8.79	11.05	14.38	17.77	20.03	26.75	32.95	39.55	50.85
m	max	4.7	5.2	6.8	8.4	10.8	14.8	18.0	21.5	25.6
s	max	8	10	13	16	18	24	30	36	46

附表 2.31　圆螺母（GB/T 812—1988 摘录）　mm

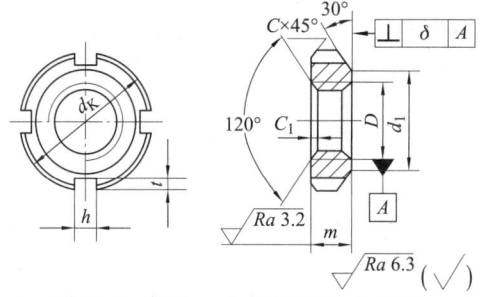

D≤M100×2，槽数 n=4；D≥M105×2，槽数 n=6

标记示例：
螺纹规格 $D×p$=M16×1.5，材料为 45 钢，全部热处理后，硬度为 35~45 HRC，表面氧化的圆螺母的标记为
螺母 GB/T 812 M16×1.5

螺纹规格 $D×p$	d_K	d_1	m	h min	t min	C	C_1	螺纹规格 $D×p$	d_K	d_1	m	h min	t min	C	C_1
M10×1	22	16	8	4	2	0.5		M48×1.5	72	61					0.5
M12×1.25	25	19						M50×1.5*							
M14×1.5	28	20						M52×1.5	78	67					
M16×1.5	30	22						M55×2*							
M18×1.5	32	24						M56×2	85	74	12	8	3.5		
M20×1.5	35	27						M60×2	90	79					
M22×1.5	38	30		5	2.5			M64×2	95	84					
M24×1.5	42	34				0.5		M65×2*						1.5	
M25×1.5*								M68×2	100	88					
M27×1.5	45	37						M72×2	105	93					
M30×1.5	48	40				1		M75×2*							1
M33×1.5	52	43	10					M76×2	110	98	15	10	4		
M35×1.5*								M80×2	115	103					
M36×1.5	55	46						M85×2	120	108					
M39×1.5	58	49		6	3			M90×2	125	112					
M40×1.5*						1.5		M95×2	130	117	18	12	5		
M42×1.5	62	53						M100×2	135	122					
M45×1.5	68	59													

注：1. 此种螺母与附表 2.32 中的垫圈配合使用；
2. * 仅用于滚动轴承锁紧装置。

附表 2.32 小垫圈、平垫圈

小垫圈 A 级(GB/T 848—2002)
平垫圈 A 级(GB/T 97.1—2002)

平垫圈倒角型 A 级(GB/T 97.2—2002)

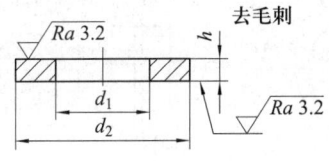
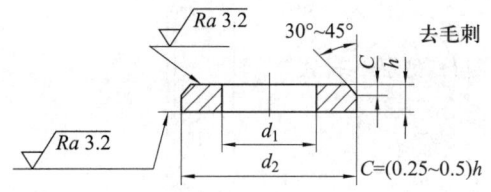

标记示例:
小系列(或标准系列)、公称尺寸 d = 8 mm、性能等级为 140 HV 级、不经表面处理的小垫圈(或平垫圈、倒角型平垫圈)的标记为
垫圈 GB/T 848 8—140 HV(或 GB/T 97.1 8—140 HV,或 GB/T 97.2 8—140 HV)

公称尺寸(螺纹规格 d)		1.6	2	2.5	3	4	5	6	8	10	12	14	16	20	24	30	36
d_1	GB/T 848	1.7	2.2	2.7	3.2	4.3	5.3	6.4	8.4	10.5	13	15	17	21	25	31	37
	GB/T 97.1																
	GB/T 97.2	—	—	—	—	—											
d_2	GB/T 848	3.5	4.5	5	6	8	9	11	15	18	20	24	28	34	39	50	60
	GB/T 97.1	4	5	6	7	9	10	12	16	20	24	28	30	37	44	56	66
	GB/T 97.2	—	—	—	—	—											
h	GB/T 848	0.3	0.3	0.5	0.5	0.5	0.5	1	1.6	1.6	1.6	2	2.5	3	4	4	5
	GB/T 97.1						0.8				2	2.5					
	GB/T 97.2	—	—	—	—	—											

附表 2.33 标准型弹簧垫圈(GB/T 93—1987 摘录)、轻型弹簧垫圈(GB/T 859—1987 摘录)   mm

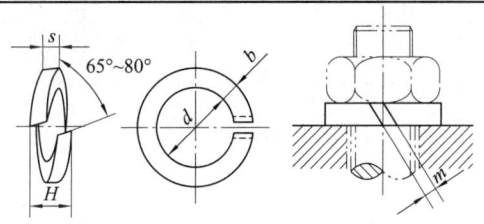

标记示例:
规格为 16、材料为 65Mn、表面氧化的标准型(或轻型)弹簧垫圈的标记为
垫圈 GB/T 93 16(或 GB/T 859 16)

规格(螺纹大径)			3	4	5	6	8	10	12	(14)	16	(18)	20	(22)	24	(27)	30	(33)	36
GB/T 93	$s(b)$	公称	0.8	1.1	1.3	1.6	2.1	2.6	3.1	3.6	4.1	4.5	5	5.5	6	6.8	7.5	8.5	9
	H	min	1.6	2.2	2.6	3.2	4.2	5.2	6.2	7.2	8.2	9	10	11	12	13.6	15	17	18
		max	2	2.75	3.25	4	5.25	6.5	7.75	9	10.25	11.25	12.5	13.75	15	17	18.75	21.25	22.5
	m	≤	0.4	0.55	0.65	0.8	1.05	1.3	1.55	1.8	2.05	2.25	2.5	2.75	3	3.4	3.75	4.25	4.5
GB/T 859	s	公称	0.6	0.8	1.1	1.3	1.6	2	2.5	—	3.2	3.6	4	4.5	5	5.5	6	—	—
	b	公称	1	1.2	1.5	2	2.5	3	3.5	4	4.5	5	5.5	6	7	8	9	—	—
	H	min	1.2	1.6	2.2	2.6	3.2	4	5	6	6.4	7.2	8	9	10	11	12	—	—
		max	1.5	2	2.75	3.25	4	5	6.25	7.5	8	9	10	11.25	12.5	13.75	15	—	—
	m	≤	0.3	0.4	0.55	0.65	0.8	1	1.25	1.5	1.6	1.8	2	2.25	2.5	2.75	3	—	—

注:尽可能不采用括号内的规格。

附表 2.34 圆螺母用止动垫圈（GB/T 858—1988 摘录） mm

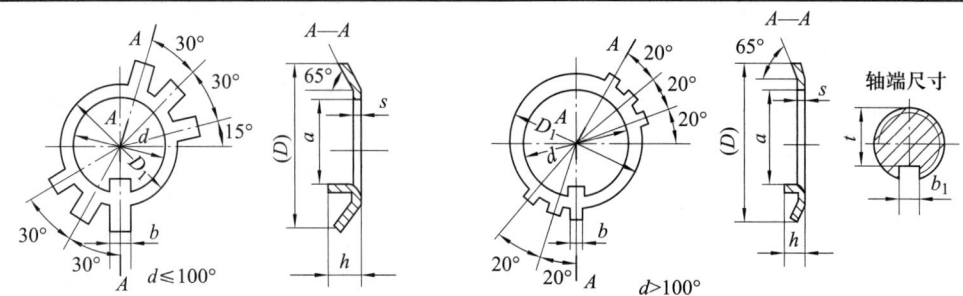

标记示例：

垫圈 GB/T 858 16（规格为 16，材料为 Q235A，经退火、表面氧化的圆螺母用止动垫圈）

规格(螺纹大径)	d	D(参考)	D_1	s	b	a	h	轴端 b_1	t
10	10.5	25	16		3.8	8	3	4	7
12	12.5	28	19		3.8	9	3	4	8
14	14.5	32	20			11			10
16	16.5	34	22			13			12
18	18.5	35	24			15			14
20	20.5	38	27	1		17			16
22	22.5	42	30		4.8	19	4	5	18
24	24.5	45	34			21			20
25*	25.5	45	34			22			—
27	27.5	48	37			24			23
30	30.5	52	40			27			26
33	33.5	56	43			30			29
35	35.5	56	43			32			—
36	36.5	60	46			33			32
39	39.5	62	49		5.7	36	5	6	35
40*	40.5	62	49			37			—
42	42.5	66	53			39			38
45	45.5	72	59			42			41
48	48.5	76	61			45			44
50*	50.5	76	61			47			—
52	52.5	82	67			49			48
55	56	82	67	1.5	7.7	52		8	—
56	57	90	74			53			52
60	61	94	79			57	6		56
64	65	100	84			61			60
65*	66	100	84			62			—
68	69	105	88			65			64
72	73	110	93			69			68
75*	76	110	93		9.6	71		10	—
76	77	115	98			72			70
80	81	120	103			76	7		74
85	86	125	108			81			79
90	91	130	112			86			84
95	96	135	117	2	11.6	91		12	89
100	101	140	122			96			94
105	106	145	127			101			99

注：1. *仅用于滚动轴承锁紧装置；

2. 此种垫圈与附表 2.31 中的圆螺母配合使用。

附表2.35 普通螺纹收尾、肩距、退刀槽和倒角（GB/T 3—1997）　mm

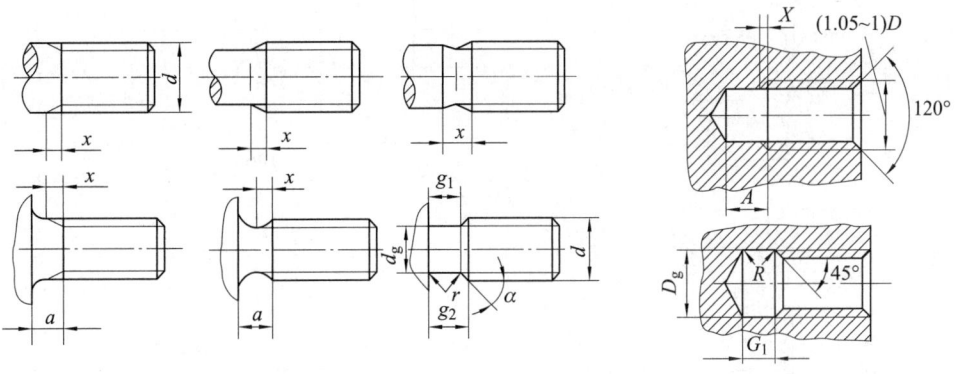

螺距 P	外螺纹									内螺纹						
	收尾 x max		肩距 a max			退刀槽				收尾 X max		肩距 A		退刀槽		
	一般	短的	一般	长的	短的	g_2 max	g_1 min	r ≈	d_g	一般	短的	一般	长的	G_1 一般	短的	R ≈	D_g
0.5	1.25	0.7	1.5	2	1	1.5	0.8	0.2	$d-0.8$	2	1	3	4	2	1	0.2	
0.6	1.5	0.75	1.8	2.4	1.2	1.8	0.9		$d-1$	2.4	1.2	3.2	4.8	2.4	1.2	0.3	$D+0.3$
0.7	1.75	0.9	2.1	2.8	1.4	2.1	1.1	0.4	$d-1.1$	2.8	1.4	3.5	5.6	2.8	1.4	0.4	
0.75	1.9	1	2.25	3	1.5	2.25	1.2		$d-1.2$	3	1.5	3.8	6	3	1.5	0.4	
0.8	2	1	2.4	3.2	1.6	2.4	1.3		$d-1.3$	3.2	1.6	4	6.4	3.2	1.6	0.4	
1	2.5	1.25	3	4	2	3	1.6	0.6	$d-1.6$	4	2	5	8	4	2	0.5	
1.25	3.2	1.6	4	5	2.5	3.75	2		$d-2$	5	2.5	6	10	5	2.5	0.6	
1.5	3.8	1.9	4.5	6	3	4.5	2.5	0.8	$d-2.3$	6	3	7	12	6	3	0.8	
1.75	4.3	2.2	5.3	7	3.5	5.25	3	1	$d-2.6$	7	3.5	9	14	7	3.5	0.9	
2	5	2.5	6	8	4	6	3.4		$d-3$	8	4	10	16	8	4	1	
2.5	6.3	3.2	7.5	10	5	7.5	4.4	1.2	$d-3.6$	10	5	12	18	10	5	1.2	
3	7.5	3.8	9	12	6	9	5.2	1.6	$d-4.4$	12	6	14	22	12	6	1.5	$D+0.5$
3.5	9	4.5	10.5	14	7	10.5	6.2		$d-5$	14	7	16	24	14	7	1.8	
4	10	5	12	16	8	12	7	2	$d-5.7$	16	8	18	26	16	8	2	
4.5	11	5.5	13.5	18	9	13.5	8	2.5	$d-6.4$	18	9	21	29	18	9	2.2	
5	12.5	6.3	15	20	10	15	9		$d-7$	20	10	23	32	20	10	2.5	
5.5	14	7	16.5	22	11	17.5	11	3.2	$d-7.7$	22	11	25	35	22	11	2.8	
6	15	7.5	18	24	12	18	11		$d-8.3$	24	12	28	38	24	12	3	

续表

单线梯形外螺纹与内螺纹

P	$b=b_1$	d_2	d_3	$r=r_1$	$C=C_1$
2	2.5	$d-3$	$d+1$	1	1.5
3	4	$d-4$			2
4	5	$d-5.1$	$d+1.1$	1.5	2.5
5	6.5	$d-6.6$	$d+1.6$		3
6	7.5	$d-7.8$	$d+1.8$	2	3.5
8	10	$d-9.8$		2.5	4.5
10	12.5	$d-12$	$d+2$	3	5.5
12	15	$d-14$			6.35
16	20	$d-19.2$	$d+3.2$	4	9
20	24	$d-23.5$	$d+3.5$	5	11

注：1. 外螺纹倒角和退刀槽过渡角一般按45°，也可按60°或30°，当螺纹按60°或30°倒角时，倒角深度约等于螺纹深度；内螺纹倒角一般是120°锥角，也可以是90°锥角；

2. 肩距是螺纹收尾加螺纹空白的总长。设计时应优先考虑一般肩距尺寸，短的肩距只在结构需要时采用；

3. 短的退刀槽只在结构需要时采用；

4. 对于锥螺纹，d 为基面上螺纹大径（对内螺纹即螺孔端面的螺纹大径）。

附表2.36 螺栓和螺钉通孔及沉孔尺寸   mm

螺纹规格 d	螺栓和螺钉通孔直径 d_h（GB/T 5277—1985 摘录）			沉头螺钉及半沉头螺钉的沉孔（GB/T 152.2—2014 摘录）			内六角圆柱头螺钉的沉孔（GB/T 152.3—1988 摘录）			六角螺栓和六角螺母的沉孔（GB/T 152.4—1988 摘录）			
	精装配	中等装配	粗装配	D_c(min)	$t \approx$	d_h(min)	d_2	t	d_3	d_1	d_2	d_3	d_1	t
M3	3.2	3.4	3.6	6.3	1.55	3.4	6	3.4		3.4	9		3.4	只要能制出与通孔轴线垂直的圆平面即可
M4	4.3	4.5	4.8	9.4	2.55	4.5	8	4.6		4.5	10		4.5	
M5	5.3	5.5	5.8	10.4	2.58	5.5	10	5.7	—	5.5	11	—	5.5	
M6	6.4	6.6	7	12.6	3.13	6.6	11	6.8		6.6	13		6.6	
M8	8.4	9	10	17.3	4.28	9	15	9		9	18		9	
M10	10.5	11	12	20.0	4.65	11	18	11		11	22		11	
M12	13	13.5	14.5	—	—	—	20	13	16	13.5	26	16	13.5	
M14	15	15.5	16.5				24	15	18	15.5	30	18	13.5	
M16	17	17.5	18.5	—	—	—	26	17.5	20	17.5	33	20	17.5	
M18	19	20	21				—	—	—	—	36	22	20	
M20	21	22	24				33	21.5	24	22	40	24	22	
M22	23	24	26				—	—	—	—	43	26	24	
M24	25	26	28				40	25.5	28	26	48	28	26	

附表 2.37　普通粗牙螺纹的余留长度、钻孔余留深度（JB/ZQ 4247—1986 摘录）　mm

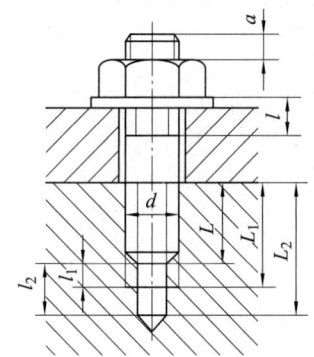
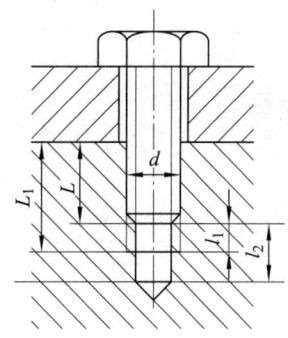

螺纹直径 d	余留长度			末端长度 a
	内螺纹 l_1	外螺纹 l	钻孔 l_2	
5	1.5	2.5	5	1~2
6 8	2 2.5	3.5 4	6 8	1.5~2.5
10 12	3 3.5	4.5 5.5	9 11	2~3
14、16 18、20、22	4 5	6 7	12 15	2.5~4
24、27、30	6 7	8 9	18 21	3~5

注：拧入深度 L 由设计者决定；钻孔深度 $L_2 = L + l_2$；螺孔深度 $L_1 = L + l_1$。

附表 2.38　轴上固定螺钉的孔（JB/ZQ 4251—1986 摘录）　mm

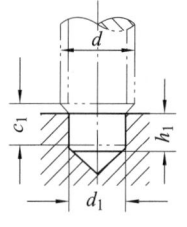
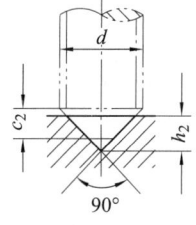

d	3	4	6	8	10	12	16	20	24
d_1			4.5	6	7	9	12	15	18
c_1			4	5	6	7	8	10	12
c_2	1.5	2	3	3	3.5	4	5	6	
$h_1 \geqslant$			4	5	6	7	8	10	12
h_2	1.5	2	3	3	3.5	4	5	6	

附表 2.39 螺钉紧固轴端挡圈（GB/T 891—1986 摘录）、
螺栓紧固轴端挡圈（GB/T 892—1986 摘录）   mm

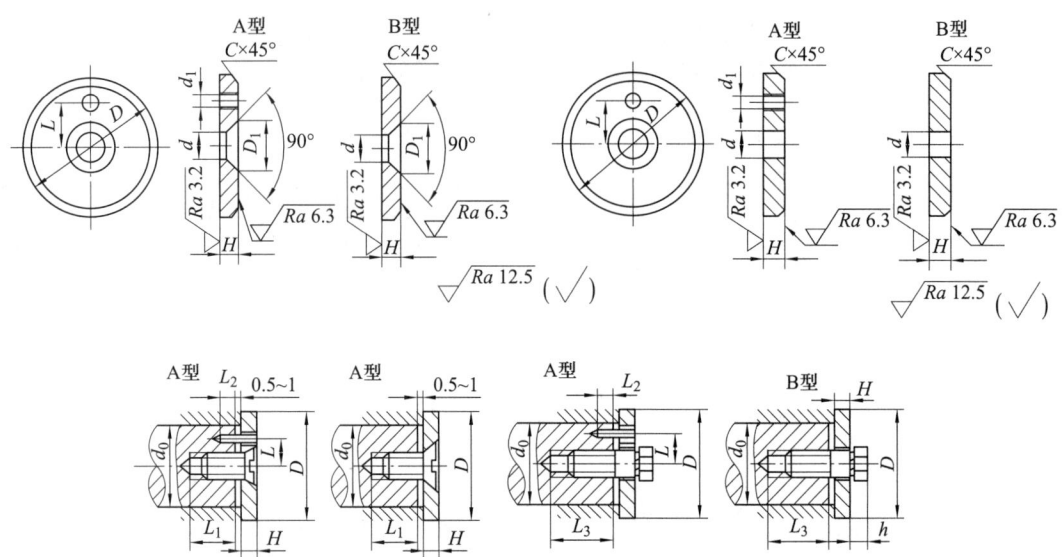

标记示例：

挡圈 GB/T 891 45（公称直径 D = 45 mm、材料为 Q235A、不经表面处理的 A 型螺钉紧固轴端挡圈）

挡圈 GB/T 891 B45（公称直径 D = 45 mm、材料为 Q235A、不经表面处理的 B 型螺钉紧固轴端挡圈）

轴径 ≤	公称直径 D	H	L	d	d_1	C	螺钉紧固轴端挡圈		螺栓紧固轴端挡圈			安装尺寸（参考）			
							D_1	螺钉 GB/T 819（推荐）	圆柱销 GB/T 119（推荐）	螺栓 GB/T 5783（推荐）	圆柱销 GB/T 119（推荐）	垫圈 GB/T 93（推荐）	L_1	L_2	L_3	h
14	20	4	—													
16	22	4	—													
18	25	4	—	5.5	2.1	0.5	11	M5×12	A2×10	M5×16	A2×10	5	14	6	16	4.8
20	28	4	7.5													
22	30	4	7.5													
25	32	5	10													
28	35	5	10													
30	38	5	10	6.6	3.2	1	13	M6×16	A3×12	M6×20	A3×12	6	18	7	20	5.6
32	40	5	12													
35	45	5	12													
40	50	5	12													
45	55	6	16													
50	60	6	16													
55	65	6	16	9	4.2	1.5	17	M8×20	A4×14	M8×25	A4×14	8	22	8	24	7.4
60	70	6	20													
65	75	6	20													
70	80	6	20													

注：1. 当挡圈装在带螺纹孔的轴端时，紧固螺钉允许加长；

2. 材料为 Q235A、35 钢、45 钢；

3. "轴端单孔挡圈的固定"不属 GB/T 891、GB/T 892，仅供参考。

附表 2.40　孔用弹性挡圈 A 型（GB/T 893—2017 摘录）　　mm

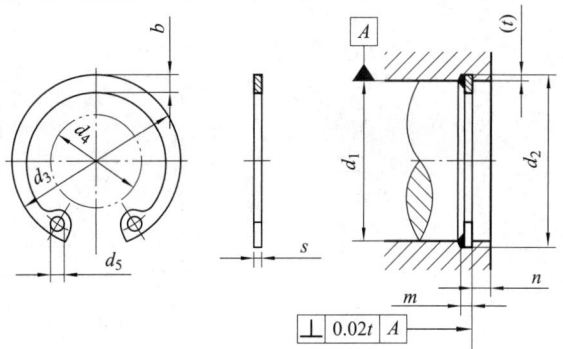

标记示例：

挡圈 GB/T 893 50

（孔径 d_0 = 50 mm、材料 65Mn、热处理硬度为 44~51 HRC、经表面氧化处理的 A 型孔用弹性挡圈）

公称规格 d_1	挡圈				沟槽					轴 d_4 ≤	公称规格 d_1	挡圈				沟槽					轴 d_4 ≤
	d_3	s	b ≈	d_5 min	d_2 基本尺寸	d_2 极限偏差	m H13	t	n min			d_3	s	b ≈	d_5 min	d_2 基本尺寸	d_2 极限偏差	m H13	t	n min	
8	8.7	0.8	1.1	1.0	8.4	+0.09 0	0.9	0.20	0.6	3.0	48	51.5	1.75	4.5	2.5	50.5		1.85	1.25	3.8	34.5
9	9.8		1.3	1.0	9.4					3.7	50	54.2		4.6	2.5	53					36.3
10	10.8		1.4	1.2	10.4					3.3	52	56.2		4.7	2.5	55					37.9
11	11.8		1.5	1.2	11.4					4.1	55	59.2		5.0	2.5	58					40.7
12	13		1.7	1.5	12.5			0.25	0.8	4.9	56	60.2	2	5.1	2.5	59		2.15			41.7
13	14.1		1.8	1.5	13.6	+0.11 0		0.30	0.9	5.4	58	62.2		5.2	2.5	61	0.30 0				43.5
14	15.1		1.9	1.7	14.6					6.2	60	64.2		5.4	2.5	63					44.7
15	16.2		2.0	1.7	15.7			0.35	1.1	7.2	62	66.2		5.5	2.5	65			1.50	4.5	46.7
16	17.3	1	2.0	1.7	16.8		1.1	0.40	1.2	8.0	63	67.2		5.6	2.5	66					47.7
17	18.3		2.1	1.7	17.8					8.8	65	69.2		5.8	3.0	68					49.0
18	19.5		2.2	2.0	19					9.4	68	72.5		6.1	3.0	71					51.6
19	20.5		2.2	2.0	20					10.4	70	74.5		6.2	3.0	73					53.6
20	21.5		2.3	2.0	21	+0.13 0		0.50	1.5	11.2	72	76.5	2.5	6.4	3.0	75		2.65			55.6
21	22.5		2.4	2.0	22					12.2	75	79.5		6.6	3.0	78					58.6
22	23.5		2.5	2.0	23					13.2	78	82.5		6.6	3.0	81					60.1
24	25.9		2.6	2.0	25.2					14.8	80	85.5		6.8	3.0	83.5					62.1
25	26.9		2.7	2.0	26.2	+0.21 0		0.60	1.8	15.5	82	87.5		7.0	3.0	85.5					64.1
26	27.9		2.8	2.0	27.2		1.3			16.1	85	90.5		7.0	3.5	88.5					66.9
28	30.1	1.2	2.9	2.0	29.4			0.70	2.1	17.9	88	93.5		7.2	3.5	91.5	+0.35 0		1.75	5.3	69.9
30	32.1		3.0	2.0	31.4					19.9	90	95.5		7.6	3.5	93.5					71.9
31	33.4		3.2	2.5	32.7					20.0	92	97.5	3	7.8	3.5	95.5		3.15			73.7
32	34.4		3.2	2.5	33.7			0.85	2.6	20.6	95	100.5		8.1	3.5	98.5					76.5
34	36.5		3.3	2.5	35.7					22.6	98	103.5		8.3	3.5	101.5					79.0
35	37.8		3.4	2.5	37					23.6	100	105.5		8.4	3.5	103.5					80.6
36	38.8	1.5	3.5	2.5	38	+0.25 0	1.6	1.00	3	24.6	102	108		8.5	3.5	106					82.0
37	39.8		3.6	2.5	39					25.4	105	112		8.7	3.5	109					85.0
38	40.8		3.7	2.5	40					26.4	108	115		8.9	3.5	112	+0.54 0				88.0
40	43.5		3.9	2.5	42.5					27.8	110	117	4	9.0	3.5	114		4.15	2.00	6	88.2
42	45.5		4.1	2.5	44.5					29.6	112	119		9.1	3.5	116					90.0
45	48.5	1.75	4.3	2.5	47.5		1.85	1.25	3.8	32.0	115	122		9.3	3.5	119					93.0
47	50.5		4.4	2.5	49.5					33.5	120	127		9.7	3.5	124	+0.63 0				96.9

附表 2.41　轴用弹性挡圈 A 型（GB/T 894—2017 摘录）　　mm

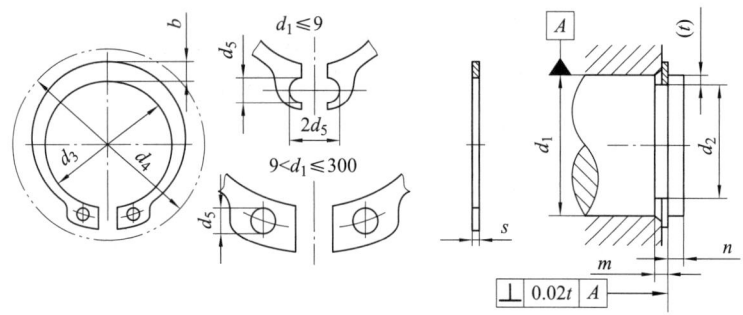

标注示例：

挡圈 GB/T 894 50（轴径 $d_0=50$ mm、材料 65Mn、热处理硬度为 44~51HRC、经表面氧化处理的 A 型轴用弹性挡圈）

公称规格 d_1	挡圈 d_3	s	b ≈	d_5 min	沟槽 d_2 基本尺寸	d_2 极限偏差	m H13	t	n min	孔 d_4 ≥	公称规格 d_1	挡圈 d_3	s	b ≈	d_5 min	沟槽 d_2 基本尺寸	d_2 极限偏差	m H13	t	n min	孔 d_4 ≥
3	2.7	0.4	0.8	1.0	2.8	0 -0.04	0.5	0.10	0.3	7.0	38	35.2		4.2	2.5	36.0		1.00		3.0	50.2
4	3.7	0.4	0.9	1.0	3.8		0.5	0.10	0.3	8.6	40	36.5	1.75	4.4	2.5	37.0		1.85			52.6
5	4.7	0.6	1.1	1.0	4.8	0 -0.05	0.7	0.10	0.3	10.3	42	38.5		4.5	2.5	39.5	0 -0.25		1.25	3.8	55.7
6	5.6	0.7	1.3	1.2	5.7		0.8	0.15	0.5	11.7	45	41.5		4.7	2.5	42.5					59.1
7	6.5	0.8	1.4	1.2	6.7	0 -0.06	0.9	0.15	0.5	13.5	48	44.5		5.0	2.5	45.5					62.5
8	7.4	0.8	1.5	1.2	7.6		0.9			14.7	50	45.8		5.1	2.5	47.0					64.5
9	8.4		1.7	1.2	8.6			0.20	0.6	16.0	52	47.8		5.2	2.5	49.0					66.7
10	9.3		1.8	1.5	9.6					17.0	55	50.8		5.4	2.5	52.0					70.2
11	10.2		1.8	1.5	10.5			0.25	0.8	18.0	56	51.8	2	5.5	2.5	53.0		2.15			71.6
12	11.0		1.8	1.7	11.5		1.1			19.0	58	53.8		5.6	2.5	55.0					73.6
13	11.9	1.0	2.0	1.7	12.4	0 -0.11		0.30	0.9	20.2	60	55.8		5.8	2.5	57.0			1.50	4.5	75.6
14	12.9		2.1	1.7	13.4					21.4	62	57.8		6.0	2.5	59.0					77.8
15	13.8		2.2	1.7	14.3			0.35	1.1	22.6	63	58.8		6.2	2.5	60.0					79.0
16	14.7		2.2	1.7	15.2					23.8	65	60.8		6.3	3.0	62.0	0 -0.30				81.4
17	15.7		2.3	1.7	16.2			0.40	1.2	25.0	68	63.5		6.5	3.0	65.0					84.8
18	16.5		2.4	2.0	17.0					26.2	70	65.5		6.6	3.0	67.0					87.0
19	17.5		2.5	2.0	18.0					27.2	72	67.5		6.8	3.0	69.0		2.65			89.2
20	18.5		2.6	2.0	19.0		1.3	0.50	1.5	28.4	75	70.5	2.5	7.0	3.0	72.0					92.7
21	19.5	1.2	2.7	2.0	20.0	0 -0.13				29.6	78	73.5		7.3	3.0	75.0					96.1
22	20.5		2.8	2.0	21.0					30.8	80	74.5		7.4	3.0	76.5					98.1
24	22.2		3.0	2.0	22.9					33.2	82	76.5		7.6	3.0	78.5					100.3
25	23.2		3.0	2.0	23.9			0.55	1.7	34.2	85	79.5		7.8	3.5	81.5					103.3
26	24.2		3.1	2.0	24.9	0 -0.21				35.5	88	82.5		8.0	3.5	84.5			1.75	5.3	106.5
28	25.9		3.2	2.0	26.6					37.9	90	84.5		8.2	3.5	86.5	0 -0.35	3.15			108.5
29	26.9		3.4	2.0	27.6			0.70	2.1	39.1	95	89.5	3	8.6	3.5	91.5					114.8
30	27.9		3.5	2.0	28.6		1.6			40.5	100	94.5		9.0	3.5	96.5					120.2
32	29.6	1.5	3.6	2.5	30.3					43.0	105	98.0		9.2	3.5	101.0					125.8
34	31.5		3.8	2.5	32.3	0 -0.25		0.85	2.6	45.4	110	103.0		9.6	3.5	106.0	0 -0.54	4.15	2.00	6.0	131.2
35	32.2		3.9	2.5	33.3			1.00	3.0	46.8	115	108.0	4	9.8	3.5	111.0					137.3
36	33.2	1.75	4.0	2.5	34.0		1.85			47.8	120	113.0		10.2	3.5	116.0					143.1

附表 2.42 普通平键（GB/T 1095—2003，GB/T 1096—2003）   mm

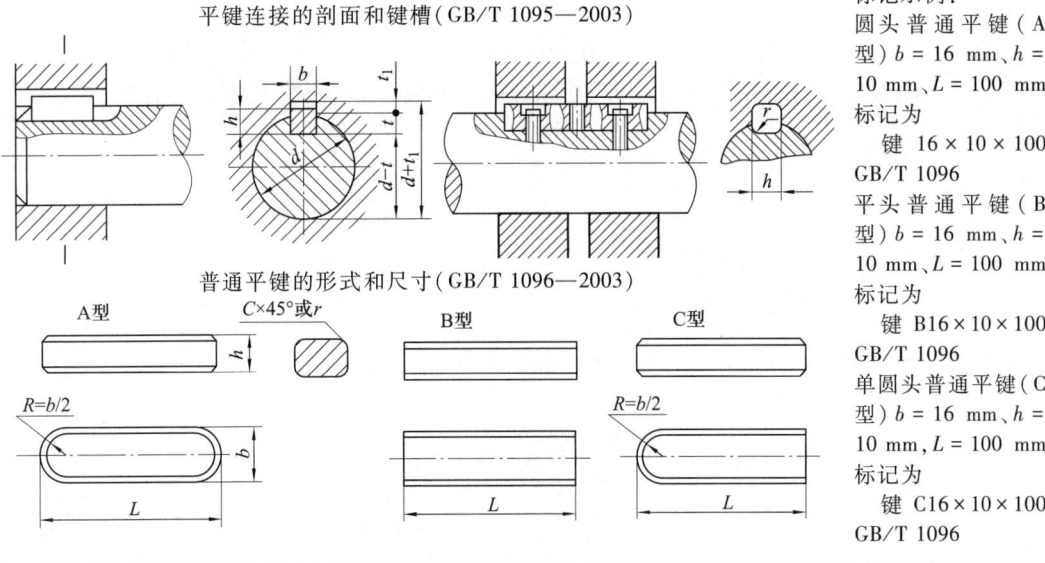

标记示例：
圆头普通平键（A型）b = 16 mm、h = 10 mm、L = 100 mm
标记为
键 16×10×100 GB/T 1096
平头普通平键（B型）b = 16 mm、h = 10 mm、L = 100 mm
标记为
键 B16×10×100 GB/T 1096
单圆头普通平键（C型）b = 16 mm、h = 10 mm，L = 100 mm
标记为
键 C16×10×100 GB/T 1096

轴	键	键槽									
		宽度 b 的极限偏差				深				半径 r	
*公称直径 d	公称尺寸 $b×h$	较松键连接		一般键连接		较紧键连接	轴 t		毂 t_1		
		轴 H9	毂 D10	轴 N9	毂 Js9	轴和毂 P9	公称尺寸	极限偏差	公称尺寸	极限偏差	最小	最大
>12~17	5×5	+0.030 0	+0.078 +0.030	0 −0.030	±0.015	−0.012 −0.042	3	+0.1 0	2.3	+0.10 0	0.16	0.25
>17~22	6×6						3.5		2.8			
>22~30	8×7	+0.036 0	+0.098 +0.040	0 −0.036	±0.018	−0.015 −0.051	4		3.3			
>30~38	10×8						5		3.3			
>38~44	12×8	+0.043 0	+0.120 +0.050	0 −0.043	±0.021 5	−0.018 −0.061	5		3.3		0.25	0.40
>44~50	14×9						5.5		3.8			
>50~58	16×10						6	+0.2 0	4.3	+0.2 0		
>58~65	18×11						7		4.4			
>65~75	20×12	+0.052 0	+0.149 +0.065	0 −0.052	±0.026	−0.022 −0.074	7.5		4.9		0.40	0.60
>75~85	22×14						9		5.4			
>85~95	25×14						9		5.4			
>95~110	28×16						10		6.4			
键的长度系列	14,16,18,20,22,25,28,32,36,40,45,50,56,63,70,80,90,100,110,125,140,160,180,200,250,280,320,360											

注：1. 在工作图中，轴槽深用 t 或 $(d-t)$ 标注，轮毂槽深用 $(d+t_1)$ 标注；
2. $(d-t)$ 和 $(d+t_1)$ 两组组合尺寸的极限偏差按相应的 t 和 t_1 极限偏差选取，但 $(d-t)$ 极限偏差值应取负号(−)；
3. *2003 年普通平键国家标准中未规定键截面尺寸对应的轴的公称直径范围，该项数据取自旧国家标准，供选键时参考；
4. 键长 L 公差为 h14；宽 b 公差为 h9；高 h 公差为 h11；
5. 轴槽、轮毂槽的键槽两侧面的表面粗糙度参数 Ra 值推荐为 1.6~3.2 μm；轴槽底面、轮毂槽底面的表面粗糙度参数 Ra 值为 6.3 μm。

附表2.43　矩形花键尺寸、公差（GB/T 1144—2001摘录）　　mm

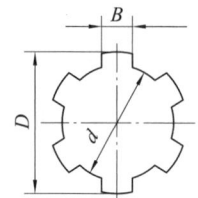 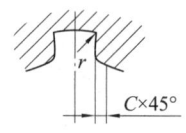 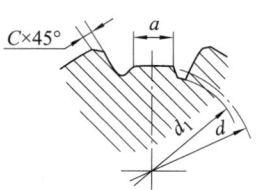

标记示例：

花键 $N=6, d=23\dfrac{H7}{f7}, B=6\dfrac{H11}{d10}, D=26\dfrac{H10}{a11}$ 的标记为

花键副：$6\times23\dfrac{H7}{f7}\times26\dfrac{H10}{a11}\times6\dfrac{H11}{d10}$　GB/T 1144—2001；

内花键：6×23H7×26H10×6H11　GB/T 1144—2001；

外花键：6×23f7×26a11×6d10　GB/T 1144—2001

小径 d	基本尺寸系列和键槽截面尺寸										
	轻系列					中系列					
	规格 $N\times d\times D\times B$	C	r	参考		规格 $N\times d\times D\times B$	c	r	参考	
				$d_{1\min}$	$a_{\min}$				$d_{1\min}$	$a_{\min}$
18						6×18×22×5	0.3	0.2	16.6	1.0
21						6×21×25×5			19.5	2.0
23	6×23×26×6	0.1	0.2	22	3.5	6×23×28×6			21.2	1.2
26	6×26×30×6			24.5	3.8	6×26×32×6			23.6	1.2
28	6×28×32×7			26.6	4.0	6×28×34×7			25.3	1.4
32	8×32×36×6	0.3	0.2	30.3	2.7	8×32×38×6	0.4	0.3	29.4	1.0
36	8×36×40×7			34.4	3.5	8×36×42×7			33.4	1.0
42	8×42×46×8			40.5	5.0	8×42×48×8			39.4	2.5
46	8×46×50×9			44.6	5.7	8×46×54×9			42.6	1.4
52	8×52×58×10			49.6	4.8	8×52×60×10	0.5	0.4	48.6	2.5
56	8×56×62×10			53.5	6.5	8×56×65×10			52.0	2.5
62	8×62×68×12	0.4	0.3	59.7	7.3	8×62×72×12			57.7	2.4
72	10×72×78×12			69.6	5.4	10×72×82×12	0.6	0.5	67.4	1.0
82	10×82×88×12			79.3	8.5	10×82×92×12			77.0	2.9

内、外花键的尺寸公差带								
内花键				外花键			装配形式
d	D	B		d	D	B	
		拉削后不热处理	拉削后热处理				
一般用公差带							
H7	H10	H9	H11	f7	a11	d10	滑动
				G7		f9	紧滑动
				h7		h10	固定
精密传动用公差带							
H5	H10	H7、H9		f5	a11	d8	滑动
				g5		f7	紧滑动
				h5		h8	固定
H6				f6		d8	滑动
				g6		f7	紧滑动
				h6		d8	固定

注：1. N—键数、D—大径、B—键宽，d_1 和 a 值仅适用于展成法加工；

2. 精密传动用的内花键，当需要控制键侧配合间隙时，槽宽可选H7，一般情况下可选H9；

3. d 公差带为H6和H7的内花键，允许与提高一级的外花键配合。

附表 2.44 圆柱销(不淬硬钢和奥氏体不锈钢)(GB/T 119.1—2000 摘录)、圆柱销
(淬硬钢和马氏体钢)(GB/T 119.2—2000 摘录)、圆锥销(GB/T 117—2000 摘录)　mm

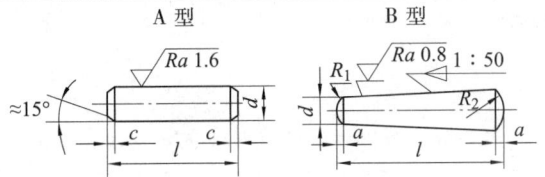

标记示例：
公称直径 d = 8 mm、公差为 m6、公称长度 l = 30 mm、材料为钢、不经淬火、不经表面处理的圆柱销标记为
销 GB/T 119.1　8m6×30
尺寸公差同上、材料为钢、普通淬火(A 型)、表面氧化处理的圆柱销的标记为
销 GB/T 119.2　8×30
尺寸公差同上、材料为 C1 组马氏体不锈钢、表面氧化处理的圆柱销的标记为
销 GB/T 119.2　6×30-C1
公称直径 d = 8 mm、长度 l = 30 mm、材料为 35 钢、热处理硬度为 28～38 HRC、表面氧化处理的 A 型圆锥销的标记为
销 GB/T 117　8×30

公称直径		3	4	5	6	8	10	12	16	20
圆柱销 (GB 119.1)	$c≈$	0.5	0.63	0.8	1.2	1.6	2	2.5	3	3.5
	l(公称)	8～30	8～40	10～50	12～60	14～80	18～95	22～140	26～180	35～200
圆柱销 (GB 119.2)	c	0.5	0.63	0.8	1.2	1.6	2	2.5	3	3.5
	l(公称)	8～30	10～40	12～50	14～60	18～80	22～100	26～100	40～100	50～100
圆锥销	d min	2.96	3.95	4.95	5.95	7.94	9.94	11.93	15.93	19.92
	max	3	4	5	6	8	10	12	16	20
	$a≈$	0.4	0.5	0.63	0.8	1	1.2	1.6	2	2.5
	l(公称)	12～45	14～55	18～60	22～90	22～120	26～160	32～180	40～200	45～200
l(公称)的系列		6～32(2 进位),35～90(5 进位),95(圆锥销),100～200(20 进位)								

附表 2.45　螺尾锥销(GB/T 881—2000 摘录)　mm

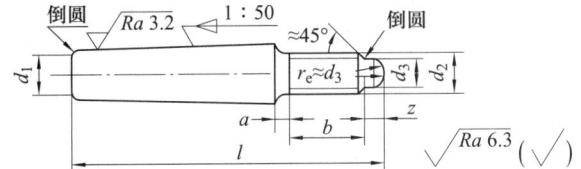

标记示例：
公称直径 d = 8 mm、长度 l = 60 mm、材料为 35 钢、热处理硬度为 28～38 HRC、表面氧化处理的螺尾锥销的标记为
销 GB/T 881　8×60

d_1(公称)	5	6	8	10	12	16	20	25	30	40	50
a_{max}	2.4	3	4	4.5	5.3	6	6	7.5	9	10.5	12
b_{max}	15.6	20	24.5	27	30.5	39	39	45	52	65	78
d_2	M5	M6	M8	M10	M12	M16	M16	M20	M24	M30	M36
d_3 max	3.5	4	5.5	7	8.5	12	12	15	18	23	28
z_{max}	1.5	1.75	2.25	2.75	3.25	4.3	4.3	5.3	6.3	7.5	9.4
l	40～50	45～60	55～75	65～100	85～140	100～160	120～190	140～220	160～250	190～280	220～360
											～400
l 的系列	40～75(5 进位),85,100,120,140,160,190,220,280,320,360,400										

附录 2.3 滚动轴承

附表 2.46 深沟球轴承（GB/T 276—2013 摘录） mm

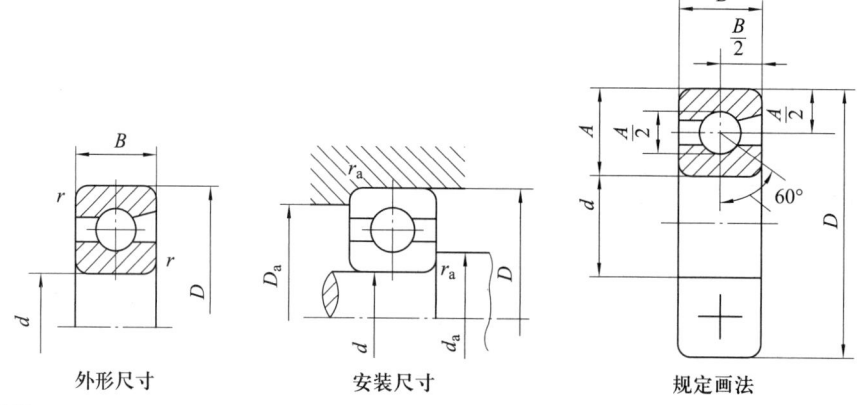

外形尺寸 　　安装尺寸 　　规定画法

标记示例：
滚动轴承 6210 GB/T 276—2013

$\dfrac{F_a}{C_{or}}$	e	基本组游隙				$F_a/F_r \leq 0.8$		$F_a/F_r > 0.8$	
		$F_a/F_r \leq e$		$F_a/F_r > e$					
		X	Y	X	Y	X_0	Y_0	X_0	Y_0
0.014	0.19	1	0	0.56	2.30	1	0	0.6	0.5
0.028	0.22	1	0	0.56	1.99				
0.056	0.26	1	0	0.56	1.71				
0.084	0.28	1	0	0.56	1.55				
0.11	0.3	1	0	0.56	1.45				
0.17	0.34	1	0	0.56	1.31				
0.28	0.38	1	0	0.56	1.15				
0.42	0.42	1	0	0.56	1.04				
0.56	0.44	1	0	0.56	1.00				

轴承代号	尺寸/mm				安装尺寸/mm			基本额定负荷/kN		极限转速/(r/min)	
新	d	D	B	r_{min}	d_{amin}	D_{amax}	r_{amax}	C_r(动)	C_{0r}(静)	脂润滑	油润滑
(0)2 尺寸系列											
6204	20	47	14	1	26	41	1	12.8	6.65	14 000	18 000
6205	25	52	15	1	31	46	1	14.0	7.88	13 000	17 000
6206	30	62	16	1	36	56	1	19.5	11.3	9 500	13 000
6207	35	72	17	1.1	42	65	1	25.7	15.3	8 500	11 000
6208	40	80	18	1.1	47	73	1	29.5	18.1	8 000	10 000

续表

轴承代号	尺寸/mm				安装尺寸/mm			基本额定负荷/kN		极限转速/(r/min)	
新	d	D	B	r_{min}	d_{amin}	D_{amax}	r_{amax}	C_r(动)	C_{0r}(静)	脂润滑	油润滑
(0)2 尺寸系列											
6209	45	85	19	1.1	52	78	1	31.7	20.7	7 000	9 000
6210	50	90	20	1.1	57	83	1	35.1	23.2	6 700	8 500
6211	55	100	21	1.5	64	91	1.5	43.4	29.2	6 000	7 500
6212	60	110	22	1.6	69	101	1.5	47.8	32.9	5 600	7 000
6213	65	120	23	1.7	74	111	1.5	57.2	40.0	5 000	6 300
6214	70	125	24	1.8	79	116	1.5	60.8	45.0	4 800	6 000
6215	75	130	25	1.9	84	121	1.5	66.0	49.5	4 500	5 600
6216	80	140	26	2	90	130	2	71.5	54.2	4 300	5 300
6217	85	150	28	2	95	140	2	83.2	63.8	4 000	5 000
6218	90	160	30	2	100	150	2	95.8	71.5	3 800	4 800
(0)3 尺寸系列											
6304	20	52	15	1.1	27	45	1	15.9	7.88	13 000	17 000
6305	25	62	17	1.1	32	55	1	22.4	11.5	10 000	14 000
6306	30	72	19	1.1	37	65	1	27.0	15.2	9 000	12 000
6307	35	80	21	1.5	44	71	1.5	33.4	19.2	8 000	10 000
6308	40	90	23	1.5	48	81	1.5	40.8	24.0	7 000	9 000
6309	45	100	25	1.5	54	91	1.5	52.9	31.8	6 300	8 000
6310	50	110	27	2	60	100	2	61.9	37.9	6 000	7 500
6311	55	120	29	2	65	110	2	71.6	44.8	5 800	6 700
6312	60	130	31	2.1	72	118	2.1	81.8	51.9	5 600	6 300
6313	65	140	33	2.1	77	128	2.1	93.9	60.4	4 500	5 600
6314	70	150	35	2.1	82	138	2.1	105	68.0	4 300	5 400
6315	75	160	37	2.1	87	148	2.1	112	76.8	4 000	5 000
6316	80	170	39	2.1	92	158	2.1	122	86.5	3 800	4 800

附表 2.47 角接触球轴承（GB/T 292—2007 摘录）

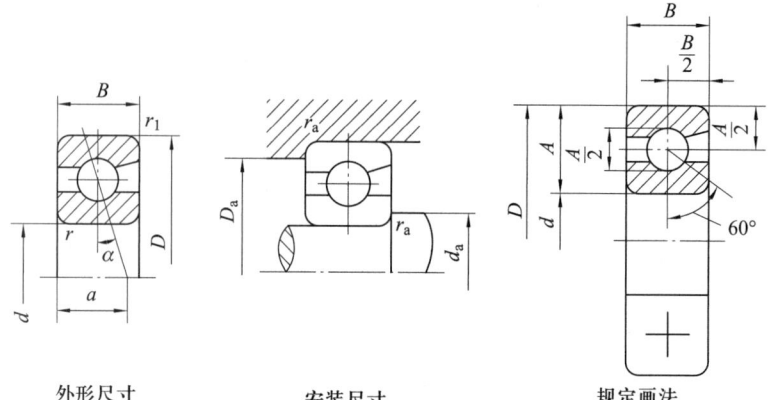

| 外形尺寸 | 安装尺寸 | 规定画法 |

标记示例：滚动轴承 7210C GB/T 292—2007

F_a/C_{or}	e	Y	70000C 型	70000AC 型
0.015	0.38	1.47	径向当量动载荷	径向当量动载荷
0.029	0.40	1.40	当 $F_a/F_r \leq e$ $P_r = F_r$	当 $F_a/F_r \leq 0.68$ $P_r = F_r$
0.058	0.43	1.30	当 $F_a/F_r > e$ $P_r = 0.44F_r + YF_a$	当 $F_a/F_r > 0.68$ $P_r = 0.41F_r + 0.87F_a$
0.087	0.46	1.23		
0.12	0.47	1.19		
0.17	0.50	1.12	径向当量静载荷	径向当量静载荷
0.29	0.55	1.02	$P_{0r} = 0.5F_r + 0.46F_a$	$P_{0r} = 0.5F_r + 0.46F_a$
0.44	0.56	1.00	当 $P_{0r} < F_r$，取 $P_{0r} = F_r$	当 $P_{0r} < F_r$，取 $P_{0r} = F_r$
0.58	0.56	1.00		

轴承代号		基本尺寸/mm					安装尺寸/mm			70000C ($\alpha=15°$)			70000AC ($\alpha=25°$)			极限转速/(r/min)		原轴承代号	
		d	D	B	r_s min	r_{1s} min	D_a max	d_{amin}	r_{as} max	a/mm	动载荷 C_r/kN	静载荷 C_{0r}/kN	a/mm	动载荷 C_r/kN	静载荷 C_{0r}/kN	脂润滑	油润滑		
(1) 0 尺寸系列																			
7000C	7000AC	10	26	8	0.3	0.1	12.4	23.6	0.1	6.4	4.92	2.25	8.2	4.75	2.12	19 000	28 000	36100	46100
7001C	7001AC	12	28	8	0.3	0.1	14.4	25.6	0.1	6.7	5.42	2.65	8.7	5.20	2.55	18 000	26 000	36101	46101
7002C	7002AC	15	32	9	0.3	0.1	17.4	29.6	0.1	7.6	6.25	3.42	10	5.95	3.25	17 000	24 000	36102	46102
7003C	7003AC	17	35	10	0.3	0.1	19.4	32.6	0.1	8.5	6.60	3.85	11.1	6.30	3.68	16 000	22 000	36103	46103
7004C	7004AC	20	42	12	0.6	0.1	25	37	0.3	10.2	10.5	6.08	13.2	10.0	5.78	14 000	19 000	36104	46104
7005C	7005AC	25	47	12	0.6	0.3	30	42	0.3	10.8	11.5	7.45	14.4	11.2	7.08	12 000	17 000	36105	46105
7006C	7006AC	30	55	13	1	0.3	36	49	1	12.2	15.2	10.2	16.4	14.5	9.85	9 500	14 000	36106	46106
7007C	7007AC	35	62	14	1	0.3	41	56	1	13.5	19.5	14.2	18.3	18.5	13.5	8 500	12 000	36107	46107
7008C	7008AC	40	68	15	1	0.3	46	62	1	14.7	20.0	15.2	20.1	19.0	14.5	8 000	11 000	36108	46108
7009C	7009AC	45	75	16	1	0.3	51	69	1	16	25.8	20.5	21.9	25.8	19.5	7 500	10 000	36109	46109

续表

轴承代号		基本尺寸/mm					安装尺寸/mm		70000C (α=15°)			70000AC (α=25°)			极限转速/(r/min)		原轴承代号	
		d	D	B	r_s min	r_{1s} min	D_a max	$d_{a\,min}$	r_{as} max	a/mm	基本额定 动载荷 C_r /kN	基本额定 静载荷 C_{0r} /kN	a/mm	基本额定 动载荷 C_r /kN	基本额定 静载荷 C_{0r} /kN	脂润滑	油润滑		

轴承代号		d	D	B	r_s	r_{1s}	D_a	$d_{a\,min}$	r_{as}	a/mm	C_r/kN	C_{0r}/kN	a/mm	C_r/kN	C_{0r}/kN	脂润滑	油润滑	原轴承代号	
(0)2 尺寸系列																			
7200C	7200AC	10	30	9	0.6	0.3	15	25	0.6	7.2	5.82	2.95	9.2	5.58	2.82	18 000	26 000	36200	46200
7201C	7201AC	12	32	10	0.6	0.3	17	27	0.6	8	7.35	3.52	10.2	7.10	3.35	17 000	24 000	36201	46201
7202C	7202AC	15	35	11	0.6	0.3	20	30	0.6	8.9	8.68	4.62	11.4	8.35	4.40	16 000	22 000	36202	46202
7203C	7203AC	17	40	12	0.6	0.3	22	35	0.6	9.9	10.8	5.95	2.8	10.5	5.65	15 000	20 000	36203	46203
7204C	7204AC	20	47	14	1	0.3	26	41	1	11.5	14.5	8.22	14.9	14.0	7.82	13 000	18 000	36204	46204
7205C	7205AC	25	52	15	1	0.3	31	46	1	12.7	16.5	10.5	16.4	15.8	9.88	11 000	16 000	36205	46205
7206C	7206AC	30	62	16	1	0.3	36	56	1	14.2	23.0	15.0	18.7	22.0	14.2	9 000	13 000	36206	46206
7207C	7207AC	35	72	17	1.1	0.3	42	65	1	15.7	30.5	20.0	21	29.0	19.2	8 000	11 000	36207	46207
7208C	7208AC	40	80	18	1.1	0.6	47	73	1	17	36.8	25.8	23	35.2	24.5	7 500	10 000	36208	46208
7209C	7209AC	45	85	19	1.1	0.6	52	78	1	18.2	38.5	28.5	24.7	36.8	27.2	6 700	9 000	36209	46209
7210C	7210AC	50	90	20	1.1	0.6	57	83	1	19.4	42.8	32.0	26.3	40.8	30.5	6 300	8 500	36210	46210
7211C	7211AC	55	100	21	1.5	0.6	64	91	1.5	20.9	52.8	40.5	28.6	505	38.5	5 600	7 500	36211	46211
7212C	7212AC	60	110	22	1.5	0.6	69	101	1.5	22.4	61.0	48.5	30.8	58.2	46.2	5 300	7 000	36212	46212
7213C	7213AC	65	120	23	1.5	0.6	74	111	1.5	24.2	69.8	55.2	33.5	66.5	52.5	4 800	6 300	36213	46213
7214C	7214AC	70	125	24	1.5	0.6	79	116	1.5	25.3	70.2	60.0	35.1	69.2	57.5	4 500	6 000	36214	46214
7215C	7215AC	75	130	25	1.5	0.6	84	121	1.5	26.4	79.2	65.8	36.6	75.2	63.0	4 300	5 600	36215	46215
7216C	7216AC	80	140	26	2	1	90	130	2	27.7	89.5	78.2	38.9	85.0	74.5	4 000	5 300	36216	46216
7217C	7217AC	85	150	28	2	1	95	140	2	29.9	99.8	85.0	41.6	94.8	81.5	3 800	5 000	36217	46217
7218C	7218AC	90	160	30	2	1	100	150	2	31.7	122	105	44.2	118	100	3 600	4 800	36218	46218
7219C	7219AC	95	170	32	2.1	1.1	107	158	2.1	33.8	135	115	46.9	128	108	3 400	4 500	36219	46219
7220C	7220AC	100	180	34	2.1	1.1	112	168	2.1	35.8	148	128	49.7	142	122	3 200	4 300	36220	46220
(0)3 尺寸系列																			
7301C	7301AC	12	37	12	1	0.3	18	31	1	8.6	8.10	5.22	12	8.08	4.88	16 000	22 000	36301	46301
7302C	7302AC	15	42	13	1	0.3	21	36	1	9.6	9.38	5.95	13.5	9.08	5.58	15 000	20 000	36302	46302
7303C	7303AC	17	47	14	1	0.3	23	41	1	10.4	12.8	8.62	14.8	11.5	7.08	14 000	20 000	36303	46303
7304C	7304AC	20	52	15	1.1	0.6	27	45	1	11.3	14.2	9.68	16.8	13.8	9.10	12 000	17 000	36304	46304
7305C	7305AC	25	62	17	1.1	0.6	32	55	1	13.1	21.5	15.8	19.1	20.8	14.8	9 500	14 000	36305	46305
7306C	7306AC	30	72	19	1.1	0.6	37	65	1	15	26.5	19.8	22.2	25.2	18.5	8 500	12 000	36306	46306
7307C	7307AC	35	80	21	1.5	0.6	44	71	1.5	16.6	34.2	26.8	24.5	32.8	24.8	7 500	10 000	36307	46307
7308C	7308AC	40	90	23	1.5	0.6	49	81	1.5	18.5	40.2	32.3	27.5	38.5	30.5	6 700	9 000	36308	46308
7309C	7309AC	45	100	25	1.5	0.6	54	91	1.5	20.2	49.2	39.8	30.2	47.5	37.2	6 000	8 000	36309	46309
7310C	7310AC	50	110	27	2	1	60	100	2	22	53.5	47.2	33	55.5	44.5	5 600	7 500	36310	46310
7311C	7311AC	55	120	29	2	1	65	110	2	23.8	70.5	60.5	35.8	67.2	56.8	5 000	6 700	36311	46311
7312C	7312AC	60	130	31	2.1	1.1	72	118	2.1	25.6	80.5	70.2	38.7	77.8	65.8	4 800	6 300	36312	46312
7313C	7313AC	65	140	33	2.1	1.1	77	128	2.1	27.4	91.5	80.5	41.5	89.5	75.5	4 300	5 600	36313	46313
7314C	7314AC	70	150	35	2.1	1.1	82	138	2.1	29.2	102	91.5	44.3	98.5	86.0	4 000	5 300	36314	46314
7315C	7315AC	75	160	37	2.1	1.1	87	148	2.1	31	112	105	47.2	108	97.0	3 800	5 000	36315	46315
7316C	7316AC	80	170	39	2.1	1.1	92	158	2.1	32.8	122	118	50	118	108	3 600	4 800	36316	46316
7317C	7317AC	85	180	41	3	1.1	99	166	2.5	34.6	132	128	52.8	125	122	3 400	4 500	36317	46317
7318C	7318AC	90	190	43	3	1.1	104	176	2.5	36.4	142	142	55.6	135	135	3 200	4 300	36318	46318
7319C	l7319AC	95	200	45	3	1.1	109	186	2.5	38.2	152	158	58.5	145	148	3 000	4 000	36319	46319
7320C	7320AC	100	215	47	3	1.1	114	201	2.5	40.2	162	175	61.9	165	178	2 600	3 600	36320	46320

注：1. 表中 C_r 值，对(1)0、(0)2 系列为真空脱气轴承钢的负荷能力，对(0)3 系列为电炉轴承钢的负荷能力。

2. 原轴承标准为 GB 292—1994。

附表 2.48　圆柱滚子轴承（GB/T 283—2021 摘录）

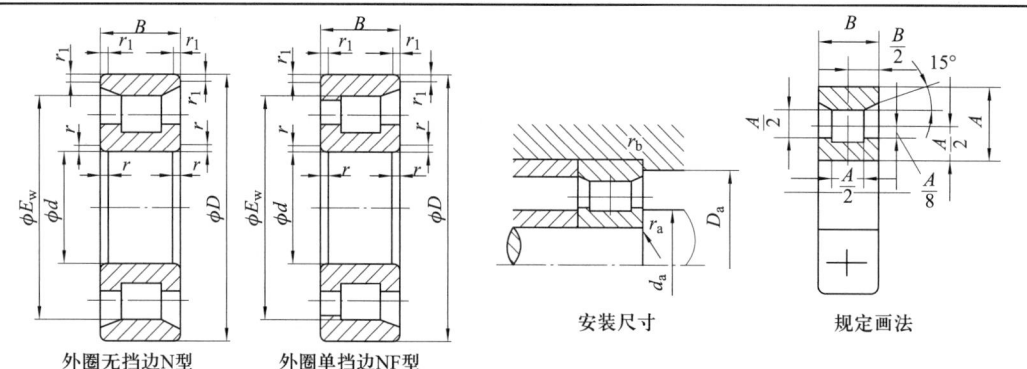

标记示例：
符合 GB/T 283—2021 规定的尺寸系列代号 02E、公称内径 40 mm 的外圈无挡边圆柱滚子轴承标记为
滚动轴承 N208E GB/T 283—2021

径向当量动载荷		径向当量静载荷
$P_r = F_r$	对轴向承载的轴承（NF 型 02,03 系列） 当 $0 \leq F_a/F_r \leq 0.12$，$P_r = F_r + 0.3F_a$ 当 $0.12 \leq F_a/F_r \leq 0.3$，$P_r = 0.94F_r + 0.8F_a$	$P_{0r} = F_r$

轴承代号			尺寸/mm						安装尺寸/mm				基本额定动载荷 C_r/kN		基本额定静载荷 C_{0r}/kN		极限转速 /(r/min)	
新	旧		d	D	B	r_s min	r_1 min	滚子组外径 E_W N型	NF型	d_a min	D_a	r_a max	r_b	N型	NF型	N型	NF型	脂润滑	油润滑
(0)2 尺寸系列																			
N204F	NF204	2204F	12204	20	47	14	1	0.6	41.5	40	25	42	1	0.6	25.8	12.5	24.0	11.0	12 000	16 000
N205F	NF205	2205E	12205	25	52	15	1	0.6	46.5	45	30	47	1	0.6	27.5	14.2	26.8	12.8	10 000	14 000
N206F	NF206	2206E	12206	30	62	16	1	0.6	55.5	53.5	36	56	1	0.6	36	19.5	35.5	18.2	8 500	11 000
N207E	NF207	2207E	12207	35	72	17	1.1	0.6	64	61.8	42	64	1	0.6	46.5	28.5	48	28	7 500	9 500
N208E	NF208	2208E	12208	40	80	18	1.1	1.1	71.5	70	47	72	1	1	51.5	37.5	53	38.2	7 000	9 000
N209E	NF209	2209E	12209	45	85	19	1.1	1.1	76.5	75	52	77	1	1	58.5	39.8	63.8	41	6 300	8 000
N210E	NF210	2210E	12210	50	90	20	1.1	1.1	81.5	80.4	57	83	1	1	61.2	43.2	69.2	48.5	6 000	7 500
N211E	NF211	2211E	12211	55	100	21	1.5	1.1	90	88.5	64	91	1.5	1	80.2	52.8	95.5	60.2	5 300	6 700
N212E	NF212	2212E	12212	60	110	22	1.5	1.5	100	97	69	100	1.5	1.5	89.8	62.8	102	73.5	5 000	6 300
N213E	NF213	2213E	12213	65	120	23	1.5	1.5	108.5	105.5	74	108	1.5	1.5	102	73.2	118	87.5	4 500	5 600
N214E	NF214	2214E	12214	70	125	24	1.5	1.5	113.5	110.5	79	114	1.5	1.5	112	73.2	135	87.5	4 300	5 300
N215E	NF215	2215E	12215	75	130	25	1.5	1.5	118.5	118.3	84	120	1.5	1.5	125	89	155	110	4 000	5 000
N216E	NF216	2216E	12216	80	140	26	2	2	127.3	125	90	128	2	2	132	102	165	125	3 800	4 800
(0)3 尺寸系列																			
N304E	NF304	2304E	12304	20	52	15	1.1	0.6	45.5	44.5	26.5	47	1	0.6	29.0	18.0	25.5	15.0	11 000	15 000
N305E	NF305	2305E	12305	25	62	17	1.1	1.1	54	53	31.5	55	1	1	38.5	25.5	35.8	22.5	9 000	12 000
N306E	NF306	2306E	12306	30	72	19	1.1	1.1	62.5	62	37	64	1	1	49.2	33.5	48.2	31.5	8 000	10 000
N307F	NF307	2307E	12307	35	80	21	1.5	1.1	70.2	68.2	44	71	1.5	1	62.0	41.0	63.2	39.2	7 000	9 000
N308E	NF308	2308E	12308	40	90	23	1.5	1.5	80	77.5	49	80	1.5	1.5	76.8	48.8	77.8	47.5	6 300	8 000
N309E	NF309	2309E	12309	45	100	25	1.5	1.5	88.5	86.5	54	89	1.5	1.5	93.0	66.8	98.0	66.8	5 600	7 000
N310E	NF310	2310E	12310	50	110	27	2	2	97	95	60	98	2	2	105	76.0	112	79.5	5 300	6 700
N311E	NF311	2311E	12311	55	120	29	2	2	106.5	104.5	65	107	2	2	128	97.8	138	105	4 800	6 000
N312F	NF312	2312E	12312	60	130	31	2.1	2.1	115	113	72	116	2.1	2.1	142	118	155	128	4 500	5 600
N313E	NF313	2313E	12313	65	140	33	2.1	2.1	124.5	121.5	77	125	2.1	2.1	170	125	188	135	4 000	5 000
N314E	NF314	2314F	12314	70	150	35	2.1	2.1	133	130	82	134	2.1	2.1	195	145	220	162	3 800	4 800
N315E	NF315	2315E	12315	75	160	37	2.1	2.1	143	139.5	87	143	2.1	2.1	228	165	260	188	3 600	4 500
N316E	NF316	2316E	12316	80	170	39	2.1	2.1	151	147	92	151	2.1	2.1	245	175	282	200	3 400	4 300

注：后缀带 E 为加强型圆柱滚子轴承，优先选用。

附表 2.49 圆锥滚子轴承（GB/T 297—2015 摘录）

标记示例：滚动轴承 30211 GB/T 297—2015

轴承代号		外形尺寸/mm								安装尺寸/mm							基本额定负荷/kN		极限转速/(r/min)		计算系数			
新	旧	d	D	T	B	C	$a\approx$	r min	r_1 min	r_2 min	d_a min	d_b max	D_a max	D_b max	a_1 min	a_2 min	r_a max	r_{1a} max	C_r(动)	C_{or}(静)	脂润滑	油润滑	e	Y	Y_0
02 尺寸系列																									
30204	7204E	20	47	15.25	14	12	11.2	1	1	0.5	26	27	41	43	2	3.5	1	1	28.2	30.6	8 000	10 000	0.35	1.7	1
30205	7205E	25	52	16.25	15	13	12.6	1	1	0.5	31	31	46	48	2	3.5	1	1	32.2	37.0	7 000	9 000	0.37	1.6	0.9
30206	7206E	30	62	17.25	16	14	13.8	1	1	0.5	36	37	56	58	2	3.5	1	1	43.3	50.5	6 000	7 500	0.37	1.6	0.9
30207	7207E	35	72	18.25	17	15	15.3	1.5	1.5	0.8	42	44	65	67	3	3.5	1.5	1.5	54.2	63.5	5 300	6 700	0.37	1.6	0.9
30208	7208E	40	80	19.75	18	16	16.9	1.5	1.5	0.8	47	49	73	75	3	4	1.5	1.5	63.0	74.0	5 000	6 300	0.37	1.6	0.9
30209	7209E	45	85	20.75	19	16	18.6	1.5	1.5	0.8	52	53	78	80	3	5	1.5	1.5	67.9	83.6	4 500	5 600	0.4	1.5	0.8
30210	7210E	50	90	21.75	20	17	20	1.5	1.5	0.8	57	58	83	86	3	5	1.5	1.5	73.3	92.1	4 300	5 300	0.42	1.4	0.8
30211	7211E	55	100	22.75	21	18	21	2	1.5	0.8	64	64	91	95	4	5	2	1.5	90.8	114	3 800	4 800	0.4	1.5	0.8
30212	7212E	60	110	23.75	22	19	22.4	2	1.5	0.8	69	69	101	103	4	5	2	1.5	103	130	3 600	4 500	0.4	1.5	0.8
30213	7213E	65	120	24.75	23	20	24	2	1.5	0.8	74	77	111	114	4	5	2	1.5	121	153	3 200	4 000	0.4	1.5	0.8
30214	7214E	70	125	26.25	24	21	25.8	2	1.5	0.8	79	81	116	119	4	5.5	2	1.5	132	175	3 000	3 800	0.42	1.4	0.8
30215	7215E	75	130	27.25	25	22	27.4	2	1.5	0.8	84	85	121	125	4	5.5	2	1.5	138	185	2 800	3 600	0.44	1.4	0.8
03 尺寸系列																									
30304	7304E	20	52	16.25	15	13	11.1	1.5	1.5	0.5	27	28	45	48	3	3.5	1.5	1.5	33	33.3	7 500	9 500	0.3	2	1.1
30305	7305E	25	62	18.25	17	15	13	1.5	1.5	0.8	32	34	55	58	3	3.5	1.5	1.5	46.8	48	6 300	8 000	0.3	2	1.1
30306	7306E	30	72	20.75	19	16	15.3	1.5	1.5	0.8	37	40	65	66	3	5	1.5	1.5	59	63	5 600	7 000	0.31	1.9	1

e			
F_{0r}/F_r	$\leq e$	$>e$	
X	1	0.4	
Y	0	见本表	
X_0	1	0.5	
Y_0	0	见本表	

当 $P_{0r} < F_r$ 时，取 $P_{0r} = F_r$

附录2 机械设计课程设计常用标准与规范

续表

轴承代号		尺寸/mm								安装尺寸/mm							基本额定负荷/kN		极限转速/(r/min)		计算系数		
新	旧	d	D	T	B	C	$a\approx$	r min	r_1 min	r_2 min	d_a min	d_b max	D_a max	D_b max	a_1 min	a_2 min	r_a max	r_{1a} max	C_r(动)	C_{or}(静)	脂润滑	油润滑	e	Y	Y_0
03 尺寸系列																									
30307	7307E	35	80	22.75	21	18	16.8	2	1.5	0.8	44	45	71	74	3	5	2	1.5	75.2	82.5	5 000	6 300	0.35	1.9	1
30308	7308E	40	90	25.25	23	20	19.5	2	1.5	0.8	49	52	81	84	3	5.5	2	1.5	90.8	108	4 500	5 600	0.35	1.7	1
30309	7309E	45	100	27.75	25	22	21.3	2	1.5	0.8	54	59	91	94	3	5.5	2	1.5	108	130	4 000	5 000	0.35	1.7	1
30310	7310E	50	110	29.25	27	23	23	2.5	2	1	60	65	100	103	4	6.5	2.1	1.5	130	158	3 800	4 800	0.35	1.7	1
30311	7311E	55	120	31.5	29	25	24.9	2.5	2	1	65	70	110	112	4	6.5	2.1	1.5	152	188	3 400	4 500	0.35	1.7	1
30312	7312E	60	130	33.5	31	26	26.5	3	2.5	1.2	72	76	118	121	5	7.5	2.5	2.1	170	210	3 200	4 000	0.35	1.7	1
30313	7313E	65	140	36	33	28	28.7	3	2.5	1.2	77	83	128	131	5	8	2.5	2.1	195	242	2 800	3 600	0.35	1.7	1
30314	7314E	70	150	38	35	30	30.7	3	2.5	1.2	82	89	138	141	5	8	2.5	2.1	218	272	2 600	3 400	0.35	1.7	1
30315	7315E	75	160	40	37	31	32	3	2.5	1.2	87	95	148	150	4	9	2.5	2.1	252	318	2 400	3 200	0.35	1.7	1
22 尺寸系列																									
32206	7506E	30	62	21.25	20	17	15.6	1	1	0.5	36	36	56	58	3	4.5	1	1	51.8	63.8	6 000	7 500	0.37	1.6	0.9
32207	7507E	35	72	24.25	23	19	17.9	1.5	1.5	0.8	42	42	65	68	3	5.5	1.5	1.5	70.5	89.5	5 300	6 700	0.37	1.6	0.9
32208	7508E	40	80	24.75	23	19	18.9	1.5	1.5	0.8	47	48	73	75	3	6	1.5	1.5	77.8	97.2	5 000	7 300	037	1.6	0.8
32209	7509E	45	85	24.75	23	19	20.1	1.5	1.5	0.8	52	53	78	81	3	6	1.5	1.5	80.8	105	4 500	7 000	0.4	1.5	0.8
32210	7510E	50	90	24.75	23	19	21	1.5	1.5	0.8	57	57	83	86	4	6	2	1.5	82.8	108	4 300	5 600	0.42	1.4	0.8
32211	7511E	55	100	26.75	25	21	22.8	2	1.5	0.8	62	62	91	96	4	6	2	1.5	108	142	3 800	4 800	0.4	1.5	0.8
32212	7512E	60	110	29.75	28	24	25	2	1.5	0.8	69	68	101	105	4	6	2	1.5	132	180	3 600	4 500	0.4	1.5	0.8
32213	7513E	65	120	32.75	31	27	27.3	2	1.5	0.8	74	75	111	115	4	6	2	1.5	160	222	3 200	4 000	0.4	1.5	0.8
32214	7514E	70	125	33.25	31	27	28.8	2	1.5	0.8	79	79	116	120	4	6.5	2	1.5	168	238	3 000	3 800	0.42	1.4	0.8
32215	7515E	75	130	33.25	31	27	30	2	1.5	0.8	84	84	121	126	4	6.5	2	1.5	170	242	2 800	3 600	0.44	1.4	0.8
23 尺寸系列																									
32304	7604E	20	52	22.25	21	18	13.6	1.5	1.5	0.8	27	28	45	48	3	4.5	1.5	1.5	42.8	46.2	7 500	9 500	0.3	2	1
32305	7605E	25	62	25.25	24	20	15.9	1.5	1.5	0.8	32	32	55	58	3	5.5	1.5	1.5	61.5	68.8	6 300	8 000	0.3	2	1.1
32306	7606E	30	72	28.75	27	23	18.9	1.5	1.5	1	37	38	65	66	4	6	1.5	1.5	81.5	96.5	5 600	7 000	0.31	1.9	1
32307	7607E	35	80	32.75	31	25	20.4	2	2	1	44	43	71	74	4	8	2	1.5	99.0	118	5 000	6 300	0.35	1.7	1
32308	7608E	40	90	35.25	33	27	23.3	2	2	1	49	49	81	83	4	8.5	2	1.5	115	148	4 500	5 600	0.35	1.7	1
32309	7609E	45	100	38.25	36	30	25.6	2	2	1	54	56	91	93	4	8.5	2	1.5	145	188	4 000	5 000	0.35	1.7	1
32310	7610E	50	110	42.25	40	33	28.2	2.5	2	1	60	61	100	102	5	9.5	2.1	2	178	235	3 800	4 800	0.35	1.7	1
32311	7611E	55	120	45.5	43	35	30.4	2.5	2	1	65	66	110	111	5	10.5	2.1	2	202	270	3 400	4 300	0.35	1.7	1
32312	7612E	60	130	48.5	46	37	32	3	2.5	1.2	72	72	118	122	6	11.5	2.5	2.1	228	302	3 200	4 000	0.35	1.7	1
32313	7613E	65	140	51	48	39	34.3	3	2.5	1.2	77	79	128	131	6	12	2.5	2.1	260	350	2 800	3 600	0.35	1.7	1
32314	7614E	70	150	54	51	42	36.5	3	2.5	1.2	82	84	138	141	6	12	2.5	2.1	298	408	2 600	3 400	0.35	1.7	1
32315	7615E	75	160	58	55	45	39.4	3	2.5	1.2	87	91	148	150	7	13	2.5	2.1	348	482	2 400	3 200	0.35	1.7	1
32316	7616E	80	170	61.5	58	48	42.1	3	2.5	1.2	2	97	158	160	7	13.5	2.5	2.1	388	542	2 200	3 000	0.35	1.7	1

附表2.50 推力球轴承(GB/T 301—2015 摘录)

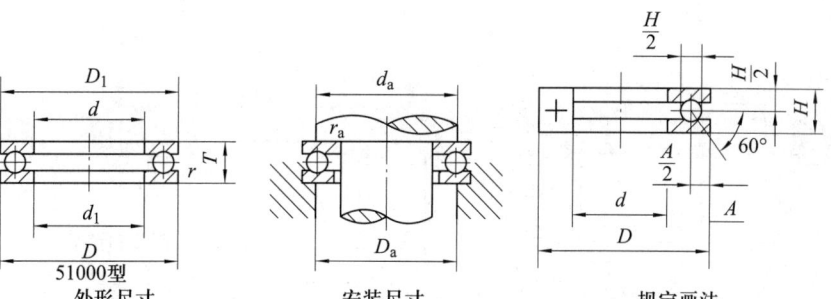

轴向当量动载荷
$P_a = F_a$
轴向当量静载荷
$P_a = F_a$

标记示例:
滚动轴承 51208
GB/T 301—2015

轴承代号		尺寸/mm						安装尺寸/mm			基本额定负荷/kN		极限转速/(r/min)	
新	旧	d	D	T	d_1 min	D_1 max	r_a min	d_a min	D_a max	r_{as} min	C_a(动)	C_{0a}(静)	脂润滑	油润滑
12(51200型)尺寸系列														
51204	8204	20	40	14	22	40	0.6	32	28	0.6	22.2	37.5	3 800	5 300
51205	8205	25	47	15	27	47	0.6	38	34	0.6	27.8	50.5	3 400	4 800
51206	8206	30	52	16	32	52	1	43	39	1	28.0	54.2	3 200	4 500
51207	8207	35	62	18	37	62	1	51	46	1	39.2	78.2	2 800	4 000
51208	8208	40	68	19	42	68	1	57	51	1	47.0	98.2	2 400	3 600
51209	8209	45	73	20	47	73	1	62	56	1	47.8	105	2 200	3 400
51210	8210	50	78	22	52	78	1	67	61	1	48.5	112	2 000	3 200
51211	8211	55	90	25	57	90	1	76	69	1	67.5	158	1 900	3 000
51212	8212	60	95	26	62	95	1	81	74	1	73.5	178	1 800	2 800
51213	8213	65	100	27	67	100	1	86	79	1	74.8	188	1 700	2 600
51214	8214	70	105	27	72	105	1	91	84	1	73.5	188	1 600	2 400
51215	8215	75	110	27	77	110	1	96	89	1	74.8	198	1 500	2 200
51216	8216	80	115	28	82	115	1	101	94	1	83.8	222	1 400	2 000
13(51300型)尺寸系列														
51304	8304	20	47	18	22	47	1	36	31	1	35.0	55.8	3 600	4 500
51305	8305	25	52	18	27	52	1	41	36	1	35.5	61.5	3 000	4 300
51306	8306	30	60	21	32	60	1	48	42	1	42.8	78.5	2 400	3 600
51307	8307	35	68	24	37	68	1	55	48	1	55.2	105	2 000	3 200
51308	8308	40	78	26	42	78	1	63	55	1	69.2	135	1 900	3 000
51309	8309	45	85	28	47	85	1	69	61	1	75.8	150	1 700	2 600
51310	8310	50	95	31	52	95	1.1	77	68	1	96.5	202	1 600	2 400
51311	8311	55	105	35	57	105	1.1	85	75	1	115	242	1 500	2 200
51312	8312	60	110	35	62	110	1.1	90	80	1	118	262	1 400	2 000
51313	8313	65	115	36	67	115	1.1	95	85	1	115	262	1 300	1 900
51314	8314	70	125	40	72	125	1.1	103	92	1	148	340	1 200	1 800
51315	8315	75	135	44	77	135	1.5	111	99	1.5	162	380	1 100	1 700
51316	8316	80	140	44	82	140	1.5	116	104	1.5	160	380	1 000	1 600

附表 2.51 角接触轴承的轴向游隙

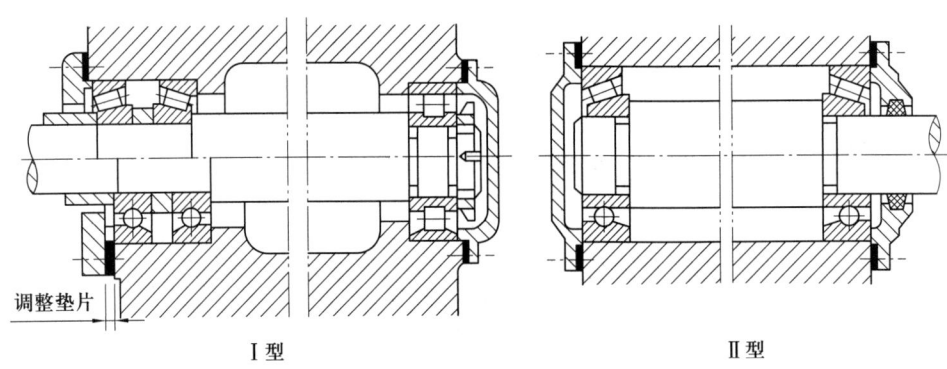

Ⅰ型　　　　　　　　　　Ⅱ型

轴承内径 d/mm		角接触轴承允许轴向游隙范围						圆锥滚子轴承允许轴向游隙范围						
		接触角 $\alpha=15°$		$\alpha=25°$ 及 $40°$			Ⅱ型轴承允许间距（大概值）	接触角 $\alpha=10°\sim18°$				$\alpha=27°\sim30°$		Ⅱ型轴承允许间距（大概值）
		Ⅰ型		Ⅱ型		Ⅰ型		Ⅰ型		Ⅲ型		Ⅰ型		
超过	到	min	max	min	max	min	max	min	max	min	max	min	max	
—	30	16	32	24	40	10	20	$8d$	19	37	37	65	—	—	$14d$
30	50	24	40	32	56	15	30	$7d$	37	65	46	93	19	38	$12d$
50	80	32	56	40	80	20	40	$6d$	46	93	74	139	29	48	$11d$
80	120	40	80	48	120	30	50	$5d$	74	139	112	186	38	67	$10d$
120	180	64	120	80	160	40	70	$4d$	112	186	186	279	48	95	$9d$
180	260	96	160	120	200	50	100	$(2\sim3)d$	149	232	232	325	76	143	$6.5d$

附表 2.52　向心轴承和轴的配合　轴公差带

载荷情况		举例	深沟球轴承调心球轴承和角接触球轴承	圆柱滚子轴承和圆锥滚子轴承	调心滚子轴承	公差带
			轴承公称内径/mm			
内圈承受旋转载荷或方向不定载荷	轻载荷	输送机、轻载齿轮箱	18 >18~100 >100~200 —	— ≤40 >40~140 >140~200	— ≤40 >40~100 >100~200	h5 j6① k6① m6①
	正常载荷	一般通用机械、电动机、泵、内燃机、齿轮传动装置	≤18 >18~100 >100~140 >140~200 >200~280 — —	— ≤40 >40~100 >100~140 >140~200 >200~400 —	— ≤40 >40~65 >65~100 >100~140 >140~280 >280~500	j5、js5 k5② m5② m6 n6 p6 r6
	重载荷	铁路机车车辆轴箱、牵引电动机、破碎机等	>50~140 >140~200 >200 —	>50~100 >100~140 >140~200 >200		n6③ p6③ r6③ r7③
内圈承受固定载荷	所有载荷	内圈需在轴向易移动	非旋转轴上的各种轮子	所有尺寸		f6 g6
		内圈不需在轴向易移动	张紧轮、绳轮			h6 j6
仅有轴向载荷			所有尺寸			j6,js6

① 凡精度要求较高的场合，应用 j5、k5、m5 代替 j6、k6、m6；
② 圆锥滚子轴承、角接触球轴承配合对游隙影响不大，可用 k6、m6 代替 k5、m5；
③ 重载荷下轴承游隙应选大于 N 组。

附表 2.53　向心轴承和孔的配合　孔公差带

运转状态		载荷状态	其他状态	公差带	
说明	举例			球轴承	滚子轴承
固定的外圈载荷	一般机械、铁路机车车辆轴箱	轻、正常、重	轴向易移动，可采用剖分式外壳	H7,G7	
		冲击	轴向能移动，可采用整体或剖分式外壳	J7,JS7	
方向不定载荷	电动机、泵、曲轴主轴承	轻、正常			
		正常、重		K7	
		冲击		M7	
旋转的外圈载荷	带张紧轮	轻	轴向不移动，采用整体式外壳	J7	K7
	轮毂轴承	正常		K7,M7	M7,N7
		重		—	N7,P7

附表 2.54 推力轴承和轴、孔的配合轴和孔公差带代号

运转状态	载荷状态	安装推力轴承的轴公差带		安装推力轴承的外壳孔公差带	
		轴承类型	公差带	轴承类型	公差带
仅有轴向载荷		推力球和推力滚子轴承	j6, js6	推力球轴承	H8
				推力圆柱、圆锥滚子轴承	H7
固定的座圈载荷	径向和轴向联合载荷	推力调心滚子轴承	j6, js6	推力调心滚子轴承	H7

附表 2.55 轻系列适用圆柱孔轴承的等径孔滚动轴承座(GB/T 7813—2018 摘录)

mm

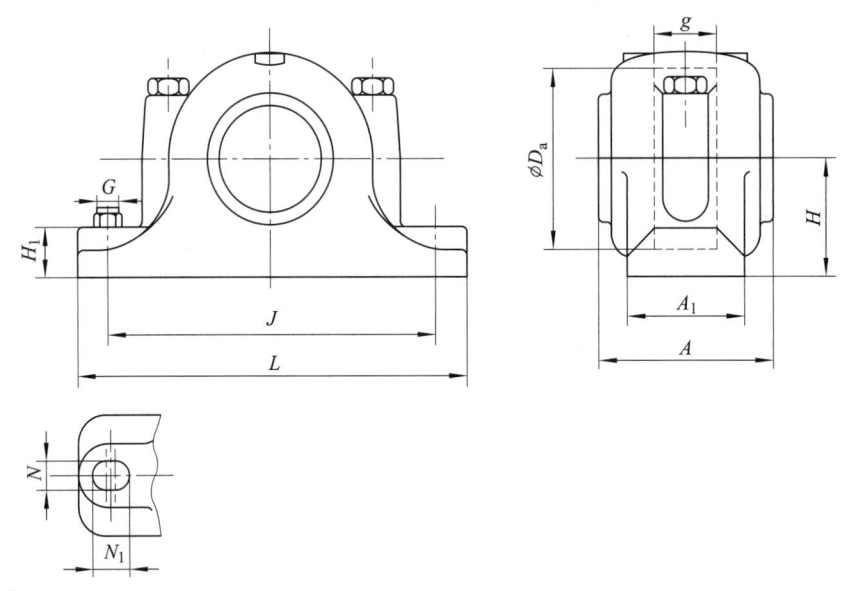

标记示例：

轴承内径 $d=40$ mm(代号 08)轻系列适用圆柱孔轴承的等径孔滚动轴承座的标记为

剖分立式轴承座　SN208　GB/T 7813—2018

型号	d	d_1	D_a	g	A_{max}	A_1	H	H_{1max}	L_{max}	J	S(螺栓)	N	N_{1min}	质量/kg≈
SN205	25	30	52	25	72	46	40		165	130				1.3
SN206	30	35	62	30	82	52	50	22	185	150	M12	15	15	1.8
SN207	35	45	72	33	85									2.1
SN208	40	50	80	33	92	60	60	25	205	170	M12	15	15	2.6
SN209	45	55	85	31										2.8
SN210	50	60	90	33	100									3.1
SN211	55		100	33	105	70	70	28	255	210	M16	18	18	4.3
SN212	60	70	110	38	115			30						5.0
SN213	65	75	120	43	120	80	80		275	230				5.3

参考文献

[1] 龚溎义,敖宏瑞.机械设计课程设计图册[M].4版.北京:高等教育出版社,2021.

[2] 张锋,宋宝玉,王黎钦.机械设计[M].2版.北京:高等教育出版社,2017.

[3] 陈铁鸣.新编机械设计课程设计图册[M].4版.北京:高等教育出版社,2020.

[4] 吴宗泽,罗圣国,高志,等.机械设计课程设计手册[M].5版.北京:高等教育出版社,2018.

[5] 张锋,古乐.机械设计课程设计[M].6版.哈尔滨:哈尔滨工业大学出版社,2020.

[6] 朱龙根.简明机械零件设计手册[M].北京:机械工业出版社,2003.

[7] 机械设计手册编委会.机械设计手册:第2、3卷[M].新版.北京:机械工业出版社,2005.

[8] 陆玉,何在洲,佟延伟.机械设计课程设计[M].北京:机械工业出版社,2002.

[9] 宋宝玉.简明机械设计课程设计图册[M].2版.北京:高等教育出版社,2013.

[10] 马惠萍.互换性与测量技术基础案例教程[M].3版.北京:机械工业出版社,2023.

[11] 张也晗,刘永猛,刘品,等.机械精度设计与检测基础[M].11版.哈尔滨:哈尔滨工业大学出版社,2021.

[12] 吴宗泽.机械零件设计手册[M].2版.北京:机械工业出版社,2013.

[13] 王黎钦,陈铁鸣.机械设计[M].6版.哈尔滨:哈尔滨工业大学出版社,2017.

[14] 敖宏瑞,丁刚,闫辉.机械设计基础[M].6版.哈尔滨:哈尔滨工业大学出版社,2022.

郑重声明

高等教育出版社依法对本书享有专有出版权。任何未经许可的复制、销售行为均违反《中华人民共和国著作权法》，其行为人将承担相应的民事责任和行政责任；构成犯罪的，将被依法追究刑事责任。为了维护市场秩序，保护读者的合法权益，避免读者误用盗版书造成不良后果，我社将配合行政执法部门和司法机关对违法犯罪的单位和个人进行严厉打击。社会各界人士如发现上述侵权行为，希望及时举报，我社将奖励举报有功人员。

反盗版举报电话　　(010)58581999　58582371

反盗版举报邮箱　　dd@hep.com.cn

通信地址　　北京市西城区德外大街4号
　　　　　　高等教育出版社知识产权与法律事务部

邮政编码　　100120

防伪查询说明

用户购书后刮开封底防伪涂层，使用手机微信等软件扫描二维码，会跳转至防伪查询网页，获得所购图书详细信息。

防伪客服电话　　(010)58582300